计算社会学基础教程：NetLogo仿真软件

吕鹏 主编 / 张卓 李蒙迪 陈典涵 副主编

清华大学出版社
北京

图书在版编目（CIP）数据

计算社会学基础教程 ：NetLogo 仿真软件 / 吕鹏主编. -- 北京 ：清华大学出版社，2024. 8. -- ISBN 978-7-302-67096-4

Ⅰ．TP391.9

中国国家版本馆 CIP 数据核字第 2024DE0798 号

责任编辑：纪海虹
封面设计：傅瑞学
责任校对：宋玉莲
责任印制：沈　露

出版发行：清华大学出版社
　　　网　　　址：https://www.tup.com.cn，https://www.wqxuetang.com
　　　地　　　址：北京清华大学学研大厦 A 座　　　邮　　编：100084
　　　社 总 机：010-83470000　　　　　　　　　邮　　购：010-62786544
　　　投稿与读者服务：010-62776969，c-service@tup.tsinghua.edu.cn
　　　质量反馈：010-62772015，zhiliang@tup.tsinghua.edu.cn
印 装 者：三河市少明印务有限公司
经　　销：全国新华书店
开　　本：185mm×260mm　　　印　张：16.5　　　字　数：368 千字
版　　次：2024 年 8 月第 1 版　　　　　　　　印　次：2024 年 8 月第 1 次印刷
定　　价：58.00 元

产品编号：095155-01

序 言 *Foreword*

　　近年来,随着互联网、大数据、人工智能等技术的快速发展,人类社会正经历着前所未有的数字化、智能化转型。传统社会科学研究方法在应对大规模、非线性、动态化的社会现象时存在能力的限制,海量数据和智能技术则提供了新的机遇和进路。在此背景之下,计算社会科学应运而生,它融合了计算机科学、数学、系统科学等方法,将其引入社会科学领域,利用计算建模、机器学习、文本分析等工具来建构社会理论、分析社会现象、解释群体行为、预测社会发展。计算社会科学的研究内容主要包括大数据分析、复杂网络分析、群体行为建模、群智涌现等,具有跨学科性、数据驱动性、生成性建构解释等特点,代表了社会科学研究的新范式,有助于深入理解社会系统运行机制。计算社会科学为传统社会科学方法提供了新的工具和视角,两者应互补融合,共同推动社会科学发展。

　　基于主体的建模(Agent-Based Modeling,ABM)是计算社会科学的核心方法之一,通过构建包含异质主体的人工社会,模拟个体行为及其交互,研究宏观社会现象的涌现。ABM采用自底向上(Bottom-up)与自顶向下(Top-down)的建模思路,建构宏微观一体化模型,强调个体的自主性、异质性和交互性,能够"通宏洞微"地剖析和揭示复杂社会系统的主要特征、内在机理和复杂动力学。ABM作为一种计算实验方法,基本构成要素包括社会行动主体(Agents)、环境、交互规则等,建模步骤涵盖问题定义、概念建模、数值建模、模型验证、模型实验等,可用于理论探索、假设检验、情景分析、政策评估,在经济学、社会学、公共管理等领域有广泛应用。然而,ABM在应用中也面临模型验证、参数估计、计算性能等挑战,需要丰富的建模经验和专业的研究素养。

　　我们提出的口号是"文科生也能学会编程"。对于ABM初学者而言(尤其是社科领域学生),建构一个完整的模型是不小的挑战。ABM需要一定的编程技能,涉及主体、环境、交互等多个要素的抽象和表征,还需要完成参数设置、模型验证、数据分析等任务。这些困难可能会影响初学者的学习积极性和效果。而NetLogo软件的出现,恰好解决了这些问题。NetLogo是一种专为初学者设计的建模语言和开发环境,语法简洁,易学易用,功能强大,即使没有编程经验也能快速上手。尽管

NetLogo 降低了 ABM 的技术门槛，但建模过程绝非随意而为。恰恰相反，ABM 对模型设计者的洞察力和抽象能力提出了更高要求，需要对现实系统有深刻理解，审慎选择建模方案，客观解释实验结果，在实践中不断反思迭代，而一本合适的 NetLogo 教材则是建模逻辑性、合理性和可行性的保障。

本书基于美国西北大学开发的 NetLogo 仿真建模平台，为读者提供了一套循序渐进的 ABM 学习方案。通过学习 NetLogo 软件基础、经典案例、模型分析方法等内容，以及书中的元胞自动机、蚂蚁模型、网络模型、狼羊模型的实例，读者可以逐步掌握 ABM 建模与仿真流程和技巧，并能运用 NetLogo 软件解决现实和学术问题。NetLogo 为 ABM 初学者打开了一扇窗，而本书则引领读者探索计算社会科学的奥妙。希望读者能在本书引导下，践行"learning by doing"的学习逻辑，享受 ABM 建模的乐趣，完成向计算社会科学工作者的蜕变。

是为序。

吕 鹏

2024 年 3 月 9 日

目 录 Contents

CHAPTER 1
第1章

NetLogo 软件入门

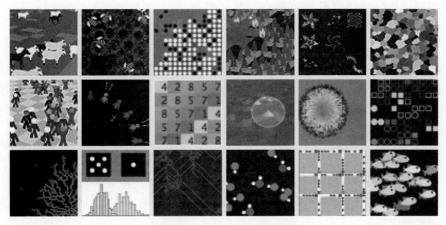

【图片来自 NetLogo 官网】

1.1　NetLogo 软件概述

1.1.1　何为 NetLogo 软件

依据官方网站定义,NetLogo 是一个多智能体可编程环境,适合于模拟自然和社会现象的编程语言建模平台(NetLogo is a multi-agent programmable modeling environment[①])。NetLogo 由 Uri Wilensky 于 1999 年创造,自美国西北大学互联学习与计算机建模中心创造以来一直处于持续发展中,众多开发者提供了各种场景的软件编程模型。NetLogo 特别适合建模随时间推移而开发的复杂系统。建模者可以向数以千

ABM 仿真模拟总绪

百个独立运行的智能体即"Agent"提供指令,这使得探索个体的微观行为与个体间互动而出现的宏观模式联系成为可能。NetLogo 软件在自然科学、医学科学、心理科学、社会科学都有广泛应用。

---

① Wilensky U. & Stroup W. NetLogo[EB/OL]. Evanston,IL.：Center for Connected Learning and Computer-Based Modeling,Northwestern University. 1999. http：//ccl. northwestern. edu/netlogo/.

　　NetLogo 编程语言具有可读性，是人文社科师生友好的编程工具，可以让学生打开模拟软件并与它们交互，探索它们在各种条件下的行为。它也是一个创作环境，使学生、教师和课程开发人员可以创建自己的模型。NetLogo 对于学生和教师来说足够简单，但又足以作为诸多领域研究人员的强大工具。

　　NetLogo 具有大量的文档和教程。它还附带了"模型库"，该库包含大量预先编写的模拟模型可以使用和修改，是学习软件使用的最好素材。这些模拟解决了自然科学和社会科学的内容领域，包括生物学、医学、物理、化学、数学、计算机科学、经济学和社会心理学。NetLogo 是包括 StarLogo 和 StarLogoT 在内的多 Agent 建模语言系列的下一代。NetLogo 在 Java 虚拟机上运行，因此可以在所有主要平台（Mac、Windows、Linux）运行。计算机编程作品可以在跨平台实现无障碍读取与编辑。NetLogo 作为桌面应用程序运行，还能够支持命令行操作。

　　NetLogo 软件是人文社会科学工作者最适合的计算机编程与仿真模拟研究工具。当前，在仿真模拟工具中，SimuWorks 离线仿真、Saber 模拟、PSCAD/EMTDC 仿真软件以及 Matlab 已经被广泛应用到社会、经济、医学、计算机等领域。但是，上述软件在界面、代码、社区、算法等方面更适合自然科学的学习者与研究者。其中，NetLogo 编程语言具有易读性，其运行逻辑与社会科学的研究对象间话语逻辑不谋而合，能够贯通宏观层面与微观层面。NetLogo 作为模拟自然现象、社会现象的编程语言和建模平台，可以同时控制成千上万的个体智能体，进行自主行为，模拟微观个体行为与宏观规律两者之间涌现的联系。NetLogo 成为广受各学科工作者欢迎的仿真建模模拟软件，因此其在跨学科研究方面具有天然优势。

1.1.2　NetLogo 软件特征

- 系统特征
- 免费、开源、可交互；
- 跨平台运行：可在 Mac、Windows、Linux 等平台上运行；
- 国际字符集支持。
- 程序设计
- 可编程；
- 语法易懂，尤其适合人文社会科学；
- 支持多种扩展；
- 可移动的智能体（Agent）称为海龟（Turtle）；
- 静态的智能体称为瓦片（Patch）；
- 海龟在瓦片组成的网格上移动；
- 智能体之间可以建立链接（Link）、汇聚、网络、图形；
- 内置词典（Built-in Dictionary）；
- 双精度浮点数；
- 轻松设置，重复仿真模拟过程；

■ 可跨版本重复运行。

・ 环境界面

■ 即时互动指挥中心；

■ 含按钮、滑块、开关、选择器、监视器、文本框、注释及输出区域的界面构建器；

■ 信息选项卡：使用文本和图像注释模型；

■ HubNet：使用网络设备参与仿真模拟；

■ Agent 监控器：用于检查和控制智能体；

■ 导出和导入功能（导出数据、保存和还原模型状态、制作视频）；

■ 行为空间（Behavior Space）：一个开放源代码工具，用于从模型的多个并行运行中收集数据；

■ 系统动力学建模器；

■ 存在 NetLogo 3D 模式，用于 3D 世界建模与仿真模拟；

■ 允许从命令行进行批处理运行。

・ 显示和可视化

■ 折线图、条形图和散点图；

■ 速度滑块可让模型快速或慢速查看模型运行过程；

■ 以 2D 或 3D 模式查看模型；

■ 可缩放和可旋转的矢量形状；

■ 海龟和瓦片标签。

1.2　NetLogo 软件窗口、菜单和输出结果

在 NetLogo 软件中，可以通过查看"模型库"（Module Library）找到模型。通过运行模型，实现仿真模拟，也可以在本地创建自己的模型，或把模型上传到公共模型。NetLogo 界面可以分为两个主要部分：NetLogo 菜单和 NetLogo 主窗口。主窗口分为多个选项卡。

・ 菜单栏

・ 标签

下面详细介绍菜单栏和标签。

界面操作

1.2.1　菜单栏

在 Mac 电脑上，如果正在运行 NetLogo 应用程序，则菜单栏位于屏幕顶部。在其他平台（如 Windows 和 Lunix）上，菜单栏位于 NetLogo 窗口的顶部位置，如图 1.2.1 所示。本书以 NetLogo 6.0.4，Windows 中文版为例。

表 1.2.1 列出了 NetLogo 6.0.4 菜单栏中的可用功能。其他版本可能会与本版本有所出入，但不影响使用。

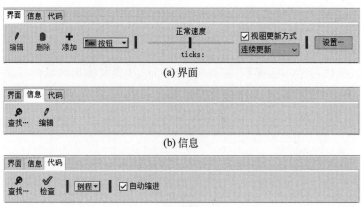

(a) 界面

(b) 信息

(c) 代码

图 1.2.1　顶部选项卡

表 1.2.1　菜单栏功能

＝＝ 文件 ＝＝	
功　能	介　绍
新建	建立新模型
打开	打开 NetLogo 模型
模型库	演示模型的集合
Recent Files	最近文件：重新打开最近的文件（模型）
保存	保存当前模型或当前选择的源文件
另存为	使用其他名称保存当前模型或源文件
Upload To Modeling Commons	上传为公共模型：上传到公共模型（Modeling Commons）。有关更多信息，请参阅官网"公共模型建模①"
另存为 NetLogo 网页版	将模型另存为使用 NetLogo Web 运行的 HTML 网页。请注意："所使用的 NetLogo Web 版本与 NetLogo 捆绑在一起，因此它可能无法及时更新最新的更改和功能。"您还可以将模型上传到 NetLogo Web，然后将其导出为 HTML，以获得最新的更新
导出世界	将所有变量、海龟和瓦片的当前状态、图形、地块、输出区域和随机状态信息保存到文件中
导出绘图数据	将绘图中的数据保存到文件中
导出全部绘图数据	将所有绘图中的数据保存到文件中
导出视图	将当前视图（2D 或 3D）的图片保存到文件（PNG 格式）中
导出界面	以图片方式保存当前"界面"选项卡（PNG 格式）
导出输出结果	将命令中心的输出区或输出段内容保存到文件中
Export Code	导出代码：将模型的代码保存到 HTML 文件中，同时保留颜色
导入世界	加载由 Export World 保存的文件
导入嵌块颜色	将图像加载到瓦片中。有关更多信息，请参阅官网 import-pcolors 命令②

---

① 帮助-NetLogo 用户手册-Features-Save to Modeling Commons
② 帮助-NetLogo 用户手册-Reference-NetLogo Dictionary-import-pcolors

续表

功　　能	介　　绍
导入 RGB 嵌块颜色	使用图像中 RGB 颜色加载到瓦片中。 有关更多信息请参阅官网 import-pcolors-rgb 命令①
导入图片	将图像加载到工程图中 有关更多信息请参阅官网 import-drawing 命令②
导入 HubNet 客户端界面	将界面从另一个模型加载到 HubNet 客户端编辑器中
打印	将当前显示的标签内容发送到打印机
退出	退出 NetLogo

== 编辑 ==

功　　能	介　　绍
Undo/撤销	撤销上一次执行的文本编辑操作
Redo/重做	恢复上次执行的撤销操作
剪切	剪切或删除所选文本并将其临时保存到剪贴板
复制	复制所选文本
粘贴	将剪贴板文本放置在光标当前所在的位置
删除	删除选定的文本
全选	在活动窗口中选择所有文本
查找	在"信息"或"代码"选项卡中查找单词或字符串
查找下一个	查找上次使用"查找"的单词或序列的下一个出现位置
锁定物件至网络	仅在界面选项卡中可用。启用后，新的小部件会保留在 5 像素网格上，因此更容易将它们排列起来（注意：放大或缩小时此功能被禁用）
添加注释/取消注释	在"代码"选项卡中用于在代码中添加或删除注释符号"分号"（在 NetLogo 代码中使用分号表示注释）
左移	在"代码"选项卡中使用，以更改代码的缩进级别
右移	在"代码"选项卡中使用，以更改代码的缩进级别
从 5.3.1 转换为 6.0	仅在".nls"代码标签中可用。像运行 5.3.1 中编写的代码一样运行此选项卡中的代码，并将其转换为可在 NetLogo 6.0 版本中运行。请注意，这不会考虑在主代码选项卡中定义的代码，"撤销"不会考虑此操作，除非您对更改满意，否则不要保存

== 工具 ==

功　　能	介　　绍
Preferences	打开首选项对话框；可以在其中自定义各种 NetLogo 设置。在 Mac 上，该项目位于 NetLogo 菜单上
停止	停止所有正在运行的代码，包括按钮和命令中心（警告：由于代码在执行任何操作时都会中断，因此，如果尝试继续运行模型而没有先按"设置"开始运行模型，则可能会得到意外的结果）
全局变量监视器	显示所有全局变量的值
海龟监视器	显示特定海龟中所有变量的值。还可以编辑海龟变量的值并向海龟发出命令（也可以通过"视图"打开海龟监视器；有关更多信息请参阅官网"视图③"部分）

---

① 帮助-NetLogo 用户手册-Reference-NetLogo Dictionary-import-pcolors-rgb
② 帮助-NetLogo 用户手册-Reference-NetLogo Dictionary-import-drawing
③ 帮助-NetLogo 用户手册-Reference-interface Guide-interface Tab Guide-The 3D and 3D views

续表

功　　能	介　　绍
嵌块监视器	瓦片监视器：显示特定瓦片中所有变量的值。还可以编辑瓦片变量的值，向瓦片发出命令（也可以通过"视图"打开瓦片程序监视器；有关更多信息请参阅官网"视图"部分）
链接监视器	显示特定链接中所有变量的值。可以编辑链接变量的值，并向链接发出命令（也可以通过"视图"打开链接监视器；有关更多信息请参阅官网"视图"部分）
关闭所有主体监视器	关闭所有打开的智能体监视器窗口
不再监视已失效的主体	关闭所有打开并且目标为已经死亡的智能体监视窗口
隐藏/现实命令中心	使命令中心可见或不可见。仅当"界面"选项卡处于活动状态时，此选项才可用
Switch to 3D View	切换至 3D 视图 有关更多信息请参阅官网"界面"选项卡指南"视图"部分
颜色样块	打开色板 有关更多信息请参阅官网《编程指南》的"颜色"[①]部分
海龟形状编辑器	绘制海龟形状 有关更多信息请参阅官网《形状编辑器指南》[②]
链接形状编辑器	绘制链接形状 有关更多信息请参阅官网《形状编辑器指南》
系统动力学建模工具	打开系统动力学建模器 有关更多详细信息请参阅官网《System Dynamics Modeler Guide》[③]
Preview Commands Editor	预览命令编辑器：允许编辑用于创建模型预览图像的命令。提供一种方法来指定将使用的代码（或代码制作的指定图像）并预览生成的图像
行为空间	使用不同的设置多次运行模型。有关更多信息请参阅官网《行为空间指南》[④]
HubNet 客户端编辑器	打开 HubNet 客户端编辑器。有关更多信息请参阅官网《HubNet 创作指南》[⑤]
HubNet 控制中心	如果没有打开 HubNet 活动，则禁用。有关更多信息请参阅官网《HubNet 指南》[⑥]

＝＝ 缩放 ＝＝

功　　能	介　　绍
放大	增加模型的整体屏幕尺寸。在大型显示器上或在团体面前使用投影仪时很有用
正常大小	将模型的屏幕尺寸重置为正常尺寸
缩小	减小模型的整体屏幕尺寸

---

① 帮助-NetLogo 用户手册-Reference-Programming Guide-Colors
② 帮助-NetLogo 用户手册-Features-Shapes Editor
③ 帮助-NetLogo 用户手册-Features-System Dynamics
④ 帮助-NetLogo 用户手册-Features-BehaviorSpace
⑤ 帮助-NetLogo 用户手册-Features-HubNet Authoring
⑥ 帮助-NetLogo 用户手册-Features-HubNet

续表

<table>
<tr><td colspan="2" align="center">＝＝ 标签页 ＝＝</td></tr>
<tr><td align="center">功　能</td><td align="center">介　绍</td></tr>
<tr><td align="center">界面 Ctrl＋1
信息 Ctrl＋2
代码 Ctrl＋3</td><td>此菜单为每个选项卡提供键盘快捷键。在 Mac 上,它是 Command 1 到 Command 3。在 Windows 上,它是 Control 1 到 Control 3。其他数字用于包含".nls"文件的选项卡</td></tr>
<tr><td colspan="2" align="center">＝＝ 帮助 ＝＝</td></tr>
<tr><td align="center">功　能</td><td align="center">介　绍</td></tr>
<tr><td>Look up in Dictionary</td><td>打开所选命令或报告程序字典条目的浏览器(也可以使用 F1 键)</td></tr>
<tr><td>NetLogo 用户手册</td><td>在网络浏览器中打开本手册</td></tr>
<tr><td>NetLogo 词典</td><td>在 Web 浏览器中打开 NetLogo 词典</td></tr>
<tr><td>NetLogo 用户组</td><td>在 Web 浏览器中打开 NetLogo 用户组站点</td></tr>
<tr><td>Introduction to Agent-Based Modeling</td><td>在 Web 浏览器中打开 MIT Press 页面以及"基于 Agent 的建模简介"(由 Uri Wilensky 和 William Rand 撰写)</td></tr>
<tr><td>About NetLogo 6.0.4……</td><td>有关正在运行的当前 NetLogo 版本的信息
在 Mac 上,该菜单项位于 NetLogo 菜单上</td></tr>
<tr><td>捐赠</td><td>在 Web 浏览器中打开 NetLogo 捐赠页面</td></tr>
</table>

1.2.2　标签

NetLogo 主窗口的顶部是三个选项卡,如图 1.2.2 所示,分别为"界面、信息、代码"。一次只能看到一个选项卡,但是可以通过单击窗口顶部的选项卡在它们之间切换。选项卡行的正下方是一个包含一行控件的工具栏。可用的控件因选项卡而异。

图 1.2.2　顶部选项卡

1.2.3　界面

"界面"选项卡用于观察模型运行的位置。它还包含检查和更改模型内部发生情况的工具。

首次打开 NetLogo 时,如图 1.2.3 所示,接下来将从以下几个方面进行介绍。

- 使用界面元素
- 图表:界面工具栏
- 2D 和 3D 视图
- 指挥中心
- 绘图

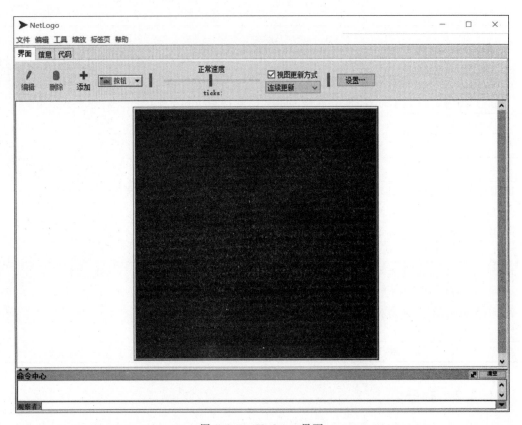

图 1.2.3　NetLogo 界面

- 滑块
- 智能体监控

1. 使用界面元素

"界面"选项卡上的工具栏包含可以在"界面"选项卡中编辑、删除和创建项目的按钮，使我们能够选择不同的界面项目（例如按钮和滑块）菜单，工具栏上的按钮如图 1.2.4 所示。

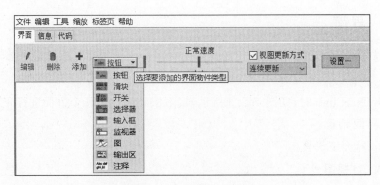

图 1.2.4　界面—工具栏

- 添加：要添加界面元素，请从下拉菜单中选择元素。请注意，添加按钮保持按下状态，然后单击工具栏下方的白色区域（如果菜单已经显示正确的类型，则只需按"添加"按钮即可，而不是再次使用菜单）。
- 选择：要选择界面元素，请用鼠标在其周围拖动一个矩形。带有黑色手柄的灰色边框将出现在元素周围，以显示该元素已被选中。
- 选择多个项目：通过将它们包含在拖动的矩形中，可以同时选择多个界面元素。如果选择了多个元素，则其中的一个是"关键"项，这意味着如果使用界面工具栏上的"编辑"或"删除"按钮，则仅关键项会受到影响。关键项的边框为深灰色。
- 取消选择：要取消选择所有界面元素，请在"界面"选项卡的白色背景上单击鼠标。要取消选择单个元素，请右键单击该元素，然后从弹出的菜单中选择"取消选择"。
- 编辑：要更改界面元素的特征，请选择元素，然后按界面工具栏上的"编辑"按钮。也可以双击选定的元素。编辑元素的第三种方法是右键单击它，然后从弹出菜单中选择"编辑"。如果使用最后一种方法，则不必先选择元素。
- 移动：选择界面元素，然后用鼠标将其拖动到新位置。如果在拖动时按住 Shift 键，则元素将仅向上或向下或向左或向右移动。
- 调整大小：选择界面元素，然后在选择边框中拖动黑色的"手柄"。
- 删除：选择要删除的一个或多个元素，然后按"界面"工具栏上的"删除"按钮。也可以通过右键单击某个元素并从弹出的菜单中选择"删除"来删除该元素。如果使用后一种方法，则不必先选择元素。

2. 界面工具栏

要了解有关各种界面元素的更多信息，请参见表 1.2.2。

表 1.2.2　界面工具栏

图标和名称	描　　述
按钮	一个按钮可以是单次执行或循环执行。当单击一次按钮时，它将执行一次指令。永久按钮将一遍又一遍地执行指令，直到再次单击该按钮以停止操作为止。如果已为按钮分配了操作键，则按下相应的键盘键的行为就像鼠标点击按钮一样。具有操作键的按钮在右上角有一个字母，以显示操作键是什么。如果键盘焦点位于另一个界面中（如"命令中心"），则按操作键将不会触发该按钮。在这种情况下，按钮右上角的字母将变暗。要启用操作键，请在"界面"选项卡的白色背景中单击
滑块	滑块是全局变量，所有智能体都可以访问。在模型中使用它们是一种快速更改变量的方法，而不必每次都重新编码过程，便于用户将滑块移动到一个值并观察模型中发生的情况
开关	开关是 true/false 全局变量的直观表示。可以通过拨动开关将变量设置为打开（true）或关闭（false）
选择器	选择器是可以从下拉菜单中显示的选项列表上选择全局变量的值。选项可以是字符串、数字、布尔值或列表

续表

图标和名称	描　述
输入框	输入框包含字符串或数字的全局变量。模型作者选择可以输入值的类型。可以设置输入框来检查命令或报告程序的字符串语法。数字输入框可读取任何类型的常数报告器，这比滑块提供了更开放的方式来表示数字。颜色输入框提供了 NetLogo 颜色选择器
监视器	监视器显示任何报告程序的值。报告程序可以是变量、复杂报告程序或对报告程序的调用。监视器每秒自动更新几次
图	图表显示模型正在生成的数据
输出区	输出区域是文本的滚动区域，可用于在模型中创建活动日志。一个模型可能只有一个输出区域
注释	注释是可以向"界面"选项卡添加信息的文本标签。注释的内容在模型运行时不会更改

如图 1.2.5 所示，界面工具栏中的其他控件可以控制视图更新和各种其他模型属性。

图 1.2.5　界面—工具栏

- 滑块可以控制模型运行的速度。较慢的速度可能对于我们会更加有用，因为某些模型运行太快的话，我们将无法观察其运行轨迹。也可以通过向右移动滑块来快速推进模型，从而减少视图更新的频率。
- 视图更新复选框控制是否进行视图更新。
- 更新模式菜单允许在连续更新和按时间步更新中切换。
- 使用"设置…"按钮可以更改模型设置。
- "连续更新"意味着每秒更新（即重绘）视图多次，无论模型中发生了什么。
- "按时间步更新"意味着视图仅在刻度计数器前进时更新。

3. 2D 和 3D 视图

"界面"选项卡中的大黑色正方形是 2D 视图。它是 NetLogo 海龟和瓦片世界的直观表示。最初全是黑色的，因为瓦片是黑色的，还没有海龟。如图 1.2.6 所示，可以通过在视图上单击鼠标右键（在 Mac 上按住 Ctrl 键并单击）并选择"切换到 3D 视图"（此选项在"工具"菜单中也可用）来打开 3D 视图，这是世界的另一种视觉表示形式。

视图有许多设置，如图 1.2.7 所示，可通过编辑视图或按"界面工具栏"中的"设置…"按钮来访问。

请注意，这些设置分为三组。有世界、视图和刻度计数器设置。世界设置会影响海龟生活世界的属性（更改它们可能需要重置世界）。显示时间步计数器设置仅影响外观，更改它们不会影响模型的结果。

(a) 工具菜单—切换2D/3D视图

(b) 世界视图上右键—切换2D/3D视图

图 1.2.6　界面—切换 2D/3D 视图

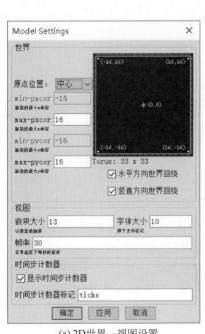

(a) 2D世界—视图设置

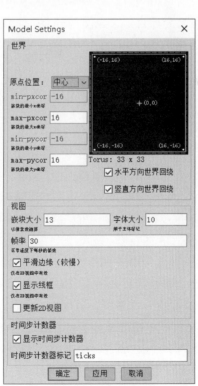

(b) 3D世界—视图设置

图 1.2.7　界面—视图设置

世界设置允许定义世界的边界和拓扑。在世界面板左侧的顶部，可以选择世界起源的位置"中心、角、边"或"自定义"。在默认情况下，世界为中心配置，其中(0,0)位于世界中心，可以定义从中心到左右边界的瓦片数量，以及从中心到顶部和底部的瓦片数量边界。例如：设置 Max-Pxcor＝10，则 Min-Pxcor 将自动设置为－10，因此，原点左侧有10个瓦片，瓦片(0,0)右侧有10个瓦片，总共为每行21个瓦片。

"角"设置允许将原点的位置定义为世界的角之一，即左上、右上、左下或右下。然后，可以在 x 和 y 方向上定义远边界。例如，选择将原点放置在世界的左下角，则可以定义右边界和上边界(正)。

"边"模式允许沿一条边(x 或 y)放置原点，然后在该方向上定义远边界，并在另一方向上定义两个边界。例如，沿着世界的底部选择"边"模式，则必须定义顶部边界以及左侧和右侧。

"自定义"的模式允许将原点放置在世界上的任何位置，但是世界上仍必须存在原点 Patch(0,0)。

更改设置时，会注意到所做的更改将显示在面板的预览中，该预览显示了原点和边界。世界的宽度和高度显示在预览下方。

在预览下方也有两个复选框，即回绕设置。这些可以控制世界的拓扑。请注意，当单击复选框时，预览会指示允许回绕的方向，并且拓扑名称显示在世界尺寸旁边。有关更多信息请参见官网《编程指南》中"拓扑结构"[①]部分。

视图设置允许自定义视图的外观，而无须改变世界。更改视图设置绝不会强制重置世界。要更改 2D 视图的大小，请调整"瓦片大小"设置，以像素为单位。这不会更改瓦片的数量，只会更改瓦片在 2D 视图中显示的大小(请注意，瓦片大小不会影响 3D 视图，因为可以通过增大窗口来简单地增大 3D 视图)。

字体大小设置可以控制海龟、瓦片和链接标签的大小。

帧率控制视图更新的频率。这会对模型的默认运行速度产生巨大影响。有关更多详细信息，请参见官网《编程指南》中"视图更新"[②]部分。

如图 1.2.7(b)所示，"平滑边缘"复选框并且仅在从 3D 视图进行编辑时显示，用于抗锯齿。取消选中它会使线条看起来有更多锯齿，但可能会加快渲染速度。

"显示时间步计数器"复选框控制计数器的外观，该外观在视图控制条中可见(或不可见)。

可以通过"视图"访问海龟、瓦片和链接(Link)监视器，只需右键单击要检查的海龟或瓦片，然后从弹出菜单中选择"Inspect…"或"Inspect Patch…"。还可以通过在"海龟"子菜单中选择适当的项目来观看、跟随海龟(海龟、瓦片和链接监视器也可以从"工具"菜单或使用 inspect 命令打开)。

一些 NetLogo 模型允许通过在视图中单击并拖动鼠标来与海龟和瓦片进行交互。

显示线框：展示 3D 箱子的边界线框，线框是 3D 模型的外观，组成箱形的轮廓，该轮廓由线连接的矢量点组成。在平面(2D)视角下，线框更为明显。

---

① 帮助-NetLogo 用户手册-Reference-Programming Guide -Topology

② 帮助-NetLogo 用户手册-Reference-Programming Guide-View updates

更新 2D 视图：勾选此选项，在 3D 界面（3D View）视图更新的同时，原 2D 界面中的视图也会同时更新。

4. 操纵 3D 视图

如图 1.2.8 所示，在窗口的底部，有一些按钮可以移动观察者，或改变看待世界的视角。调整这些设置时，当前对焦点会出现一个蓝色的十字。小小的蓝色三角形将始终沿 y 轴指向正方向，因此可以确定自己的方向，以防迷失。

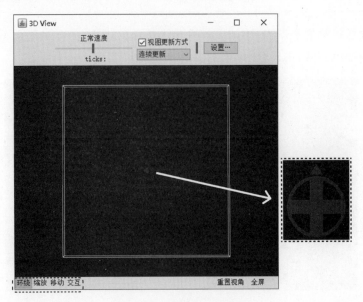

图 1.2.8　界面—3D 视图

要从另一个角度看待世界，请按"环绕"按钮，然后单击并拖动鼠标。观察者将继续面对与以前相同的点（蓝色十字所在的位置），但是其相对于 x，y 平面的位置将发生变化。

要放大世界或缩小世界，跟随智能体，请按"缩放"按钮并上下拖动。

若要在不改变观察者朝向方向的情况下更改其位置，请选择"移动"按钮，然后在按住鼠标按钮的同时将鼠标拖动到 3D 视图内。

要允许将鼠标位置和状态传递给模型，请选择"交互"按钮，其功能与鼠标在 2D 视图中的功能相同。

要将观察者和对焦点返回其默认位置，请按"重置视角"按钮。

5. 全屏模式

要进入全屏模式，请按"全屏"按钮，要退出全屏模式，请按 Esc 键。

注意：全屏模式不适用于每台计算机。这取决于显卡。有关详细信息请参见系统要求[①]。

---

① 一些老旧计算机系统要尝试使用 3D 视图或 NetLogo 3D 可否正常运行。一些系统可以使用 3D 视图，但不能切换到全屏模式，这和显卡有关。（例如，ATI Radeon IGP 345 和 Intel 82845 可能无法工作。）

6. 3D 形状

在 3D 视图中，某些形状会自动映射到真实的 3D 副本。例如，2D 圆形在 3D 视图中变为球形，见表 1.2.3。

表 1.2.3　海龟的 2D、3D 形状

默认	圈	点	正方形	三角形	线	圆柱	半线	汽车
3D 海龟形状	球	小球体	立方体	锥体	3D 线	3D 圆柱体	3D 半线	3D 车

所有其他形状均基于其 2D 形式。如果形状是可旋转的，则它是俯视图，详细情况请见图 1.2.9 中 Ants 运行的图例，以削平高度的方式平行于 x，y 平面。

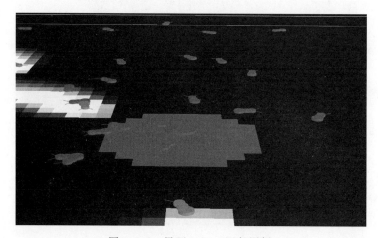

图 1.2.9　界面—Ants 运行图例

如果形状不可旋转，则将其视为侧视图，如同图 1.2.10，并像狼吃羊模型一样始终面向观察者进行运动。

图 1.2.10　界面—Wolf Sheep Predation 运行图例

7. 命令中心（**Command Center**）

命令中心可以直接发出命令,而无须将其添加到模型的过程中。这对于动态检查和处理智能体很有用。如图 1.2.11 所示。

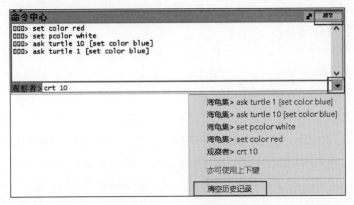

图 1.2.11　界面—命令中心

在大框下面的小框是键入命令的地方。键入后,按 Return 键或 Enter 键运行。

键入的左侧是一个弹出菜单,最初显示“观察者>”。可以选择观察者、海龟或瓦片程序来指定哪些智能体运行键入的命令。

提示:更改观察类型的更快方法是使用 Tab 键。

8. 报告

如果在“命令中心”中输入报告命令,则 show 命令将自动插入报告命令之前。

9. 访问之前的命令

键入命令后,它会出现在命令行上方的大滚动框中。可以在此区域的“编辑”菜单上使用“复制”来复制命令,然后将其粘贴到其他位置,例如“代码”选项卡。

还可以使用历史记录弹出窗口访问先前的命令,该弹出窗口是键入命令右侧向下的小三角形。单击三角形,将显示以前键入的命令菜单,因此可以选择一个以再次使用。

提示:使用键盘上的向上和向下箭头键可以更快地访问以前的命令。

10. 清空

要清除包含先前命令和输出的大滚动区域,请单击右上角的“清空”。

要清除历史记录,单击三角按钮,弹出菜单,请在该菜单上选择“清空历史记录”。

11. 设置

可以使用“工具”菜单上的“隐藏命令中心”和“显示命令中心”项来隐藏和显示命令中心。

如果要调整命令中心的大小，请拖动将其与模型界面分开的栏。或者，单击栏右端的小箭头之一，以使命令中心很大或完全隐藏。

图 1.2.12　界面—绘图工具

垂直命令中心和水平命令中心之间切换时，要单击"清空"左侧带有双箭头的按钮。

12. 绘图

如图 1.2.12 所示，单击添加"图"控件，当鼠标指针位于"plot 1"图的白色区域上方时，将显示鼠标位置的 x 和 y 坐标。

（请注意，鼠标位置可能与绘图中的任何实际数据点都不完全对应。如果需要知道绘图点的确切坐标，请使用"导出绘图数据"菜单项并在另一个程序中检查结果文件。）

与所有小部件一样，在创建"图"时，将自动显示编辑对话框，如图 1.2.13 所示。

图 1.2.13　界面—绘图设置

许多字段都是一目了然的，例如，图的名称、x 和 y 轴的标记、轴的范围以及"显示图例?"这个选项的复选框。

如果选中"自动调整尺度?"复选框，则 x 和 y 会自动重新调整，如果点超出当前范围，则将点添加到"图"中。

在"绘图 setup 命令"和"绘图更新命令"下，可以输入将在适当的时间自动运行的命令，单击小三角形以打开命令的文本框。在官网的《编程指南》的"绘图①"部分中有详细说明。

13. 绘图笔

在"图"对话框中绘图笔部分，可以创建和自定义绘图笔。每个表格行代表一支笔。有一支名为"默认"（Default）的笔，可以将其更改为模型中有意义的名称。

---

① 帮助-NetLogo 用户手册-Reference-Programming Guide-Plotting

要编辑笔的颜色，请单击"绘图笔名称"左侧的格子。这将弹出一个对话框，如图 1.2.14 所示，允许使用颜色样本将颜色设置为 NetLogo 基本色之一或自定义颜色。

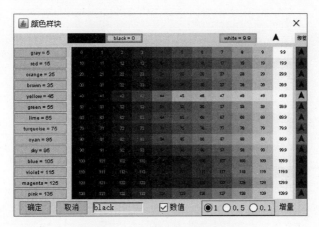

图 1.2.14　界面—颜色样块

要编辑笔的名称，请双击该名称。

在"绘图笔更新命令"列中，可以在 reset-ticks、tick 或者 update-plots 前输入将要运行的命令。编程指南的"绘图"部分对此进行了详细说明。

最后一列有两个按钮。单击铅笔图标将弹出绘图笔编辑对话框，点击垃圾桶按钮删除笔。

14. 绘图笔高级选项

单击铅笔图标将打开此对话框，如图 1.2.15 所示。

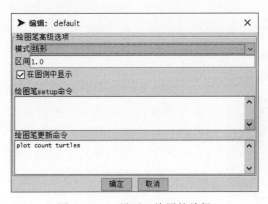

图 1.2.15　界面—绘图笔编辑

- 模式：允许更改绘图笔的外观、线形、条形（条形或柱状图）、点形（散点图）。
- 区间：每次使用 plot 命令时 x 前进的量。
- 在图例中显示：选定的笔将在图的右上角成为图例的一部分。
- 绘图笔 setup 命令：在该字段中，可以输入 reset-ticks（重置计数器）或运行 setup-plots 时要运行的命令。

- 绘图笔更新命令：在该字段中，可以输入将在 tick 或运行 update-plots 时要运行的命令。该字段再次出现在高级对话框中，以提供用于编辑较长命令集的空间。

关于每种功能的工作原理及详细信息请参见官网的《编程指南》"绘图"部分。

15. 滑块

滑块代表具有关联的全局变量。移动滑块会更改变量的值。

将滑块放在"界面"选项卡中时，将与所有小部件一样自动打开编辑对话框。大多数命令在上文中已经叙述过了。但是，重要的是要注意最小、最大和增量字段不仅仅可以设置为常量，也可以使用相应代码。因此，可以设置最小值为 min-pxcor，设置最大值为 max-pxcor。这样，在更改世界的大小时，滑块边界将自动调整，如图 1.2.16 所示。

(a) 滑块色设置

(b) 滑块

图 1.2.16　界面—滑块

16. 智能体（**Agent**）监控器

智能体监控器既显示特定智能体所有变量的值，也显示一个迷你视图，如图 1.2.17

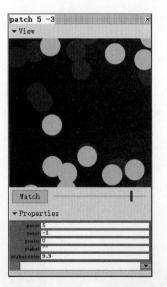

图 1.2.17　界面—智能体监控器

所示。视图只显示该智能体及其周围的一小块区域，可以通过"工具"菜单或 inspect 命令打开智能体监控器。

可以使用视图下方的滑块进行放大或缩小，同时也可以使用 watch 的 watch-me 按钮在主视图中显示设置。

在滑块下方，每个显示框代表变量的当前值。例如，在 pcolor 输入一个新值，就相当于运行了代码 set pcolor...。

变量区域下方是一个小型命令中心。与其作为观察者运行代码，也不与所有海龟、瓦片或链接交互，在此命令中心输入的代码仅由该智能体运行。

可以通过单击右上角的"X"或按 Esc 键来关闭智能体监控器。如果在单击框的同时按住 Shift 键，则所有打开的监控器将关闭，或者可以使用"工具"菜单中的"关闭所有智能体监控器"。

1. 2. 4　信息标签

　　信息标签如图 1.2.18 所示,提供了模型的介绍。它为正在建模的系统提供说明,明晰如何创建模型以及如何使用模型。该功能还会为模型探索以及扩展模型的方式提供建议,同时,也能让使用者了解模型使用的特定 NetLogo 功能。如果想要了解一个新的模型,可以在建模之前阅读信息选项卡以了解模型的功能和作用。

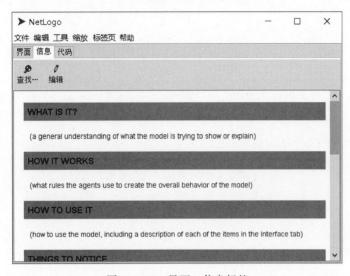

图 1.2.18　界面—信息标签

1. 编辑

　　信息选项卡下的现实内容要进行编辑,先单击"编辑"按钮。完成编辑后,再次单击"编辑"按钮。信息选项卡编辑为无格式纯文本,要控制格式化显示的外观,可以使用称为 Markdown 的"标记语言"。大家可能在其他地方遇到过 Markdown;该格式用于许多网站,尤其是计算机研究相关领域均以 Markdown 作为日常笔记工具(网络上还有其他标记语言正在使用;例如,维基百科使用了一种称为 MediaWiki 的标记语言不同标记语言在细节上有所不同)。信息标签的智能体部分主要包括以下内容,对应的显示效果见图 1.2.19。

- 标题(Headings)
- 正文(Paragraphs)
- 斜体和粗体文本(Italicized and bold text)
- 有序列表(Ordered lists)
- 无序列表(Unordered lists)
- 链接(Links)
- 图片(Images)
- 引文(Block quotations)
- 代码(Code)

- 代码块（Code blocks）
- 上标和下标（Superscripts and subscripts）
- 使用注意事项（Notes on usage）
- 其他特点（Other features）

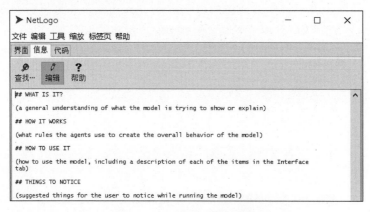

图 1.2.19　界面—信息编辑

2. 标题

标题以一个或多个"♯"号开头。一级标题获得一个哈希值，二级标题获得两个哈希值，以此类推最多四级。注意，NetLogo 的编辑区不支持中文显示，结束编辑后才能显示中文。见代码 1.2.1，效果如图 1.2.20 所示。

代码 1.2.1　标题

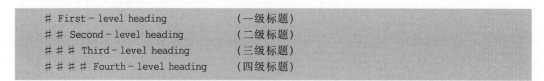

```
♯ First - level heading              （一级标题）
♯♯ Second - level heading            （二级标题）
♯♯♯ Third - level heading            （三级标题）
♯♯♯♯ Fourth - level heading          （四级标题）
```

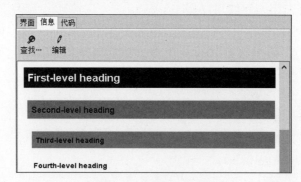

图 1.2.20　信息—标题

3. 正文

放于标题下的正文部分，见代码 1.2.2，效果如图 1.2.21 所示。

代码 1.2.2　正文

```
This is a paragraph. There are no spaces before the word 'This'.

This is another paragraph. The first line has two sentences.
The entire paragraph has two lines and three sentences.

Line breaks in the input,
Make line breaks in the output,
Like this.
```

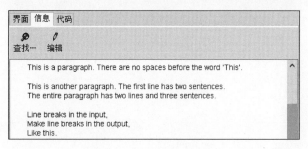

图 1.2.21　信息—正文

4. 斜体和粗体文本

斜体，用下划线包围文本；粗体，用两个星号包围文本；也可以组合使用。见代码 1.2.3，效果如图 1.2.22 所示。

代码 1.2.3　斜体和粗体

```
For italics, surround text with underscores:
_hello, world_.

For bold, surround text with two asterisks:
** hello, world **.

You can also combine them:
_ ** hello ** _ and ** _goodbye_ **
```

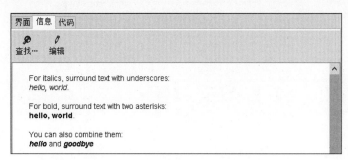

图 1.2.22　信息—斜体和粗体文本

5. 有序列表

见代码 1.2.4,效果如图 1.2.23 所示。

代码 1.2.4 有序列表

```
We are about to start an ordered list.

1. Ordered lists are indented 2 spaces.
   1) Subitems are indented 2 more spaces (4 in all).
2. The next item in the list starts with the next number.
3. And so on...
```

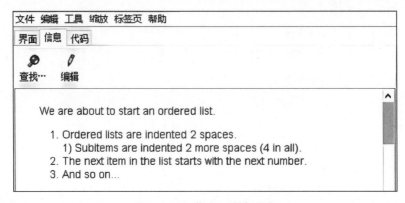

图 1.2.23 信息—有序列表

设置一个有序列表。

有序列表缩进 2 个空格。

子项再缩进 2 个空格(第二级项总共缩进 4 个)。

列表中的下一项从下一个数字开始,……

6. 无序列表

见代码 1.2.5,效果如图 1.2.24 所示。

代码 1.2.5 无序列表

```
We are about to start an unordered list.

* Like ordered lists, unordered lists are also indented 2 spaces.
* Unlike ordered lists, unordered lists use stars instead of numbers.
* Sub items are indented 2 more spaces.
* Here's another sub item.
```

设置开始一个无序列表。

与有序列表一样,无序列表也缩进 2 个空格。

与有序列表不同,无序列表使用星号而不是数字。

子项再缩进 2 个空格。

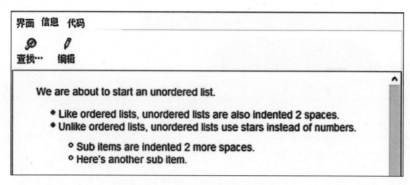

图 1.2.24　信息—无序列表

7. 链接

见代码 1.2.6，效果如图 1.2.25 所示。

代码 1.2.6　链接

```
# First - level heading
http://ccl.northwestern.edu/netlogo/
[link text here](link.address.here)

[alt text](file:path)
[Home](file:index.html)
[Home](file:docs/index.html)
```

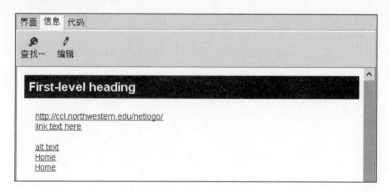

图 1.2.25　信息—链接

1）自动链接：创建链接的最简单方法是直接输入链接，即可显示。

2）有文字的链接：想在链接中使用自己的文本，使用代码[link text here]。

3）本地链接：也可以链接到本地计算机上的某个页面，而不是 Internet 上某处的某个页面。本地链接形式如下：[alt text](file:path)。路径中的任何空格都必须转换为％20。例如，file:my page.html，必须写成 file:my％20page.html。链接到计算机上文件的最简单方法是将它们放入与模型相同的目录中。

8. 图片

见代码 1.2.7,效果如图 1.2.26 所示。

代码 1.2.7　图片

```
# First－level heading
![替代文本](http://location/of/image)

![NetLogo](http://ccl.northwestern.edu/netlogo/images/netlogo－title－new.jpg)
```

Ps：**"替代文本"中文在信息编辑状态不能正常显示,编辑完成可正常显示。**

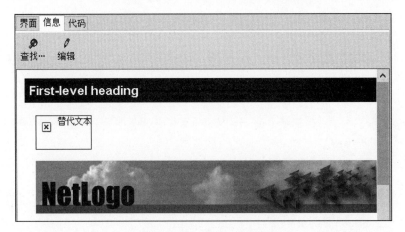

图 1.2.26　信息—图片

1) 图片：图片与链接非常相似,但前面有一个感叹号。

2) 本地图片：也与链接非常相似,可以在本地计算机上显示图像而不是 Internet 上的某个位置的图像。假设本地有一个图像 image.jpg,本地图像如下所示：。与本地链接一样,文件名或路径中的任何空格都必须转换为%20。

9. 块引用

见代码 1.2.8,效果如图 1.2.27 所示。以">"开头的连续行将成为块引用,既可以在其中放置任何文本,也可以设置样式。

代码 1.2.8　块引用

```
# First－level heading
* 段落一
    > 区块标记一
* 段落二
    >> 区块标记二
<br><br><br><br>
```

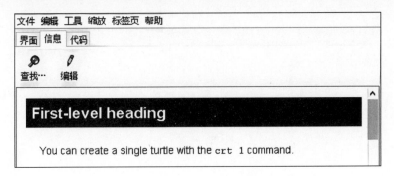

图 1.2.27　信息—块引用

10. 代码

见代码 1.2.9,效果如图 1.2.28 所示。要在句子中包含一小段代码,请用反引号(`)将其括起来。效果如图所示,此时反引号包括的部分已经变为代码。

代码 1.2.9　代码

```
# First - level heading
You can create a single turtle with the `crt 1` command.
```

图 1.2.28　信息—代码

11. 代码块

见代码 1.2.10,效果如图 1.2.29 所示。创建代码块,要将该块的每一行缩进 4 个空格。另一种方法是在块前后用三个反引号包围它。如果不希望代码被着色为 NetLogo 代码,请在前三个反引号之后添加代码。

代码 1.2.10　代码块

```
# First - level heading
About to start the code block.
Leave a blank line after this one, and then put the code block:

    ; a typical go procedure
    to go
      ask turtles
        [ fd 1 ]
      tick
    end
```

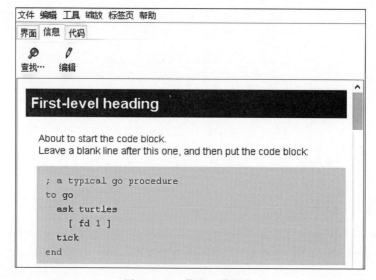

图 1.2.29　信息—代码块

12. 上标和下标

见代码 1.2.11,效果如图 1.2.30 所示。上标和下标对于编写公式、方程、脚注等很有用。下标出现在基线下方半个字符处,并使用 HTML 标记 编写<sub>。上标出现在基线上方半个字符处,并使用 HTML 标签 编写<sup>。

代码 1.2.11　上标和下标

```
# First - level heading
H < sub > 2 </sub > 0

2x < sup > 4 </sup >  + x < sup > 2 </sup >

WWW < sup >[1]</sup >
```

界面 信息 代码
查找… 编辑
First-level heading
H2O
2x4 + x2
www[1]

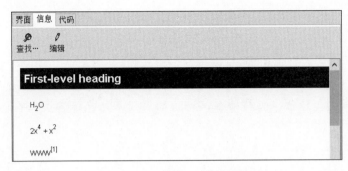

图 1.2.30 信息—上标和下标

13. 其他内容

- 段落、列表、代码块(代码集合)和其他功能应该用空行分隔。如果发现某些内容的格式不符合要求,可能是因为您需要在它之前添加一个空行。
- 为防止特殊字符被视为标记,请在其前面放置一个反斜杠(\)。
- NetLogo 使用 GitHub 风格的换行符,而不是传统的 Markdown 处理换行符。这意味着换行符被视为真正的换行符,而不是与前一行合并为一个段落。
- 除上述功能外,Markdown 具有未在此处说明的其他功能。有关 Markdown 的更多信息,请访问 Markdown 官网。
- 为了呈现 Markdown,NetLogo 使用 Flexmark-java 库。

1.2.5 代码标签

如图 1.2.31 所示,“代码”选项卡是存储模型代码的位置。想保存并在以后反复使用的命令可在“代码”选项卡中找到,只让立即被使用的命令进入命令中心。其功能大致如下:

- 检查错误
- 查找和替换
- 自动缩进
- 更多编辑选项
- 包含的文件菜单

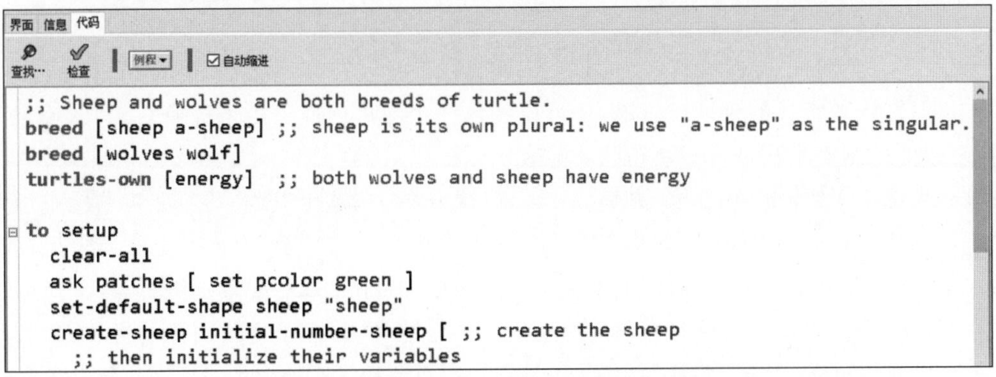

界面 信息 代码
查找… 检查 例程 自动缩进
;; Sheep and wolves are both breeds of turtle.
breed [sheep a-sheep] ;; sheep is its own plural: we use "a-sheep" as the singular.
breed [wolves wolf]
turtles-own [energy] ;; both wolves and sheep have energy
to setup
clear-all
ask patches [set pcolor green]
set-default-shape sheep "sheep"
create-sheep initial-number-sheep [;; create the sheep
;; then initialize their variables

图 1.2.31 代码—标签

1. 检查错误

要确定代码是否有任何错误，可以按"检查"按钮，如图 1.2.32 所示。如果存在语法错误，"代码"选项卡将变为红色，包含该错误的代码将突出显示，并且将显示一条错误消息。切换标签页也会导致代码被检查，因此，如果只是切换标签页，则无须先按"检查"按钮。

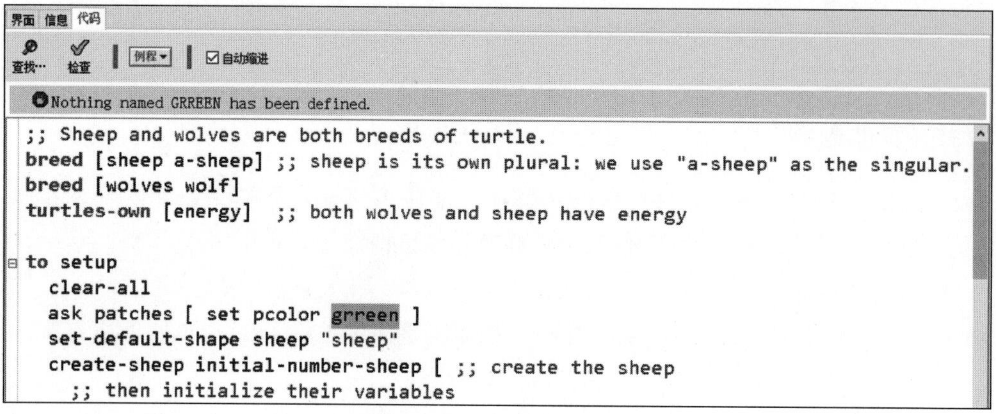

图 1.2.32　代码—检查错误

2. 查找和替换

要在过程中查找代码片段，请单击"代码"工具栏中的"查找"按钮，如图 1.2.33 所示，然后将出现"查找"对话框。

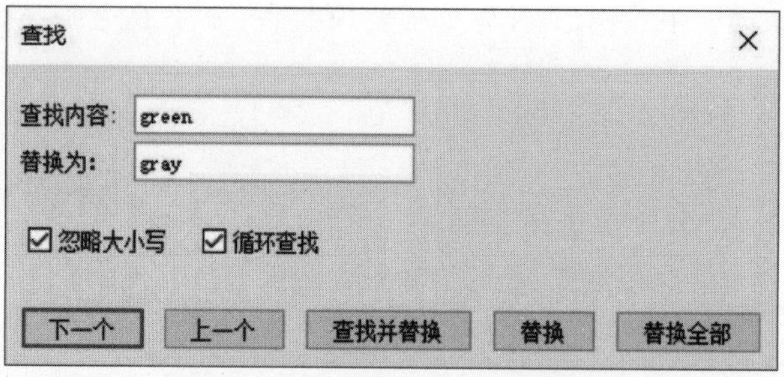

图 1.2.33　代码—查找和替换

可以输入要查找的单词或短语，还可以输入一个新单词或短语来替换它。"忽略大小写"复选框控制大小写是否必须相同才能表示匹配。

如果选中了"环绕"复选框，则将从光标位置开始，在整个"代码"选项卡中检查该短语。当到达末尾时，它将返回顶部，否则将仅搜索从光标位置到"代码"选项卡末尾的区域。"下一个"和"上一个"按钮将上下移动，以查找另一个出现的搜索词组。

"替换"是用替换短语更改当前选择的短语，"替换并查找"是更改选择的短语，并移至下一个出现的短语。"全部替换"是将使用替换短语更改搜索区域中查找短语的所有实例。

3. 自动缩进

选中自动缩进复选框后,NetLogo 将自动尝试以逻辑结构格式对齐代码。例如,当打开一组方括号"〔"(可能在一条 if 语句之后)时,NetLogo 将自动添加空格,以便以下代码行比括号再缩进两个空格。当关闭方括号时,右方括号将与匹配的方括号对齐。

NetLogo 将尝试在键入时缩进代码,但是也可以在任意行的任意位置按 Tab 键,要求 NetLogo 立即缩进该行。或者,可以选择整个代码区域,然后按 Tab 键重新缩进所有代码,如图 1.2.34 所示。

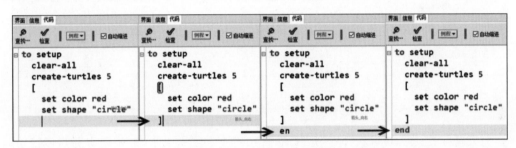

图 1.2.34　代码—自动缩进

4. 更多编辑选项

在代码中找到特定的过程定义,请使用"代码"选项卡中的"过程"弹出菜单。它们在文件中出现的顺序列出了所有过程。要搜索特定过程,请使用弹出窗口顶部的搜索字段。键入时,它将使用模糊匹配过滤过程列表。模糊匹配将包括在搜索字段中输入对应名称字符顺序的过程,但是这些字符不必彼此相邻。例如,"fnn"将匹配"**f**ind-**n**earest-**n**eighbors"和"wolf-down-neighbor",但不是"nearest-wolf-neighbor"。可以使用箭头键或鼠标选择特定的过程,然后输入或单击以跳至该过程。这是浏览文件的一种非常方便的方法。为方便起见,可以使用快捷方式 Ctrl-g(在 Mac OS 上为 cmd＋g)访问过程菜单。

在"代码"选项卡中,使用"编辑"菜单上的"向左移""向右移""注释"和"取消注释"项来更改代码的缩进级别,或者添加和删除分号,这些分号用于标记节中的注释。

5. 包含的文件菜单

当将 includes 关键字添加到模型时,如图 1.2.35 所示,将显示过程菜单右侧的菜单。这是"包含的文件"(Included Files)菜单,其中列出了此文件中包含的所有 NetLogo 源文件(.nls)。可以使用"首选项"对话框使此菜单始终可见。

注意:包含工具是新功能并且正在试验中。

可以从菜单中选择一个文件名来打开该文件的标签,也可以分别使用"新建源文件"和"打开源文件"打开一个新文件或现有文件。

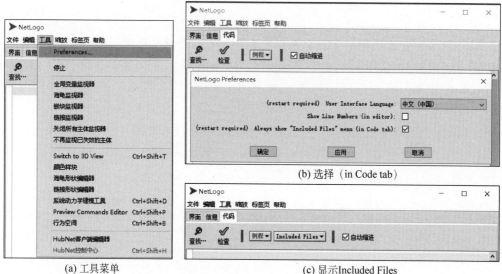

(b) 选择（in Code tab）

(a) 工具菜单　　　　　　(c) 显示Included Files

图 1.2.35　代码—显示 Included Files

打开新标签页后，可以从"标签页"菜单中访问它们，如图 1.2.36 所示，并且可以使用键盘在标签页之间移动（在 Mac 上为 Command + 数字，在其他操作系统上为 Ctrl + 数字）。

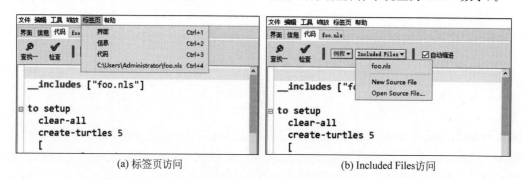

(a) 标签页访问　　　　　　　　(b) Included Files访问

图 1.2.36　代码—文件菜单

CHAPTER 2
第2章

范 式 漫 谈

2.1 传统研究范式与仿真建模

长期以来,研究人员都试图最大限度地刻画个体行为特征并预测社会宏观现象,若能通过计算机科学将个体—社会进行全息建模则堪称完美。在前大数据时代,这种努力通常会很难如愿,核心问题是我们无法得到特征变量的准确参数估计,因为在数据获得、数据清理、知识建构、规律推广等方面均存在现实障碍和信息缺失。大数据时代,这个问题可以得到较好的解决。大数据时代计算社会科学的核心任务是:通过对接近全样本的数据量进行深度挖掘、机器学习、变量搭桥、模式探索等,可以实现个体特征画像、行为模式预测、社会系统剖析与宏观政策预演。在个体画像、行为预测、系统剖析与政策预演方面,社会科学仿真模拟方法发挥着重要作用,尤其是最新的 ABM 仿真模拟①,主要对这种方法进行解读,重点介绍其产生土壤、模式特征、逻辑结构与操作流程等。

2.1.1 自然科学研究与社会科学研究

研究活动包括自然科学研究与社会科学研究,是人类运用有限理性规则动态地认识世界,进而改造世界的思维意识活动。

1)"认识世界"指的是现象发现、规律获取与知识构建。其中,"现象发现"指的是发现了新的实体现象;"规律获取"指透过现象探求其内部本质或运作机制;"知识构建"是对现象—规律的理论化表述。

2)"改造世界"指的是新造物质与新创制度。自然科学研究中的改造世界侧重于通过制造新的产品物质形态使得现实世界更加富有效率,社会科学研究中的改造侧重于通过新制度或政策的提出解决社会问题并使得社会总体运行更加良好。

2.1.2 社会科学研究方法的"三驾马车"

理论研究、数据统计与仿真模拟,是社会科学研究方法的"三驾马车"。除了理论研究之外,后两种方法是从自然科学研究(物理、气象、水文、建筑、工程)中借鉴、学习而来的。

---

① ABM：Agent-based Model,主体(智能体)的模型

人类首先认识到自然客体,然后自然而然地将其研究方法迁移到认识人类社会自身,即社会科学。理论研究范式在社会科学研究中属于传统方法,数据统计模式在我国社会科学研究中得到普遍的应用,唯有第三种方法即仿真模拟范式尚未得到推广应用。其自然与该方法传入中国科研社区的时间早晚有关,也与国内科研社区专信数据统计、排斥方法创新、埋头故步自封、不愿更新范式的"路径依赖"心态相关。"兵无常势、水无常形",好的研究方法应该是动态优化且开放民主的,只要该方法有助于提高规律发现和改造世界的信度与效度,就应该被纳入社会科学家工具箱(Social Scientists' Toolbox)。

2.1.3 仿真模拟与数据统计的范式之辩

仿真模拟与数据统计是两种截然不同的科学研究范式,其内在假设与逻辑基础截然相反、大相迥异。请设想场景 A：一只猫走在沙滩上留下了一连串脚印。如果是数据统计范式,囿于研究范式,将会研究脚印的间距、面积、角度、方位、趋势、深浅等指标之间的函数关系,然后得出相应的结论。如果是仿真模拟范式,不仅这些指标将得到研究,还会考虑到行动者(智能体)的心情、动机、习惯、转向、态度、决策,即这只猫在何种情绪心理、动因机制、行为习惯、脑体朝向、倾向态度上才产生了具备上述特征变量的一串脚印。场景 A 道出了仿真模拟范式五个方面的研究优势：

1）更高维度的过程信息。
2）清晰的因果关系。
3）动态的多种可能。
4）研究的保守主义。
5）平行宇宙预演问题。因为重要,故而将其上升为主标题重点阐述。

2.1.4 更高维度的过程信息：Movie vs Picture

《三体》中多处描述了宇宙空间从三维向二维坍塌的场景,如果说数据统计研究三维场景,则仿真模拟研究四维场景,后者增加了动态的连续过程维度。数据统计所面对的数据始终是结果数据,始终是一个静态状态瞬间(例如,截面数据和时间序列数据),稍好的是多个静态状态瞬间(例如,Panel Data),从属性上而言,可类比为截图或图片(Picture)。而仿真模拟处理的是连续动态过程,即随着时间不断呈现无数个结果即无数个静态瞬间,属性为电影或视频(Movie)。Movie 与 Picture 相比多了一个持续时间维度,统计数据是电影视频的屏幕瞬间截图,电影视频是无数个连续截图的高维度存在形态。四维可以随时制造或还原成三维空间,而反之则行不通。仿真模拟处理的是更高维度的动态过程信息,而数据统计处理的是更低维度的瞬间结果信息。数据统计的致命缺陷是无法揭示过程机制,除非要做无数次瞬间截面统计。数据统计系数推断表只能证明其本身,无法揭示过程(因没有模拟规则推演,因此维度低)。其统计结果解释部分所言的过程机制不过是研究者们主观似然的脑海推测或头脑构想,瞬间结果数据显然无法说明动态演化过程。

2.1.5 清晰的因果机制：肯定因果 vs 否定因果

数据统计的兴奋点无疑是找到较为稳健的因果机制,但方法局限使得范式之下的研究者非常苦恼。为了找因果,数据统计领域也发展出很多工具方法来试图使得因果关系更加清晰,例如反事实视野下的倾向值匹配(PSM①)方法等。但是,此类方法所找到的所谓因果机制仍然是相关机制,无非是更加精细的事实状态与反事实状态的变量之间相关性对比。反事实状态无法找到,故只能采用事实中的类似个体进行"伪对比"。数据统计理论上无法找到因果的核心问题是其内在限制性,而非研究者无能,这是高要求与低维度的矛盾。而在更高维度的仿真模拟之下,因果无处不在且无比清晰,因为其本质就是用清晰预设的因果机制进行动态持续试验并获得动态数据。数据统计兴奋点是肯定因果,仿真模拟兴奋点是否定因果。由于因果无处不在且无比清晰,需要对其进行判断,而被否定的因果机制可以证明其不存在,更符合科学的"可证伪性"原则,即要么"此种因果不存在",要么"无法排除此因果存在",不存在"此因果存在"的表述。

2.1.6　动态的多种可能：参数确定 vs 参数谱系

统计学的最核心问题是参数确定,即想方设法找到"最佳线性无偏估计量"(BLUE)。这是一种追求确定性结果科研情结之下的集体性研究焦虑与本能冲动,如果统计分析找不到目标变量的参数估计量,那将是失望的、很难做文章的。值得庆幸的是,我们还有仿真模拟。在我们为找不到真实因果系数估计而烦恼的时候,它清楚地告诉我们,还有另外的路。从最高预测准则来看,数据统计与仿真模拟都是以最大限度地拟合观测现象为终极目标,但是它们走了不同的路:

1) 数据统计是通过找到最佳参数估计量来拟合自然与社会现象,故其核心任务是确定参数。

2) 仿真模拟通过遍历各种变量参数的可能取值范围即参数谱系来拟合研究现象,故而核心任务是穷尽所有可能,寻找最佳参数组合即看何种组合之下因果机制更容易被理解和被确定。我们经常看到的是,仿真模拟方法通常对参数的可能范围进行全域化设置,对自然、社会现象的动态演化与过程机制进行全域化考察。由于数据统计只能揭示结果而不能揭示过程,所以不得不进行参数确定;由于仿真模拟足以揭示过程更遑论结果,所以参数研究更加灵活至参数谱系。

2.1.7　研究的保守主义：一步到位 vs 碎步快走

在科学研究方面,"保守主义"恰是最真实的激进,"激进主义"恰是最真实的保守:

1) "保守主义"是基于动态有限信息的持续优化,基于手头信息不断进行学习与优化,得到临时或局部最优解。当信息出现动态变化,持续进行学习与优化时,正是这种"持续挖掘"的保守主义精神使得人类知识得以不断生产,改造自然得以不断推进,认识社会得以不断深化,科研之光的照亮范围不断扩展,这种碎步快走的模式"看似很慢、实则很快"。

---

① PSM:Propensity Score Matching。倾向评分匹配,是一种统计学方法,用于处理观察研究数据。在观察研究中,由于种种原因,数据偏差和混杂变量较多,倾向评分匹配的方法正是为了减少这些偏差和混杂变量的影响,以便对实验组和对照组进行更合理的比较。这种方法最早由 Paul Rosenbaum 和 Donald Rubin 在 1983 年提出,一般常用于医学、公共卫生、经济学等领域。

2) 反观"激进主义"，其天生具有"高大上"诉求，试图将天地人万物纳入其中，搭建宏观概念与宏大概念模型（例如帕森斯和帕森斯的追随者们），这种激进主义恰恰是限制学科专业发展、封闭微观过程研究、助力学术霸权构建，是保守的。这种追求"一步到位"地研究社会的精神出发点是好的，但实际效果"看似很快，实则很慢"。

人类认识自然与社会的思维过程本质是保守主义的，具备持续、渐进、动态、优化的特征。人们从本能、兴趣、好奇出发，不断向深挖掘、动态认识现象。仿真模拟则直视人的本能思维与好奇机制，从不否认好奇与猜测的合理性，并将其操作化、具象化、过程化。

2.1.8 平行宇宙预演问题：单一宇宙 vs 平行宇宙

数据统计处理的观测数据属于单一宇宙属性，而仿真模拟的面向对象则是多重宇宙或平行宇宙（Parallel Universes）。统计数据不能摆脱单一宇宙问题，此系其低维度数据属性使然。统计方法也意识到了此局限性，发展反事实概念试图解决统计数据的单一宇宙问题。值得肯定的是，反事实概念确实在一定程度上推进了问题的解决（例如 PSM 方法引入），但仍然无法解决根本问题。意识到反事实问题，但解决方式仍然是从相同宇宙中找到类似替代物即"伪等价个体"（按照倾向概率或倾向值进行相似度匹配），而并非来自另一个宇宙。仿真模拟恰恰提出了更好的解决路径，即通过更高维度信息的处理解决"反事实状态无法获得"的悖论，展开所谓平行宇宙的研究。在仿真模拟中存在无数个参数组合与异质性个体，故存在多重宇宙，每一次模拟都具有一重宇宙之含义。我们不再需要从本宇宙找出"伪等价个体"（用 PSM 方法），只需要从另外一重宇宙中寻找即可。我们所观测到的宇宙（本宇宙，低维度）理论上只是多重宇宙（高维度）的一种可能，通过数据分析研究本宇宙数据得出的所谓因果仅仅是一种可能性而已，尚且不论得到此因果机制难度极大或者仅存在理论可能性。

2.1.9 ABM 仿真模拟核心特征与逻辑流程

基于头脑构想的思想实验是仿真模拟的核心特征。仿真模拟从想象出发去模拟社会，而非从结果出发"马后炮"地解释或论证社会现象，这更符合本能与直觉。ABM（Agent-Based Modeling）是当前仿真模拟的主流研究方法，赋予智能体更大的决策自主性、更强的情境模糊性，力求更贴近真实场景。ABM 仿真模拟逻辑流程如下：

1) 思维预想。如果脑海中没有所谓"社会学想象力"，则无法进行仿真模拟，仿真模拟的核心特征就是研究者思维预想的操作化。

2) 场景预演。任何被模拟的自然与社会现象都有具体场景，场景或情境预设是仿真模拟的前提。有的场景比较理想，例如元胞自动机（Cellular Automaton）模型；有的更贴近真实，例如将 GIS 地图导入程序模拟群体运动规律。

3) 机制设计（Mechanism Design）。机制设计是核心工作，决定着智能体以何种规则运行，即决策规则（Decision Rule）是什么、策略更新规则（Strategy Updating）是什么等。

4) 条件假设。相关变量参数的分布特征（正态/偏态分布、连续/离散型假设等）需要进行特定假设，仿真模拟结果在此基础之上才能够呈现。换言之，不存在没有条件假设之下的仿真模拟与结果。

5）穷尽可能。仿真模拟很重要的任务是穷尽模型纳入的参数与变量的所有取值谱系，即考察因素、变量与参数的所有可能性，对其影响效果进行谱系化系统呈现。

6）结果解读。根据所记录的仿真模拟相关变量数据，计算或估计其函数关系，进而对目标社会现象进行相应的解读。重点之一是揭示现象的过程演化机制，重点之二是对由此过程导致的特定结果或现象进行解释。仿真模拟的结果解读具有有限性和条件性，是特定机制与特定模型之下的结果与结论。

7）再次循环。

2.1.10 仿真模拟方法的条件性与局限性

如同其他研究方法与研究范式，不存在永远正确，只是相对合适。数据统计基于现实得到的数据认识内在规律，仿真模拟（ABM）则基于个体思维意识活动，试图用不断逼近真相的个体理性与基于数学与系统控制的模型设计认识社会现象及其内在规律。仿真模拟的研究范式与具体方法具有内在条件性与局限性，即仿真模拟永远揭示可能性与或然性，而非绝对真理，这可能在目前或今后都无法解决。因为社会科学比自然科学具备更大的复杂性，仿真模拟所发现的因果、规律与机制仅仅是现实世界的一种当前似然最优的可能性，具有条件性与局限性。但是，我们并不能因噎废食，因为仿真模拟在高维信息处理、过程机制演化、因果关系检视、变量参数谱系与持续动态优化等方面具有显著的优越性。

2.2 大数据研究范式与仿真建模探析

仿真建模研究范式作为本书的核心范式，前文已经将其因果、机理、作用介绍得十分详尽了，除仿真建模之外，还存在大数据研究的范式。一些最新的研究表明，大数据的关键不是生成的数据量，而是数据生产的速度和穷举性特征。大数据的不同之处在于，它不是为研究目的而创建的，它涵盖了整个人群，并且是实时生成的。在大数据时代，有两种方法可以回答社会学中的关键变化问题。新的在线数据可以大大改善传统的社会学子领域，这些子领域由于缺乏数据而无法开发。现在，基于在线数据的新结果，揭示了社会影响力的因果关系。由于快速发展的计算技术，大数据还可以促进新的研究领域的发展。这对于处理大量文本的研究领域尤其重要。最重要的是，新技术可以极大地改善文化社会学，而与理论思想相比，实证研究还很少。另外，新数据可能会对社会学的学科项目产生影响。

大数据时代已经到来，这已经是一个没有争议的判断，存在争议的是到底什么是大数据以及大数据的功能与影响力等问题。大数据时代既然已成为一个新的时代，其对政治、经济、社会和人类行为的影响就是一种必然性存在，仅是对人类行为的影响就是一种必然性存在，只是人们对其认识与理解尚存在差异而已。

陈云松认为，作为资本、劳动力和自然资源之外的第四种生产要素，大数据一般是指在数量（Volume）、类型（Variety）、速度（Velocity）和价值（Value）等方面超过传统社会科学应用以及传统社会科学应用规模的海量数据资料。大数据在理论范式、学科范式、研究实践三大方面，重绘学术图景、延伸经典学说、丰富学科目标、促进学科融合、提升学科应用、缓解方法分歧、优化变量测量、增加展示形式八个维度，重构了社会科学研究。目前的大数据实证研究，基本都是通过数据挖掘和文本分析技术发掘出潜藏在海量数据背后有意义的规律或信息，从而实现对社会现象和群体行为未来趋势的判断与预测，但这些研究大多集中在经济、金融领域，社科理论界其他领域尚未出现对大数据整体的推广和应用，因此社会学领域大数据应用势在必行。信息技术急速发展的今天，大数据必将消解传统社会科学的理论和实证研究基础，重构人文社科的理论范式和研究方法，加速各学科之间的相互融合。[①]

可见，社会学领域大数据研究范式的产生离不开大数据的兴起与数据时代的背景。大数据未来的研究可以从文本内容、选举活动、商业行为、地理位置、健康信息等数据着手，通过大规模与时序性数据的研究改变政治学乃至社会科学的基础。

大数据研究范式和仿真建模研究范式相互补充、相互促进，两者可以统称为"计算范式"。其跨学科的特性更为突出，特别是社会学和自然科学与技术科学的关系变得尤为重要。

本书中的 NetLogo 软件是仿真建模范式的重要计算软件，ABM 计算机模拟方法在研究复杂社会现象的演化过程与变化机制方面，具有其他研究方法所无法比拟的独特优势。随着 ABM 方法的不断完善与成熟，它在社会学研究中的运用会越来越普遍，期待未来能够和大数据研究范式共同发展，成为社会学研究领域的基础和支柱方法。[②]

———————————

① 陈云松,吴青熹,黄超.大数据何以重构社会科学[J].新疆师范大学学报(哲学社会科学版),2015,36(3)：54-61.

② 本节原文出处为：吕鹏.ABM 仿真模拟方法漫谈[J].贵州师范大学学报(社会科学版),2016(6),局部有修改和增删。

CHAPTER 3
第3章

基 础 代 码

在上一章已经学习了关于 NetLogo 的一些基本知识,这一章我们将开始一些具体的、简单的模型的学习。通过这些模型,我们会学习到 NetLogo 部分基础代码的编写及操作。

3.1 扩散模型(Diffusion Model)

扩散模型

顾名思义,扩散模型是演示粒子如何从中心点扩散开来的一个模型。是 NetLogo 中一个非常简单,但效果又十分酷炫的模型,如图 3.1.1 所示。

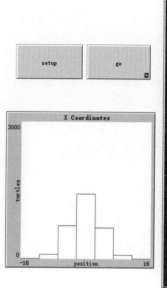
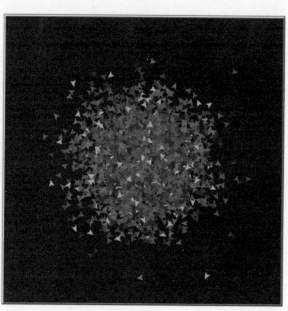

图 3.1.1　扩散模型

1. 界面展示

扩散模型的界面上主要包含四个部分：左上方是两个按钮,setup 用来控制程序的初始设置,go 按钮控制程序的运行；左下方是一个直方图的监控器。在这个模型中,直方图的 x 轴描绘的是每个粒子的 x 坐标,y 轴显示的是粒子的个数。最右方是一个动态演示的瓦片,在 NetLogo 软件中,可以通过这里直接看到代码的运行动画效果。

2. 代码讲解

代码 3.1.1 进行了代码展示。

代码 3.1.1　代码展示

```
to setup
  clear - all
  create - turtles 3000
  reset - ticks
end

to go
  ask turtles [
    rt random 360
    fd 1
  ]
  tick
end
```

见代码 3.1.2,程序一共包含两个子代码：setup 和 go。

```
setup: 设置
clear - all: 清除已有设置
create - turtles 3000: 创建 3000 个海龟
reset - ticks: 重置计时器
go: 运行程序
ask turtles: 对海龟命令
rt random 360: 随机右转 0 - 360 度
fd 1: 前进一步
tick: 计时
```

代码 3.1.2　setup 和 go

```
to setup                    ;; setup 子代码
  clear - all               ;; 清除所有瓦片和海龟
  create - turtles 3000     ;; 创建 3000 个海龟
  reset - ticks             ;; 重置计时器
end                         ;;
                            ;;
to go                       ;; go 子代码
  ask turtles [             ;; 定义海龟
    rt random 360           ;; 随机右转 0 - 360 度
    fd 1                    ;; 前进一步
  ]                         ;;
  tick                      ;; 计时
end                         ;;
```

> **!注意**
>
> **时钟计数器(Tick Counter)**
>
> 在许多 NetLogo 模型中,时间是一个时间步、一个时间步地向前推进,每个时间步称为一个"滴答"(tick)。NetLogo 内置时钟计数器,可以跟踪已经运行了多少个滴答。
>
> 目前的时间值显示在视图上部(可以使用 Settings 隐藏它,或者将"ticks"修改为其他文字)。
>
> 在程序中要获取当前时钟计数器的值,使用 ticks 报告器。tick 命令将时钟计数器加 1。
>
> clear-all 命令将时钟计数器重设为 0,并清除所有,如果只想让时钟变成 0,不想清除其他事情,就使用 reset-ticks 命令。
>
> 如果模型设为基于时钟更新(tick-based update),tick 命令通常也会更新视图。

3. 按钮的创建

· setup 按钮的创建,如图 3.1.2 所示。

 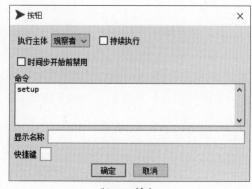

(a) 右键弹出菜单　　　　　　　(b) setup输入

图 3.1.2　setup 按钮的创建

■ 右键点击面板空白处,选择按钮。

■ 在命令栏中输入 setup,单击确定按钮,完成 setup 按钮的创建。

· go 按钮的创建,如图 3.1.3 所示。

■ 右键点击面板空白处,选择按钮。

■ 在命令栏中输入 go,点击确定,完成 go 按钮的创建。

■ 一般来说,按 go 按钮时要勾选持续执行选项,也可以不勾选持续执行。持续执行的 go 会让模型自动地、不断地运行,而不持续执行的 go 只会让模型运行一个 tick。

(a) 右键弹出菜单

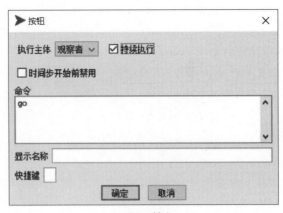
(b) go输入

图 3.1.3　go 按钮创建

❗注意

控制模型：按钮

　　按钮按下后模型就会通过执行一个动作作出响应。按钮分为"一次性"(once)和"永久性"(forever)两种，可以通过按钮上的一个符号区分两者。一次性按钮没有箭头，如图 3.1.4(a)所示。永久性按钮的右下角有两个箭头，如图 3.1.4(b)所示。

(a)一次性按钮　　　　(b)永久性按钮

图 3.1.4　按钮区别

　　一次性按钮执行动作一次，然后停止。当动作完成后，按钮弹起。而永久性按钮会不断地执行一个动作。当你想让动作停止时，再次按下按钮，它会完成当前动作，然后弹起。

　　大多数模型，包括该模型，有一个一次性按钮，称为"setup"和一个永久性按钮，称为"go"。许多模型还有一个一次性按钮称作"go once"或"step once"，它们很像 go 按钮，但区别在于它们只执行一步(tick)。使用这样的一次性按钮能让你更仔细地查看模型的运行过程。

　　停掉永久性按钮是终止模型的正常方式。通过停止永久性按钮暂停模型运行，然后再次按下按钮让模型继续，这非常安全，不易让软件崩溃或者闪退。你也可以使用 Tools 菜单的"停止"停止模型运行，但是只有当模型因某种原因卡住时才应该这样做。使用"停止"可能会让模型在某次行动的中间停住，导致模型乱套。

4. 绘制直方图

第一步：在面板空白处单击右键，选择"图"菜单，如图 3.1.5(a)所示。

第二步：依次修改名称——x 轴标记为 position，x 的最小值为 -30，最大值为 30；y 轴标记为 turtles，y 的最小值为 0，最大值为 500，如图 3.1.5(b)所示。

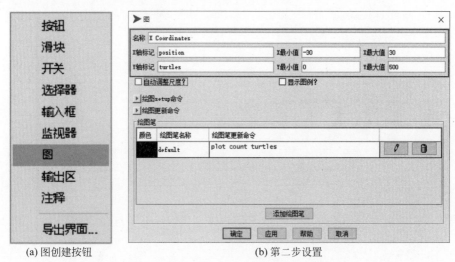

(a) 图创建按钮　　　　　　　　(b) 第二步设置

图 3.1.5　直方图—创建

第三步：打开绘图 setup 命令，依次设置 x 范围的最小值到最大值，即 $-30\sim30$；设置 y 的范围从 0 开始，记录 turtles 的数量，设置直方图的条形柱数量为 7，如图 3.1.6 所示。

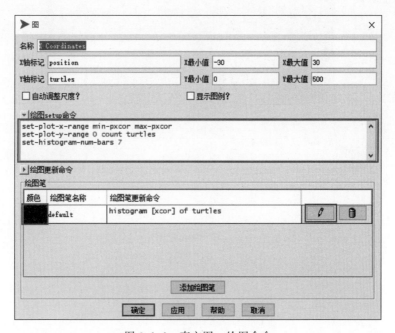

图 3.1.6　直方图—绘图命令

第四步：使用 histogram 命令，将绘图笔更新命令改为直方图，如图 3.1.7 所示。

第五步：单击右边的铅笔图案，将画笔默认的线性模式改为条形，如图 3.1.7 所示。

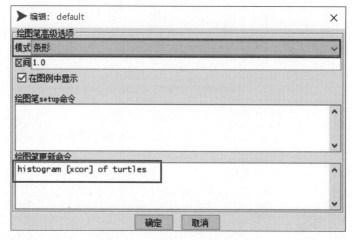

图 3.1.7　直方图—编辑命令

第六步：点击颜色之后可以选择绘图笔的颜色，选择 15 号红色，如图 3.1.8 所示。

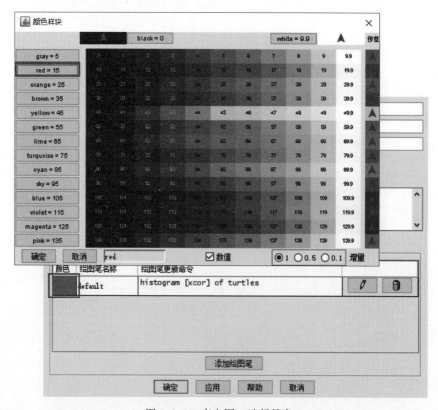

图 3.1.8　直方图—选择笔色

第七步：调整位置和大小。完成直方图的创建，如图 3.1.9 所示。

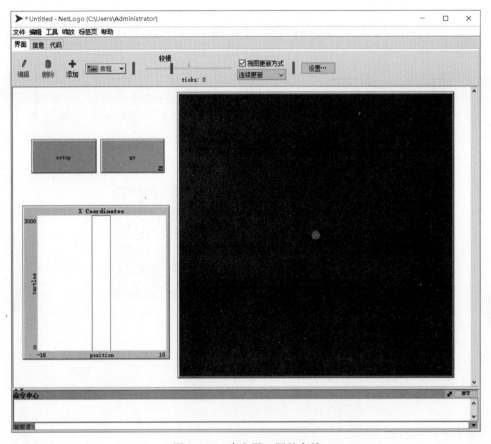

图 3.1.9　直方图—调整布局

> **❗注意**
>
> **直方图，Histograms**
>
> 　　直方图是由一系列高度不等的纵向条纹或线段表示数据分布情况。一般用横轴表示数据类型，纵轴表示分布情况。例如，模型里的海龟有年龄变量，可以使用 histogram 命令产生海龟年龄分布 histogram［age］of turtles。
>
> 　　直方图所表达的数不一定来源于智能体集合（agentset），也可以来自数值型列表（list of numbers）。
>
> 　　**注意**：使用 histogram 命令并不自动将画笔模式切换为条形模式，必须自己设置画笔模式为条形。前面说过，可以在界面页中编辑图形，改变画笔默认模式，如图 3.1.7 所示。在直方图中条形的宽度由画笔间隔决定既可以在界面页中编辑图形，改变画笔默认间隔，也可使用 set-plot-pen-interval 或 set-histogram-num-bars 命令临时改变画笔间隔。使用 set-histogram-num-bars 时，NetLogo 根据当前 x 范围内给定的条形数目计算出条形的近似宽度。

3.2 边界的产生（Box Drawing）

系统边界是系统与环境的分界面，用以区分系统与环境的不同本质和系统所包含的要素的界限。边界对系统与环境来说具有一定的隔离作用，这不仅对系统的形成与保护有重要意义，而且使各种系统共处于同一环境中也不丧失其独立性。Box Drawing 创建的边界有两种位置，如图 3.2.1 所示：瓦片中间的世界以及位于角落的世界。

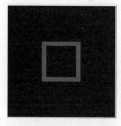 

(a) 瓦片位于中间的世界　　　(b) 瓦片位于角落的世界

图 3.2.1　边界

1. 瓦片与坐标

NetLogo 中用于演示的瓦片是自带坐标的，图 3.2.2 中给大家展示的是一个默认原点位置下的最大横纵坐标均为 9 的一个瓦片，每一个小方格是一个瓦片（patch）。原点的坐标，即原点所在的瓦片的坐标为(0,0)，在代码中瓦片的横坐标用 pxcor 表示，纵坐标用 pycor 表示。

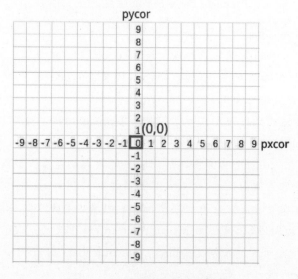

图 3.2.2　瓦片世界的坐标构成

> ❗**注意**
>
> **patchxcor ycor**
>
> 给出点的 x 和 y 坐标,返回包含该点的瓦片(此处为绝对坐标,而不是像 patch-at 那样基于调用智能体的相对坐标)。
>
> 如果 x 和 y 是整数,该点就是瓦片的中心。如果不是整数,四舍五入为整数,确定瓦片。
>
> 如果世界拓扑允许回绕,坐标会回绕到世界之内。如果不允许回绕而坐标超出世界范围,则返回 nobody。

2. 瓦片设置

瓦片的大小可以通过右键选择编辑后设置,如图 3.2.3 所示,这是本节所述模型的瓦片大小设置,该瓦片的最大横纵坐标是 12,整个瓦片是 25×25 大小。

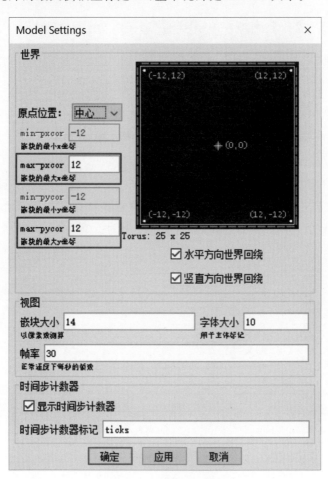

图 3.2.3 瓦片设置

> **❶注意**
>
> 可以把瓦片想象成地板上铺的方形瓷砖。默认情况下，房子正中的一片瓷砖标记为(0,0)。
>
> 在 NetLogo 中，从右到左的瓷砖数称为世界宽度(world-width)。从顶到低的瓷砖数称为世界高度(world-height)。这些数字由顶、低、左、右边界(top、bottom、left、right)来定义。
>
> 在本模型中，max-pxcor 是9，min-pxcor 是－9；max-pycor 是9，min-pycor 是－9。当你改变瓦片大小时，瓦片的数量不变，只是屏幕上瓦片的大小变化了。如果你做的模型会考虑到粒子的密度，那么这个参数的改变会对你的模型结果产生影响。

3. 滑块的设置

利用滑块工具，可以通过一次代码实现画不同大小的框，如图 3.2.4 所示。

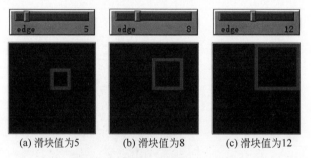

(a) 滑块值为5　　　(b) 滑块值为8　　　(c) 滑块值为12

图 3.2.4　滑块—不同大小的框

如图 3.2.5 所示，滑块是不同于开关的一种配置类型。开关有两个值：开或关。滑块是一个可调的数值范围。例如，"edge"滑块最小值为 1，最大值为 12，当模型运行时，方框的边长可以是 1，也可以是 12，或者中间的任何一个数值。当你从左到右移动滑块时，滑块右侧的数字变化就是当前值。

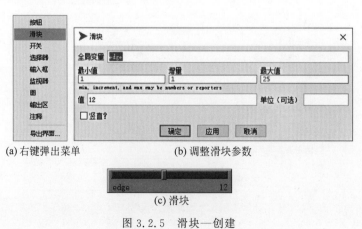

(a) 右键弹出菜单　　　　(b) 调整滑块参数

(c) 滑块

图 3.2.5　滑块—创建

4. 代码讲解

见代码 3.2.1，to setup-corner 开始定义一个名为"setup-corner"的子代码。

- clear-all 将世界重设为初始、全空状态。所有瓦片变黑，你已经创建的海龟和其他一切设置消失，为新模型运行做好准备。
- ask patches [...] 告诉每个瓦片独立地去运行方括号中的命令（NetLogo 中每条命令都是由某些智能体执行的，ask 也是一条命令。在这里是观察者（observer）运行这条 ask 命令，这条命令又引起瓦片运行命令）。
- 如果瓦片满足横坐标等于 0 且纵坐标在 0 到 edge 之间，那么将这些瓦片变为红色。实际上，这条命令会使得方框左边的边变红。
- 如果瓦片满足横坐标等于 edge 且纵坐标在 0 到 edge 之间，那么将这些瓦片变为红色。实际上，这条命令会使得方框右边的边变红。
- 如果瓦片满足纵坐标等于 0 且横坐标在 0 到 edge 之间，那么将这些瓦片变为红色。实际上，这条命令会使得方框下面的边变红。
- 如果瓦片满足横坐标大于 edge 且横坐标在 0 到 edge 之间，那么将这些瓦片变为红色。实际上，这条命令会使得方框上面的边变红。
- 重置 ticks 后，end 结束"setup-corner"的子代码的定义。

> **❶注意**
>
> **if**
>
> if condition [commands]
>
> 报告器必须返回一个布尔值（true 或 false）。如果 condition 为 true，运行 commands。
>
> 报告器可能对不同的智能体返回不同的值，因此有些智能体会执行 commands，有些则不会。

代码 3.2.1　setup-corner 子代码

```
to setup - corner                                    ;; setup-corner 子代码
  clear - all                                        ;;清除所有瓦片和海龟
  ask patches [                                      ;;定义瓦片
    if pxcor = 0 and pycor > = 0 and pycor < =  edge  ;;如果 patch 位于(0,0)到(0,edge)之间
      [ set pcolor red ]                             ;;画左边的边并涂成红色
    if pxcor = edge and pycor > = 0 and pycor < =  edge ;;如果 patch 位于(edge,0)到(edge,edge)之间
      [ set pcolor red ]                             ;;画右边的边并涂成红色
    if pycor = 0 and pxcor > = 0 and pxcor < =  edge  ;;如果 patch 位于(0,0)到(edge,0)之间
      [ set pcolor red ]                             ;;画下面的边并涂成红色
    if pycor = edge and pxcor > = 0 and pxcor < =  edge ;;如果 patch 位于(0,edge)到(edge,edge)之间
      [ set pcolor red ]                             ;;画上面的边并涂成红色
  ]                                                  ;;
  reset - ticks                                      ;;重置计时器
end                                                  ;;
```

5. 设置颜色

color 和 pcolor 是变量(variables)。有些命令和变量是海龟专用的，有些是瓦片专用的。例如，color 是一个海龟变量，而 pcolor 是一个瓦片变量。

使用 set 命令和这两个变量改变海龟和瓦片颜色。

为了能对海龟和瓦片做更多的颜色改变，我们需要了解 NetLogo 如何处理颜色。

在 NetLogo 中，所有颜色对应一个数值。一些常见的颜色我们也可以直接使用该颜色的英文单词来代替，是因为 NetLogo 命名了 16 个不同的颜色名。这并不意味着 NetLogo 只能分辨 16 种颜色，这些颜色之间的中间色也可使用，小数点位数字的大小代表的就是这些中间色同色系的深浅。下面是 NetLogo 颜色空间，如图 3.2.6 所示。

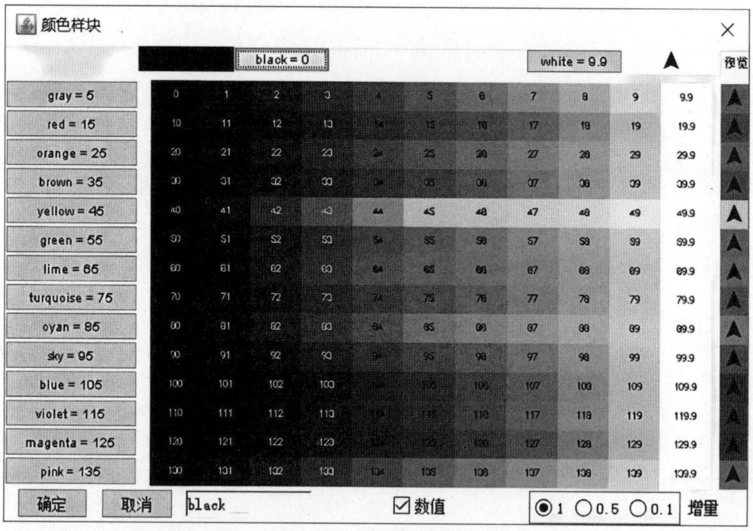

图 3.2.6　颜色样块

如果我们要得到一个没有名字的颜色，你需要使用一个数值，或者在颜色名上加上或减去一个数。例如，输入 set color red 与输入 set color 15 效果完全一样。要得到一个更浅或更深的颜色，只需使用一个比该颜色更小或更大的数。如下所示：

在命令中心选嵌块集。

输入 set pcolor red -2("-"两侧的空格很重要)。

通过在 red 上减去一个数得到更深的颜色。

输入 set pcolor red +2。

通过在 red 上加上一个数，得到更浅的颜色。

图上任何颜色均可采用这种方法。

6. 课后作业

尝试自己创建一个以原点(0,0)为中心的边框吧！结果参考图 3.2.7。

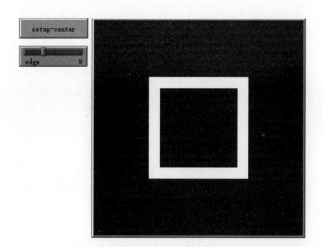

图 3.2.7 中心边框

3.3 物种产生与分组控制(Breeds and Shapes)

在 NetLogo 中,我们作为"造物主"可以创造不同的物种,并且赋予它们不同的行为规则。Breeds and Shapes 模型很好地演示了如何使用 NetLogo 进行物种的创建与分组命令的设置。

1. 界面展示

Breeds and Shapes 模型通过创建鱼和怪物两种物种,分别对这两组物种下达移动指令。该模型的界面上除了常用的 setup 之外,还有分别命令怪物和鱼移动的按钮,如图 3.3.1 所示。

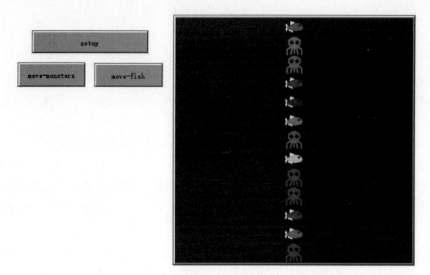

图 3.3.1 Breeds and Shapes Example(品种和形状)

2. 代码讲解，见代码 3.3.1

代码 3.3.1　代码讲解

```
breed [monsters monster]              ;; 创建智能体集 monsters,品种 monster
breed [fish a-fish]                   ;; 创建智能体集 fish,品种 a-fish
to setup                              ;; setup 子代码
  clear-all                           ;; 清除所有瓦片和海龟
  set-default-shape monsters "monster" ;; 将 monsters 在海龟编辑器中定义为 "monster"
                                      ;; 形状
  set-default-shape fish "fish"       ;; 将 fish 在海龟编辑器中定义为 "fish"形状
  ask patches with [pxcor = 0] [      ;; 定义瓦片、在中间一列
    ifelse random 2 = 0               ;; 随机 monsters or fish
      [ sprout-monsters 1 ]           ;; 复制 1
      [ sprout-fish 1 ]               ;; 复制 1
  ]                                   ;;
  ask turtles [                       ;; 定义海龟
    set heading 90                    ;; 指向东
  ]                                   ;;
  reset-ticks                         ;; 重置计时器
end                                   ;;
                                      ;;
to move-monsters                      ;; 对 monsters 分组命令
  ask monsters [ fd 1 ]               ;; 定义 monsters, 向前一步
  tick                                ;; 计时
end

to move-fish                          ;; 对 fish 分组命令
  ask fish [ fd 1 ]                   ;; 定义 fish,向前一步
  tick                                ;; 计时
```

- 创造 monster 与 fish 这两种物种,此时这两种物种的一切属性均是默认属性,但它们已经属于 create 创建出来的海龟中的一个分支,可以被单独当作一种新的种群来命令。
- to setup 开始定义一个名为"setup"的子代码。
- clear-all 将世界重设为初始、全空状态。所有瓦片变黑,你已经创建的海龟和其他一切设置消失,为新模型运行做好准备。
- set-default-shape 定义物种的形状,将 monster 的形状设置为怪物,将 fish 的形状设置为鱼。
- 命令横坐标为 0 的瓦片,每一个瓦片上随机创造一条鱼或者一个怪物。创造鱼或者怪物的概率都是 50%,由 random 2=0 来控制。ifelse 是一个条件判断,如果 random 2=0,返回 true,sprout-monsters 创建属于 monster 物种的一只怪物;如果 random 2=1,返回 false,sprout-fish 创建属于 fish 的一条鱼。
- ask turtles [...]告诉每个瓦片独立地去运行方括号中的命令(在 NetLogo 中,每条命令都是由某些智能体执行的。在这里是 observer 运行这条 ask 命令,这条命

令又引起海龟运行命令）。heading 是一个内置海龟变量,指明海龟面向的方向,该值在[0,360)。0 表示北,90 表示东,通过设置这个变量实现海龟转动。此处设置海龟向东。

- 重置计时器后,end 结束"setup"的子代码定义。
- to move-monsters 开始定义一个名为"move-monsters"的子代码,fd 是 forward 的缩写,fd 1 意为向前走 1 步。命令 monsters 向前走 1 步。
- tick 命令将时钟计数器加 1,ticks 是一个报告器,返回时钟计数器当前值; end 结束"move-monsters"的子代码的定义。
- to move-fish 开始定义一个名为"move-fish"的子代码。命令 fish 向前走 1 步。
- 计时。end 结束"move-fish"的子代码定义。

---

❶注意

random

random number

如果 number 为正,返回大于等于 0、小于 number 的一个随机整数。

如果 number 为负,返回小于等于 0、大于 number 的一个随机整数。

如果 number 为 0,返回 0。

ifelse

ifelse reporter [commands1][commands2]

报告器必须返回一个布尔值(true 或 false)。

如果 reporter 返回 true,运行 commands1。

如果 reporter 返回 false,运行 commands2。

注意:报告器可能对不同的智能体返回不同的值,因此有些智能体会执行 commands1,有些会执行 commands2。

---

1. 海龟的形状

见表 3.3.1,对所有海龟或特定种类的海龟设定默认初始图形。当海龟创建或改变种类时,海龟被设置为给定图形。

表 3.3.1 海龟的形状

set - default - shape	;;对所有海龟或特定种类的海龟设定默认初始图形.当海龟创建 ;;或改变种类时,海龟被设置为给定图形
set - default - shape turtles string	;;该命令不会影响已存在的海龟,只对以后创建的海龟有影响
set - default - shape breed string	;;指定的种类必须是海龟或由 breed 关键字定义的种类,指定的 ;;字符串必须是当前定义的图形名字

该命令不会影响已存在的海龟,只对以后创建的海龟有影响。

指定的种类必须是海龟或是由 breed 关键字定义的种类,指定的字符串必须是当前定义的图形名字。在新模型里，所有海龟的默认图形是"default"。

注意指定默认图形，不会妨碍你以后改变单个海龟的图形，海龟不必一直使用所属种类的默认图形。

2. 控制发生概率

random number 返回随机一个整数。配合 if 命令，可以达到控制发生概率的效果。

在代码 3.3.2 中，海龟只有 1/5 的概率变红。这是因为 random 5 的取值存在 0、1、2、3、4 五种情况，而取 1 的情况只有 1/5。我们可以通过设置 random 的范围来控制发生概率。当然你也可以用 if random 5＞1 的写法，此时，ture 的概率为 3/5，因为只有当 random 5 为 2、3、4 时，if 语句为真。

代码 3.3.2　代码讲解

```
if random 5 = 1
  [
    ask turtles
    [set color red]
  ]
```

3.4　简单的繁花曲线（Turtles Circling Simple）

繁花曲线因其简单的操作和复杂而规整的图案成为我们童年的经典玩具之一。无独

简单的繁花曲线

有偶，NetLogo 的开发人员通过一个模型也实现了类似的效果。

在开发 NetLogo 时，研究人员曾经思考过这样一个数学问题：

每只海龟都向前迈一小步，右转一小圈，停留在半径为 20 的圆上会是什么图案？如果加大它们的移动速度又会发生什么变化？

以这个问题为契机，产生了美丽的繁花曲线图案。这就是 Turtles Circling Simple 模型。

1. 界面展示

如图 3.4.1 所示，界面包含四个按钮和一个展示界面。除了常见的 setup 与 go 之外，新增的两个按钮分别用来改变海龟的移动速度（change-speed）和给海龟的轨迹画线（track turtle）。

2. 有序创建海龟

海龟创建：随机与"有序"（ordered）。NetLogo 4.0 提供了两个观察者命令 create-turtles（crt）和 create-ordered-turtles（cro），用来创建海龟。

crt 创建的新海龟有随机颜色和随机整数方向。cro 按顺序分配颜色，按顺序等间隔分配方向，第一个海龟的方向是正北（角度为 0）。

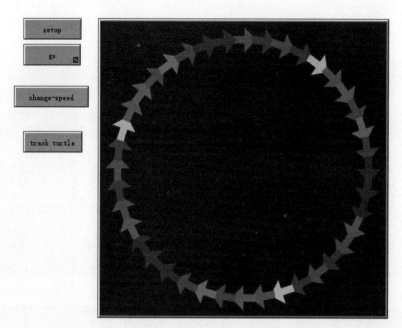

图 3.4.1 Turtles Circling Simple(简单的繁花曲线)

在 4.0 之前 crt 命令的行为与现在的 cro 一样。如果旧模型依赖"有序"行为,需要将代码中的 crt 改为 cro。

在旧模型常用 crt 包含额外的命令实现海龟方向随机化,例如 rt random 360 或 set heading random 360。当在 crt 中使用时,这些命令不再需要。

> **❗注意**
>
> **create-ordered-turtles**
>
> cro
>
> create-ordered-< breeds >
>
> create-ordered-turtles number
>
> create-ordered-turtles number [commands]
>
> create-ordered < breeds > number
>
> create-ordered < breeds > number [commands]
>
> 创建 number 个新海龟。新海龟默认位于(0,0)处,用 14 个主要色块分别设定,在 0~360 均匀设置。
>
> 如果采用 create-ordered-< breeds >形式,则创建属于该种类的新海龟。
>
> 如果提供了 commands,新海龟立即运行这些命令。使用这些命令可以给新海龟不同的颜色、方向或其他(新海龟一次全部创建,然后以随机顺序每次选择一个海龟运行命令)。

思考：**怎么让 turtle 均匀分布在圆上**

图 3.4.2 分别展示了使用上述代码创建 1、2、3、5、10、40 个海龟时的情形。通过这张图可以看到，使用 create-ordered-turtles 命令创建的海龟每次都会处在间隔相等的位置，再通过 rt 90 这个代码使海龟转 90°，就实现了所有的海龟组成了圈的形状。

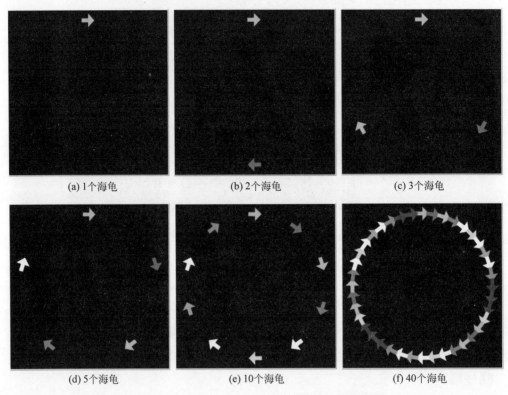

(a) 1个海龟 (b) 2个海龟 (c) 3个海龟

(d) 5个海龟 (e) 10个海龟 (f) 40个海龟

图 3.4.2　Turtles Circling Simple(简单的繁华曲线)

3. 代码讲解

如代码 3.4.1 所示。

代码 3.4.1　代码讲解

```
turtles - own [speed]                    ;; 为 turtles 赋予 speed 属性
                                         ;;
to setup                                 ;; 设置
  setup - circle                         ;; 执行 setup - circle
  reset - ticks                          ;; 重置计时器
end                                      ;;
                                         ;;
to setup - circle                        ;; setup - circle 子代码
  clear - all                            ;; 清除所有瓦片和海龟
  set - default - shape turtles "arrow"  ;; 设置海龟为箭头形状
  create - ordered - turtles 40 [        ;; 创建海龟按照顺序分配颜色,等间隔均匀分布
                                         ;; 在圆圈周围,第一个海龟指向正北,角度为 0.
  set size 8                             ;; 海龟为 8 号大小
```

```
      set speed .35                    ;; 海龟每步大小,即: 速度
      fd 40                            ;; 海龟移动 40 步,创建半径 40 的圆
      rt 90                            ;; 海龟与圆相切
  ]                                    ;;
end                                    ;;
                                       ;;
to go                                  ;; go 子代码
  ask turtles [fd speed rt 1 ]         ;; 定义海龟,speed 速度前进 1 步
  tick                                 ;; 计时
end                                    ;;
                                       ;;
to change - speed                      ;; change - speed 子代码(改变速度)
  ask turtles [set.speed speed + .15]  ;; 定义海龟,每次 speed 增速 + 0.15
end                                    ;;
```

- turtles-own 与 globals、breed、< breeds >-own、patches-own 一样,只能用在程序首部,位于任何子代码定义之前。它定义属于每个海龟的变量。如果指定了种类而不是海龟,则只有该种类的海龟拥有所列的变量(多个种类可以有同一个变量)。在这里,使用 turtles-own 将 speed 定义为海龟变量。也可以认为是赋予海龟 speed 的属性。
- to setup 开始定义一个名为"setup"的子代码,执行 setup-circle 的子代码。
- reset-ticks 重置滴答数后,end 结束"setup"的子代码的定义。
- to setup-circle 定义一个名为"setup-circle"的子代码。clear-all 将世界重设为初始、全空状态。所有瓦片变黑,你已经创建的海龟和其他一切设置消失,为新模型运行做好准备。
- 将海龟的形状设置为"箭头",有序创建 40 个海龟。
- 设置海龟的大小为 8,速度为 0.35,fd 40 让海龟前进 40 步,所有的海龟在有序创建后,都前进 40 步就会形成半径为 40 的圆。rt 90 是 right turn 的缩写,即右转 90°。end 结束"setup-circle"的子代码的定义。
- to go 定义一个名为"go"的子代码。命令每一只海龟每一个 tick 都前进 speed 的距离,并且右转 1°。
- tick 命令将时钟计数器加 1,ticks 是一个报告器,返回时钟计数器当前值,end 结束"go"的子代码的定义。
- to change-speed 定义一个名为"change-speed"的子代码。
- set 用来设置变量。set A B,就是将 A 设置为 B。此处是将 speed+0.15 设置为 speed,也就是每执行一次 chang-speed 子代码,海龟的 speed 就会加 0.15。特别提醒的是,该模型中 chang-speed 子代码是通过按钮来运行的,也就是操作者可以手动地决定运行的时间和次数。
- 最后,end 结束"chang-speed"的子代码的定义,整个模型就设置好了。

❶注意

例程（Procedures）

NetLogo 命令和报告器告诉智能体做什么。命令（command）是智能体执行的行动。报告器（reporter）计算并返回结果。

多数命令由动词开头（create、die、jump、inspect、clear），而多数报告器是名称或名词短语。

NetLogo 内建的命令和报告器叫作原语（primitive）。NetLogo 词典（The NetLogo Dictionary）完整地列出了内置命令和报告器。

你自己定义的命令和报告器称为例程。每个例程有一个名字，前面加上关键词 to，关键词 end 标志例程结束。定义了例程后，就可以在程序的其他任何地方使用它。

这里的 setup-circle 就是我们自定义的一个例程。定义好的例程可以直接在其他例程中引用执行该例程的命令。

CHAPTER 4

第4章

元胞自动机

元胞自动机基本讲解

元胞自动机是一个在数学建模中非常有用的工具。本章我们打算通过对元胞自动机的定义、构成及其特征和元胞自动机的分类、元胞自动机研究的相关理论方法,以及典型的元胞自动机来认识元胞自动机,最后落脚到元胞自动机的应用上,为大家以后仿真建模提供一个基本框架。

4.1 元胞自动机基本讲解

4.1.1 什么是元胞自动机

1. 自动机

要了解什么是元胞自动机,首先就得了解什么是自动机。

自动机(Automaton):是指不需要人们逐步进行操作指导的设备,也可被看作一种离散数字动态系统的数学模型。

比如,全自动洗衣机可按照预先安排好的操作步骤自动地运行,机器人则将自动控制系统和人工智能结合,实现类人的一系列活动。

最典型的自动机就是图灵机,如图 4.1.1 所示。英国数学家阿兰·麦席森·图灵(A. M. Turing)于 1936 年提出的图灵机就是一个描述计算过程的数学模型。它是由一个有限控制器、一条无限长存储带和一个读写头构成的抽象的机器。其中,有限控制器是负责指示读写头下一步如何做一组具体规则,带子两头是无限长的,被分割为许多方块,符号被写入其中,从中读出。读写头来回移动,从带子上读取符号或者将符号写到带子上。

图灵机在理论上能模拟现代数字计算机的一切运算,可视为现代数字计算机的数学模型。实际上,一切"可计算"函数都等价于图灵机可计算函数,而图灵机可计算函数类又等价于一般递归函数类。

2. 元胞自动机

元胞自动机(Cellular Automata):简称 CA,也有人译为细胞自动机、点格自动机、分子自动机或单元自动机,是一时间与空间都离散的动力模型。散布在规则格网(Lattice

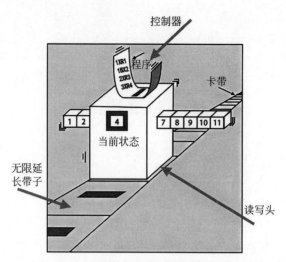

图 4.1.1　图灵机

Grid)中的每一元胞(Cell)取有限的离散状态,遵循同样的作用规则,依据确定的局部规则作同步更新。元胞自动机是一类模型的总称,或者说是一个方法框架。其特点是时间、空间、状态都离散,每个变量只取有限的多个状态,且其状态改变的规则在时间和空间上都是局部的。在本质上,是一种将无序、无规则、不平衡的状态变为有序、有规则、平衡的状态。

元胞自动机由于时间、空间、状态都离散,它的空间相互作用和时间因果关系都使局部散布在规则格网中的每一元胞取有限的离散状态,遵循同样的作用规则,依据确定的局部规则作同步更新。也就是说,一个元胞在某时刻的状态取决于,而且仅仅取决于上一时刻该元胞的状态以及该元胞的所有邻居元胞的状态。元胞空间内的元胞依据这样的局部规则进行同步的状态更新,整个元胞空间则表现为在离散的时间维度上的变化。凡是满足上述规则的模型都可以算作元胞自动机模型。

4.1.2　元胞自动机的构成

元胞自动机最基本由元胞、状态集、元胞空间、邻居及规则五部分构成。简单地讲,元胞自动机可以视为由一个元胞空间和定义于该空间的变换函数所组成。如图 4.1.2 所示。

元胞:元胞是元胞自动机最基本的组成部分。它分布在离散的一维、二维或多维欧几里得空间的晶格点上,即网格点上。

状态:就是元胞的状态,可以是{0,1}{生,死}{黑,白}这种二进制形式。或是$\{s_1, s_2, \cdots, s_i, \cdots, s_k\}$整数形式的离散集,在社会科学领域中,元胞状态可以用来代表个体所持的态度、个体特征或行为等。从严格意义上讲,元胞自动机的元胞只能有一个状态变量。但在实际应用中,往往将其进行了扩展,每个元胞可以拥有多个状态变量。

元胞空间:元胞所分布在的空间网点集合就是这里的元胞空间。主要包括元胞空间的几何划分、边界条件、构形。

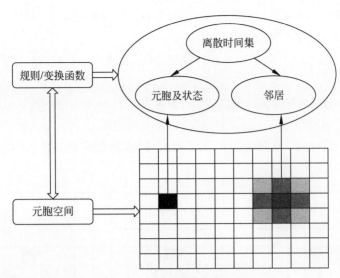

图 4.1.2　元胞自动机的构成

1. 在元胞空间的几何划分中,理论上,可以是任意维数的欧几里得空间规则划分。目前研究多集中在一维和二维元胞自动机上。其中,对于最为常见的二维元胞自动机,如图 4.1.3 所示,元胞空间通常可按三角、四方或六边形三种网格排列。

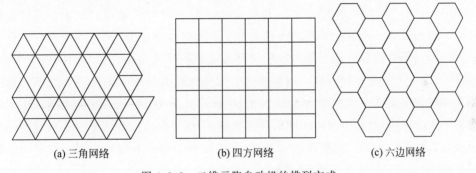

(a) 三角网络　　　　　(b) 四方网络　　　　　(c) 六边网络

图 4.1.3　二维元胞自动机的排列方式

2. 元胞空间理论意义上在各维都是向上可以无限延展的,但是在实际应用过程中无法实现这一理想条件,因此,需要定义不同的边界条件。一般来说,边界条件主要有三种类型:周期型、反射型和定值型。

- 周期型:是指相对边界连接起来的元胞空间。
- 反射型:是在边界外邻居的元胞状态是以边界为轴的镜面反射。
- 定值型:是所有边界外元胞均取某一固定常量。

3. 构形是指在某个时刻,在元胞空间上所有元胞状态的空间分布组合。在数学上,它可以表示为一个多维的整数矩阵。

邻居:就是在空间位置上与元胞相邻的元胞称为它的邻元,由所有邻元组成的区域称为它的邻域。

在元胞自动机中,这些规则是定义在空间局部范围内的,即一个元胞下一时刻的状态决定于本身状态和它的邻居元胞的状态。因而,在指定规则之前,必须定义一定的邻居规则,明确哪些元胞属于该元胞的邻居。

在一维元胞自动机中,通常以半径来确定邻居,距离一个元胞内的所有元胞均被认为是该元胞的邻居。

二维元胞自动机的邻居定义较为复杂,但通常包括冯-诺依曼型(Von. Neumann)、摩尔型(Moore)、扩展摩尔型(Extend Moore)以及马格洛斯型(Margulos)。如图 4.1.4 所示,黑色元胞为中心元胞,灰色元胞为其邻居,它们的状态一起来计算中心元胞在下一时刻的状态。

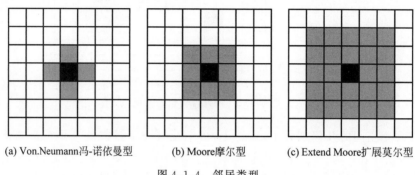

(a) Von.Neumann冯-诺依曼型　　(b) Moore摩尔型　　(c) Extend Moore扩展莫尔型

图 4.1.4　邻居类型

规则:定义在空间局部范围内的,即一个元胞下一时刻的状态决定于本身状态和它的邻居元胞的状态。元胞及元胞空间只表示了系统的静态成分,演化规则实现了系统的"动态"引入。元胞的当前状态及其邻居状况确定下一时刻为元胞状态的动力学函数,简单地讲,就是一个状态转移函数。我们将一个元胞的所有可能状态连同负责该元胞的状态变换的规则一起称为一个变换函数(史忠植,1998),即我们所说的变换规则。这个函数构造了一种简单、离散的空间与时间的局部物理成分,要修改的范围里应采用这个局部物理成分对其结构的"元胞"重复修改。这样,尽管物理结构的本身每次都不发展。但是状态在变化(史忠植,1998)。它可以记为:

$$f: s_i^{t+1} = f(s_i^t, s_N^t), s_N^t$$

s_N^t 为 t 时刻的邻居状态组合,我们称 f 为元胞自动机的局部映射或局部规则(谢惠民,1994)。

4.1.3　元胞自动机的分类

1. 元胞自动机的特征

标准的元胞自动机具有以下几个特征。

- 同质性、齐性:同质性反映在元胞空间内的每个元胞都服从相同的规则;齐性指的是元胞的分布方式相同,大小形状相同,空间分布整齐。
- 空间离散:元胞分布在按一定规则划分的离散元胞空间上。
- 时间离散:系统的演化是按等时间间隔分步进行的。t 时刻的状态只对 $t+1$ 时刻的状态产生影响。

- 状态离散：元胞自动机的状态参量只能取有限个离散值。
- 同步计算（并行性）：元胞自动机的处理是同步进行的。
- 时空局域性：每个元胞在 $t+1$ 时刻的状态，取决于其邻居的元胞在 t 时刻的状态。
- 高维数：动力系统中一般将变量的个数称为维数。任何完备元胞自动机的元胞空间是在空间上的无穷集，每个元胞的状态是这个动力学系统的变量，因此元胞自动机是一类无穷维动力系统。

2. 常见的元胞自动机分类

尽管元胞自动机有着较为宽松，甚至近乎模糊的构成条件，但作为一个数理模型，元胞自动机有着严格的科学定义和分类。但是，由于元胞自动机的构建没有固定的数学公式，构成方式繁杂，变种很多，行为复杂，故其分类难度也较大。自元胞自动机产生以来，对于元胞自动机分类的研究就是元胞自动机一个重要的研究课题和核心理论，不同人就不同标准有不同的分类。例如：

- S. Wolfram 基于动力学行为对元胞自动机分类。
- 基于维数的元胞自动机分类也是最简单和最常用的划分。
- HowardA. Gutowitz 提出了基于元胞自动机行为的马尔科夫概率量测的层次化、参量化的分类体系。

总结各位学者的分类，学界对于元胞自动机也有了较为清晰的分类。一般元胞自动机都可分为包含平稳型、周期型、混沌型以及复杂型四种不同类型：

- 平稳型：自任何初始状态开始，经过一定时间运行后，元胞空间趋于一个空间平稳的构形，这里空间平稳即指每一个元胞处于固定状态，不随时间变化而变化。
- 周期型：经过一定时间运行，元胞空间趋于一系列简单的固定结构（Stable Paterns）或周期结构（Perlodical Patterns）。
- 混沌型：自任何初始状态开始，经过一定时间运行后，元胞自动机表现出混沌的非周期行为，所生成结构的统计特征不再变化，通常表现为分形分维特征。
- 复杂型：出现复杂的局部结构，或者说是局部的混沌，其中有些会不断地传播。

4.1.4　典型的元胞自动机

1. S. Wolfram 和初等元胞自动机

初等元胞自动机（Elementary Cellular Automata，ECA）是状态集 S 只有两个元素 $\{S_1,S_2\}$，即状态个数 $k=2$，邻居半径 $r=1$ 的一维元胞自动机。它几乎是最简单的元胞自动机模型。由于在 S 中具体采用什么符号并不重要，这里重要的是 S 所含的符号个数，通常我们将其记为 $\{0,1\}$。此时，邻居集 N 的个数 $2r=2$，局部映射 $f:S3 \rightarrow S$ 可记为：

$$S_i^{i+1} = f(S_{i-1}^t, S_i^t, S_{i+1}^t)$$

其中变量有 3 个，每个变量取两个状态值，那么就有 $2\times2\times2=8$ 种组合，只要给出在这 8 种自变量组合上的值，f 就完全确定了。例如，以下映射(见表 4.1.1)便是其中的一个规则。

表 4.1.1　映　　射

t	111	110	101	100	011	010	001	000
$t+1$	0	1	0	0	1	1	0	0

通常这种规则也可表示为如图 4.1.5 的图形方式(黑色方块代表 1，白色方块代表 0)。

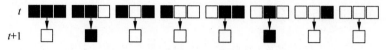

图 4.1.5　t 到 $t+1$ 时刻的变化图形

对于任何一个一维的 0，1 序列，应用以上规则，可以产生下一时刻相应的序列，见表 4.1.2。

表 4.1.2　序　　列

t	0101111101011100010
$t+1$	10100010101010001

8 种组合分别对应 0 或 1，因而这样的组合共有 $2^8 = 256$ 种，即初等元胞自动机只可能有 256 种不同规则。S. Wolfram 定义由上述 8 种构形产生的 8 个结果组成一个二进制，然后计算它的十进制值 R：

$$R = \sum_{i=0}^{i=7} si\,2^i = 76$$

2. J. Conway 和 "生命游戏"

对于康威(J. Conway)和"生命游戏"，在后面的章节中我们会单独进行讲解，在这里我们就不赘述了。

3. 格子气体自动机

格子气体自动机(Lattice-GasAutomata，LGA 又称格气机)，是元胞自动机在流体力学与统计物理中的具体化，也是元胞自动机在科学研究领域成功应用的范例(李才伟，1997)。相对于"生命游戏"来说，格子气自动机更注重于模型的实用性，它利用元胞自动机的动态特征来模拟流体粒子的运动。

第一个时空、速度等变量完全离散的格子气自动机是由法国的 J. Hardy、Y. Pomeau 和 O. Pazzis 提出的 HPP 模型，它的模拟结果已经很接近流体力学中描述流体运动的 Navier-Strokes 方程。但模型中的流体粒子的运动只允许有 4 个方向，造成应力张量各向异性的致命弱点，尚不能充分反映流体的特征，因此在较长时间内没有受到足够的重视。

1986 年，法国的 U. Frish、Y. Pomeau 和美国的 B. HassIacher 在 HPP 模型的基础上

提出了一个有实用价值的、基于六角形网络的格子气自动机模型,取名为 FHP(Fritsch-Has,lacher-Pomeau)模型,并证明该模型的宏观行为符合标准的 Navier-Stokes 方程。

在 20 世纪 90 年代中后期,一种被称为格子波尔兹曼方程(Lattice Bolzmann)的改进模型逐步取代了原有的格子气模型。

格子气自动机是一种特殊的元胞自动机模型,或者说是一个扩展的元胞自动机模型(Extended Cellular Automata)。格子气模型特征如下:

1) 由于流体粒子不会轻易从模型空间中消失,因此需要格子气自动机是一个可逆元胞自动机模型。

2) 格子气自动机的邻居模型通常采用马格洛斯型(Margulos),即它的规则是基于一个 2×2 的网格空间。它的规则如图 4.1.6 所示。

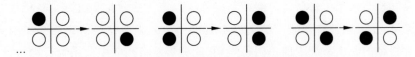

图 4.1.6　马格洛斯型(Margulos)邻居类型

这里黑色球代表流体粒子,白色球代表空的元胞。可以看出,格子气自动机不同于其它的元胞自动机模型,只以一个元胞(常被称为中心元胞)为研究对象,考虑其状态的转换,而是考虑包含四个元胞的一个四方块。

3) 依照上述规则和邻居模型在计算完一次后,需要将这个 2×2 的模板沿对角方向滑动,再计算一次。那么,一个流体粒子的运动需要两步,t 到 $t+1$,然后到 $t+2$ 才能完成。

4. 朗顿和"能自我复制的元胞自动机"

元胞自动机是一种离散的动态模型,由于它可以模拟自组织、自繁殖、信息储存和传递等现象,因而被广泛地应用于生命现象研究中。目前兴起的人工生命研究就是来源于元胞自动机的深入研究,其主要论点是,"自我复制"乃生命的核心特征。朗顿(Christopher Langton)在二维元胞自动机中发现了一个能自我复制的"圈"或称"能自我复制的元胞自动机"。

朗顿在 Von Neumann 和 Codd 工作的基础上,设计了一个能自我复制的"圈"。元胞状态在(0,1,2,3,4,5,6,7)中取值,其中 0,1,2,3 构成元胞自动机的基本结构,4,5,6,7 代表信号。1 代表"核"元胞;2 代表"壳"元胞,是边界;2 包围的部分构成信息通道或称数据路径。邻居模型采用 Von Neumann 的 4 邻居模型。元胞自动机通过信号元胞替代相邻的元胞,如状态为 1 的元胞,而完成信号传递,如图 4.1.7 所示。

```
t:                               t+1:
2222222222222                    2222222222222
1110s11111111         ➡         11110s1111111
2222222222222                    2222222222222
```

图 4.1.7　信号传递

4.1.5 元胞自动机研究的相关理论方法

元胞自动机可用来研究很多一般现象。其中包括通信、信息传递、计算、构造、材料学、复制、竞争与进化等。同时。它为动力学系统理论中有关秩序、紊动、混沌、非对称、分形等系统整体行为与复杂现象的研究提供了一个有效的模型工具，被广泛地应用到社会、经济、军事和科学研究的各个领域。应用领域涉及社会学、生物学、生态学、信息科学、计算机科学、数学、物理学、材料学、化学、地理、环境、军事学等。

接下来，我们就具体了解一下它在各个领域中的应用。

1. 元胞自动机与人工生命研究

元胞自动机与人工生命研究有着密切的联系。人工生命是20世纪90年代才刚刚诞生的新生科学，是复杂性科学研究的支柱学科之一。人工生命是研究能够展示自然界生命系统行为特征的人工系统中的一门科学，它能够展示自然界生命系统行为特征，试图在计算机、机器人等人工媒体上仿真、合成和生物有机体相关联的一些基本现象，如自我复制、寄生、竞争、进化、协作等，并研究和观察"可能的生命现象"（Life-as-it-could-be），从而使人们能够加深理解"已知的生命现象"（Life-as-we-know-it）。

元胞自动机是人工生命的重要研究工具和理论方法分支，朗顿等人正是基于对元胞自动机的深入研究提出和发展了人工生命。同时，人工生命的发展又为元胞自动机赋予了新的含义，元胞自动机模型得到科学家们的重新认识和认可，并在20世纪90年代又一次成为科学研究的前沿课题，其理论和方法得到进一步的提高。另外，元胞自动机与其他人工生命研究方法有着很大的相似性。元胞自动机模型与神经网络、遗传算法等其他人工生命方法一样，都是基于局部的相互作用来研究系统的整体行为。另外，元胞自动机、神经网络、L—系统都可以归为非线性动力学中的网络动力学模型，它们相互联系，关系密切。目前，一种被称为元胞神经网络（Cellular Neural Network，CNN）的模型就是元胞自动机与神经网络结合的产物，为研究人工生命提供了工具支持。

2. 元胞自动机与"混沌的边缘"

元胞自动机对于认识"混沌的边缘"有巨大作用。混沌的边缘（On the Edge of Chaos）中所谓的"混沌"并非科学意义上的"混沌"，而是Chaos本身的原有含义，即与有序相对的"混乱""无序"的概念。因此，"混沌的边缘"应当被理解为"混乱的边缘"或"无序的边缘"，而与混沌动力学的"混沌"没有直接联系。因此，"混沌的边缘"完整的含义是指生命等复杂现象和复杂系统存在和产生于"混沌的边缘"。有序不是复杂，无序同样也不是复杂，复杂存在于无序的边缘。

朗顿在对S. Wolfram动力学行为分类的分析和研究基础上，提出"混沌的边缘"这个响亮的名词。朗顿认为元胞自动机，尤其第四类元胞自动机最具创造性动态系统——复杂状态，它恰恰界于秩序和混沌之间，在大多数非线性系统中，往往存在一个相应于从系统由秩序到混沌变化的转换参数。

例如,我们日常生活中水龙头的滴水现象,随着水流速度的变化而呈现不同的、稳定的一点周期、两点或多点周期乃至混沌、极度紊乱的复杂动态行为。显然,这里的水流速度,或者说水压就是这个非线性系统的状态参数。该参数变化时,元胞自动机可展现不同的动态行为,得到与连续动力学系统中相图相类似的参数空间(谭跃进,1996)。

3. 元胞自动机与微分方程

元胞自动机与微分方程的相似性,使其在微分方程上得到广泛应用。微分方程的主要特点是时间、空间均连续(如果方程中有空间因子的话),这是建立在时空连续的哲学认识基础上的。而元胞自动机则是完全的空间离散、时间离散,在这个意义上,微分方程和元胞自动机是一对相对的计算方法。

在人工计算的情况下。由符号组成的(偏)微分方程可以灵活地进行约简等符号运算,而得到精确的定量解,这是其优势。但在现代计算机日益发展并已成为我们科学研究的重要工具时,微分方程却遇到了一个尴尬的问题。即计算机是建立在离散的基础上的,微分方程在计算时不得不对自身进行时空离散化,建立差分方程等;或者展开成幂系列方程,截取部分展开式;或者采用某种转换以离散结构来表示连续变量。这个改造过程不仅是繁杂的,甚至是不可能解决的,但最重要的是在这个过程中,微分方程也失去了它自身最重要的特性——精确性、连续性。

而对于元胞自动机来讲,脱离计算机环境来进行运算几乎是不可能的,但是借助计算机进行计算,则非常自然而合理,甚至它还是下一代并行计算机的原型。因此,在现代计算机的计算环境下,以元胞自动机为代表的离散计算方式在求解方面,尤其是动态系统模拟方面有着更大的优势。

4. 元胞自动机与分形分维

元胞自动机与分形分维理论也有着密切的联系。元胞自动机的自复制、混沌等特征,往往导致元胞自动机模型在空间构形上表现出自相似的分形特征,即元胞自动机的模拟结果通常可以用分形理论来进行定量的描述。同时,在分形分维的经典范例中,有些模型本身就是,或者很接近元胞自动机模型,因此,某些元胞自动机模型本身就是分形动力学模型。但是,究其本质,元胞自动机与分形理论有着巨大的差别。

- 元胞自动机重在对想象机理的模拟与分析;分形分维重在对现象的表现形式的表达研究。
- 元胞自动机建模时,从现象的规律入手,构建具有特定含义的元胞自动机模型;而分形分维多是从物理或数学规律、规则构建模型,而后应用于某种特定复杂现象,其应用方式多为描述现象的自相似性和分形分维特征(仪重祥,1995)。

两者都强调一个从局部到整体的过程,但在这个过程的实质上,二者却存在巨大的差异。

- 分形论的精髓是自相似性。它是局部(部分)与整体在形态、功能、信息和结构特性等方面而具有统计意义上的相似性。因此,分形理论提供给我们分析问题的方法论就是从局部结构推断整体特征(陈述彭,1998)。

- 元胞自动机的精髓在于局部的简单结构在一定的局部规则作用下所产生的整体上的"涌现"性复杂行为,即系统(整体)在宏观层次上,其部分或部分的简单加和所不具有的性质。因此,分形理论强调局部与整体的相似性和相关性,但元胞自动机重在表现"涌现"特征,即局部行为结构与整体行为的不确定性、非线性关系。

- 元胞自动机的自复制、混沌等特征,往往导致元胞自动机模型在空间构形上表现出自相似的分形特征,即元胞自动机的模拟结果通常可以用分形理论来进行定量的描述。同时,在分形分维的经典范例中,有些模型本身就是,或者很接近元胞自动机模型,因此,某些元胞自动机模型本身就是分形动力学模型。

但是,究其本质,元胞自动机与分形理论有着巨大的差别。

1) 在研究重点上,元胞自动机重在对现象机理的模拟与分析;分形分维重在对现象表现形式的表达研究。

2) 在建模上,元胞自动机在建模时,从现象的规律入手,构建具有特定含义的元胞自动机模型;而分形分维多是从物理或数学规律、规则构建模型,而后应用于某种特定复杂现象,其应用方式多为描述现象的自相似性和分形分维特征。

3) 在从局部到整体过程的强调上,分形论的精髓是自相似性。它是局部(部分)与整体在形态、功能、信息和结构特性等方面而具有统计意义上的相似性。因此,分形理论提供给我们分析问题的方法论就是从局部结构推断整体特征。元胞自动机的精华在于局部的简单结构在一定的局部规则作用下所产生的整体上的"涌现"性复杂行为,即系统(整体)在宏观层次上,其部分或部分的加和所不具有的性质。元胞自动机重在表现"涌现"特征,即局部行为结构与整体行为的不确定性、非线性关系。

5. 元胞自动机与马尔科夫过程

马尔科夫过程(MarKov Process)是一个典型的随机过程。设 $X(t)$ 是一随机过程,当过程在时刻 t_0 所处的状态为已知时,时刻 $t(t>t_0)$ 所处的状态与过程在 t_0 时刻之前的状态无关,这个特性成为无后效性。无后效的随机过程称为马尔科夫过程。马尔科夫过程中的时间和状态既可以是连续的,也可以是离散的。我们称时间离散、状态离散的马尔科夫过程为马尔科夫链。在马尔科夫链中,各个时刻的状态转变由一个状态转移的概率矩阵控制。

马尔科夫链与元胞自动机都是时间离散、状态离散的动力学模型,二者在概念上有一定的相通性。尤其是对于随机型的元胞自动机来讲,每个元胞的行为可以视为一个不仅时间上无后效,而且在空间上也无外效的马尔科夫链。

随机型的元胞自动机也与马尔科夫链存在相当大的差别。

首先,马尔科夫链没有空间概念,只有一个状态变量;而元胞自动机的状态量则是与空间位置概念紧密相关的。

其次,马尔科夫链中的状态转移概率往往是预先设定好的,而随机型元胞自动机中的元胞状态转移概率则是由当前元胞的邻居构型所决定的。

6. 元胞自动机与随机行走模型和凝聚扩散模型

随机行走模型(Random Walk Model)的基本思想：给定空间中的一个粒子,它在空间中的移动矢量(包括方向和距离)是由跃迁概率的随机量所控制,由此可以模拟诸如自然界中的分子布朗运动、电子在金属中的随机运动等复杂过程。其理论研究主要集中在对单个粒子运动规律的研究。在随机行走模型中粒子可以是很多个,但是它们遵循的规则都是一个统一的随机规程,而且它们之间的运动是相互独立的,互不影响。如果考虑它们之间的相互作用,就可能构造出其他基于随机行走的模型,如图 4.1.8 所示。

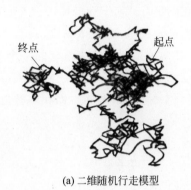

(a) 二维随机行走模型

(b) 三维随机行走模型

图 4.1.8　模型展示

凝聚扩散(Diffusion-Limited Aggregation,DLA)模型,如图 4.1.9 所示,可以看作一个多粒子的随机行走模型,而且它的计算空间也往往是一个离散的格网。其基本思想如下：给定初始点作为凝聚点,以它为圆心做一个大圆,在圆周上的一个随机点释放一个粒子,为简单起见,它的运动通常规定为一个随机行走过程,直到它运动至与已有的凝聚点相邻,改变它的状态为凝聚点不再运动,再随机释放一个粒子,直至凝聚。重复上述过程,就可以得到一个凝聚点的连通集,形似冬日里玻璃上的冰花。

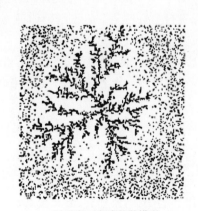

(a) 中心型凝聚扩散模型

(b) 多粒子凝聚扩散模型

图 4.1.9　模型展示

元胞自动机、随机行走模型、凝聚扩散模型都是典型的分形图形生成方法,在很多情况下,它们都可以生成相似的复杂图案。虽然都是分形图形的生成方法,但是元胞自动机与随机行走模型和凝聚扩散模型存在具体的差异,这里我们就不一一比较了,有兴趣的可以自己去研究探索。

7. 元胞自动机与多智能体系统

元胞自动机与多智能体系统有着密切而复杂的联系和应用,如图 4.1.10 所示。所谓的多智能体系统(Multi-Agent System,MAS),是指主要研究为了共同的、或各自的不同目标,自主的智能体之间智能行为的协作、竞争等相互作用。基于智能体的模型(Agent Based Model,ABM),简称智能体模型,又称基于实体的模型(Entity Based Model,EBM),或基于个体的模型(Individual Based Model,IBM),是多智能体系统的一个子集,其主要特征是每个智能体代表了现实世界中一个智能性、自治的实体或个体,如人群中的个人、生态系统中的植物个体、交通流中的汽车、计算网络中的计算机。而在多智能体系统中,组成系统的个体可以是任何系统部件。

图 4.1.10　多智能体仿真模型示意图

一些基于智能体的模型中的智能体是具有空间概念的,如交通流中的汽车、生态系统中的动植物个体等;但有些并不具有空间概念,如计算网络中的计算机。对于那些有空间概念的智能体,其空间表示既可以是连续的,也可以是离散的,而元胞自动机与这种具有离散空间概念的智能体模型非常相近,二者均研究在离散空间上个体间的相互作用而形成整体上的复杂行为,但仍然存在很大的区别。

1) 智能体模型中的智能体可能是可以移动的,如动物个体;但也有可能是不可以移动的。而元胞自动机模型中的元胞个体通常是不可以移动的,元胞自动机在整体上的运动是通过元胞个体的状态变化来实现的。

2) 在基于格网空间的智能体模型中,格网只是作为智能体的空间定位,多个智能体可以占据一个格网点;而在元胞自动机模型中,每个格网点只能拥有一个特定状态的元胞。

3) 从本质上讲,可以说,智能体模型是面向分布在网格空间上的个体,而元胞自动机则是面向整个网格空间的。在模型运行时,智能体模型将只考虑个体的行为,而元胞自动机将考虑整个元胞空间上的每个网格(元胞)状态。

8. 元胞自动机与系统动态学模型

系统动力学(System Dynamics,SD)既是一种分析研究反馈系统的学科,也是一门认识系统问题和解决系统问题交叉的综合性学科,其特点是引入了系统分析的概念,强调信息反馈控制,是系统论、信息论、控制论和决策论的综合产物,非常适于研究复杂系统的结构、功能与动态行为之间的关系。通过分析系统结构,选取适当因素,建立它们之间的反馈关系,并在此基础上建立一系列微分方程,构建系统动态学方程,进一步考察系统在不同参数和不同策略因素输入时的系统动态变化行为和趋势,为决策者提供决策支持。

系统动态学模型与元胞自动机都是采用"自下而上"的研究思路,利用系统要素间的反馈等相互作用,来模拟和预测系统的整体动态行为,它们都是研究复杂系统动态变化的有力工具。但是,二者又有所不同:

- 首先,在模型机制上,元胞自动机(CA)模型基于系统要素间的空间相互作用,而系统动力学(SD)模型则更多地考虑要素间指标属性的关联关系。
- 其次,在模型表现形式上,元胞自动机(CA)在时间、空间、状态上是全离散的,转换规则也往往表现为参照表形式,而系统动力学(SD)则表现为系列的微分方程组,时间、属性及要素间反馈关系的表达都是连续性的。
- 再次,在结果表现上,元胞自动机(CA)模型表现为系统空间结构的时空动态演化,而系统动力学(SD)模型的结果是系统某个社会经济指标的动态变化。
- 最后,在应用上,元胞自动机(CA)模型多用于复杂系统的时空演化模拟,而 SD 模型缺乏空间概念,更适于社会经济系统的模拟预测。

4.1.6 元胞自动机的应用

前面章节在介绍元胞自动机的原理和方法时,我们已经知道元胞自动机有着广泛而深刻的应用,这一部分,我们将简单梳理它的具体应用领域,为我们在相应领域的研究提供借鉴和参考。

元胞自动机可用来研究很多一般现象。其中包括通信、信息传递(Communication)、计算(Compulation)、构造(Construction)、生长(Growth)、复制(Reproduction)、竞争(Competition)与进化(Evolution)等。同时,它为动力学系统理论中有关秩序(Ordering)、扰动(Turbulence)、混沌(Chaos)、非对称(Symmetry-Breaking)、分形(Fractality)等系统整体行为与复杂现象的研究提供了一个有效的模型工具。

元胞自动机自产生以来,截至目前,已经被广泛地应用到社会、经济、军事和科学研究的各个领域。应用领域涉及社会学、生物学、生态学、信息科学、计算机科学、数学、物理学、化学、地理、军事学等。

- 在社会学中,元胞自动机用于研究经济危机的形成与爆发过程、个人行为的社会性、流行现象(服装流行色的形成)等。
- 在生物学中,元胞自动机的设计思想本身就来源于生物学自繁殖的思想,因而它在生物学上的应用更为自然而广泛。例如,元胞自动机用于肿瘤细胞的增长机理和过程模拟、人类大脑的机理探索、艾滋病病毒 HIV 的感染过程、自组织、自繁殖等生命现象的研究,以及最新流行的克隆(Clone)技术的研究等。
- 在生态学中,元胞自动机用于"兔子—草""鲨鱼—小鱼"等生态动态变化过程的模拟,展示出令人满意的动态效果;元胞自动机还成功地应用于蚂蚁、大雁、鱼类洄游等动物的群体行为的模拟;另外,基于元胞自动机模型的生物群落的扩散模拟也是当前的一个应用热点。

- 在信息学中，元胞自动机用于研究信息的保存、传递、扩散过程。另外，Deutsch（1972）、Sternberg（1980）和 Rosenfeld（1979）等人还将二维元胞自动机应用到图像处理和模式识别中（Wolfram. S，1983）。

- 在计算机科学中，元胞自动机可以被看作并行计算机而用于并行计算的研究（Wolfram. S. 1983）。另外，元胞自动机还被应用于计算机图形学的研究中。

- 在数学中，元胞自动机可用来研究数论和并行计算。例如，Fischer（1965）设计的素数过滤器（Prime Number Sieves）。

- 在物理学中，除了格子气元胞自动机在流体力学上的成功应用，元胞自动机还应用于磁场、电场等模拟，以及热扩散、热传导和机械波的模拟。另外，元胞自动机还用来模拟雪花等晶体的形成。

- 在化学中，元胞自动机可用来通过模拟原子、分子等各种微观粒子在化学反应中的相互作用，而研究化学反应的过程。例如，李才伟（1997）应用元胞自动机模型成功模拟了由耗散结构创始人 I. Prgogine 所领导的 Brussel 学派提出的自催化模型——Brusselator 模型，又称为三分子模型。Y. BarYam 等人利用元胞自动机模型构造了高分子的聚合过程模拟模型，在环境科学上，有人应用元胞自动机来模拟海上石油泄漏后的油污扩散、工厂周围废水、废气的扩散等过程。

- 在军事科学中，元胞自动机模型可用来进行战场的军事作战模拟，提供对战争过程的理解。

4.2　生命游戏（Game of Life）

4.2.1　生命游戏简介

1. 约翰·何顿·康威（John Horton Conway）

约翰·何顿·康威（如图 4.2.1 所示），1937 年 12 月 26 日生于英国利物浦，是一名天才数学家，活跃于有限群的研究、趣味数学、纽结理论、数论、组合博弈论和编码学等范畴。

康威年少时就对数学有浓厚的兴趣：4 岁时，其母发现他背诵 2 的次方；11 岁时，在升读中学的面试中被问及他成长后想干什么，他回答想在剑桥大学当数学家。后来康威果然于剑桥大学修读数学，现时为普林斯顿大学的教授。康威众多的革命性发现正在改变着我们的世界。他是组合博弈论的开创者之一，创立新的数字系统超实数。他发明康威链式箭号表示法，用来表示大数。这个方法可以表示连高德纳箭号表示法都难以表示的数。为了计算某天是星期几，他发明了判决日法则"末日规则"（Doomsday Rule）。其研究有限简单群的分类，提出康威群。他还发

图 4.2.1　约翰·何顿·康威

明了康威多面体表示法,可用来有系统地表示多面体,能用该表示法表式的多面体称为康威多面体。作为著名的数学家,他对于数学游戏的研究颇多。康威和 Michael Stewart Paterson 发明豆芽游戏,并与埃尔温·伯利坎普、理查德·盖伊一起发明了哲球棋。其中最著名的是康威发明了生命游戏(Game of Life),直到如今,该游戏仍然是学界研究的重要内容。

2. 生命游戏

生命游戏是英国数学家约翰·何顿·康威在 1970 年发明的元胞自动机。它最初于 1970 年 10 月在《科学美国人》杂志中马丁·葛登能(Martin Gardner,1914.11.21—2010.5.20,又译为马丁·加德纳)的"数学游戏"专栏出现。

生命游戏是一个零玩家游戏。它包括一个二维矩形世界,这个世界中的每个方格居住着一个活着的或死了的元胞。

一个元胞在下一个时刻的生死取决于相邻八个方格中活着的或死了的元胞数量。如果相邻方格活着的元胞数量过多,这个元胞会因为资源匮乏而在下一个时刻死去;相反,如果周围活元胞过少,这个元胞也会因太孤单而死去。实际上,玩家可以设定周围活元胞的数目来决定该元胞的生存。如果这个数目设定过高,世界中的大部分元胞会因为找不到太

生命游戏

多活着的邻居而死去,直到整个世界都没有生命;如果这个数目设定过低,世界中又会被生命充满而没有什么变化。

在这个游戏中,还可以设定一些更加复杂的规则,例如,当前方格的状况不仅由父一代决定,而且还考虑祖父一代的情况。玩家还可以作为这个世界的"上帝",随意设定某个方格元胞的死活,以观察对世界的影响。

在游戏的进行中,杂乱无序的元胞会逐渐演化出各种精致、有形的结构;这些结构往往有很好的对称性,而且每一代都在变化形状。一些形状已经锁定,不会逐代变化。有时,一些已经成形的结构会因为一些无序元胞的"入侵"而被破坏。但是形状和秩序经常能从杂乱中产生出来,如图 4.2.2 所示。

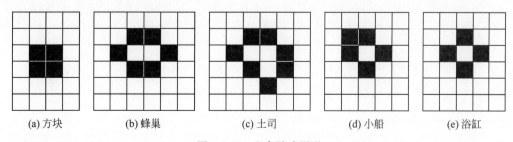

(a) 方块 　　(b) 蜂巢 　　(c) 土司 　　(d) 小船 　　(e) 浴缸

图 4.2.2　生命游戏图形

这个游戏被许多计算机程序实现了。Unix 世界中的许多黑客喜欢玩这个游戏,他们用字符代表一个元胞,在一个计算机屏幕上进行演化。本章将用 NetLogo 仿真模拟工具实现生命游戏的演化。

4.2.2　生命游戏规则与原理

1. 生命游戏的简单规则

我们把计算机中的宇宙想象成一堆方格子构成的封闭空间,尺寸为 N 的空间就有 $N \times N$ 个格子。而每一个格子都可以被看成一个生命体,每个生命都有生和死两种状态,如果该格子"生"就显示黑色,"死"则显示白色。每一个格子旁边都有邻居格子存在,如果我们把 3×3 的 9 个格子构成的正方形看成一个基本单位的话,那么这个正方形中心的格子的邻居就是它旁边的 8 个格子。生命游戏虽然是零玩家游戏,但是其运行还是遵循一定的规则。具体规则如下。

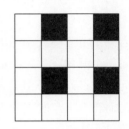

- 起始状态:如图 4.2.3 所示,元胞的状态不是"生"就是"死",并且是随机的。其中,黑色格子表示"生",白色格子表示"死"。

- 规则 1:如图 4.2.4 所示,当周围的邻居元胞低于两个(不包含两个)存活时,该元胞变成死亡状态(模拟生命数量稀少)。即只有一个元胞活着,其他元胞均为死亡状态时,在下一秒该元胞也会变为死亡状态。

图 4.2.3　起始状态示意图

- 规则 2:如图 4.2.5 所示,当周围有 3 个以上的存活元胞时,该元胞变成死亡状态(模拟生命数量过多)。当活着的元胞周围有 4 个存活元胞时,它在下一时刻将变为死亡状态。

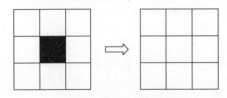
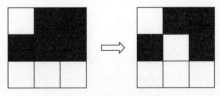

图 4.2.4　规则 1-状态变化　　　　　　　　图 4.2.5　规则 2-状态变化

- 规则 3:如图 4.2.6 所示,当周围有 3 个存活元胞时,则迭代后,该元胞为存活状态。初始状态为死亡,周围因为有 3 个存活元胞,下一时刻它会转变为活着的状态。

- 规则 4:如图 4.2.7 所示,当周围有 2 个存活元胞时,该元胞保持原样。初始状态为活着的元胞,当周围有 2 个存活元胞时,在下一时刻,状态不会发生改变。

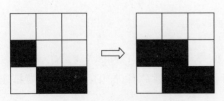
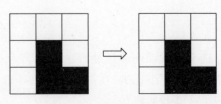

图 4.2.6　规则 3-状态变化　　　　　　　　图 4.2.7　规则 4-状态变化

这样就把这些若干个格子(生命体)构成了一个复杂的动态世界。运用简单的规则构成的群体会涌现出很多意想不到的复杂行为,这就是复杂性科学的研究焦点。映射到现实生活中,我们来进一步理解上面四个规则。

- "人口过少"时,如图 4.2.8(a)所示,任何活着的人,如果活着的邻居少于 2 个,则死掉。
- "正常人数"时,如图 4.2.8(b)所示,任何活着的人,如果活着的邻居为 2 个或 3 个,则继续活着。
- "人口过多"时:如图 4.2.8(c)所示,任何活着的人,如果活着的邻居大于 3 个,则死掉。
- 而任何死了的人如果活着的邻居正好是 3 个,如图 4.2.8(d)所示,则活过来,实现"繁殖"目的。

(a) 人口过少　(b) 正常人数　　　　(c) 人口过多　　　　(d) 正好三个

图 4.2.8　生命体—四规则

2. 生命游戏的复杂图形

设定图像中每个像素的初始状态后依据上述游戏规则演绎生命的变化,由于初始状态和迭代次数不同,将会得到令人惊叹的优美图案。

- 脉冲星:如图 4.2.9(a)所示,周期为 3,看起来像一颗爆发的星星。
- 滑翔者:如图 4.2.9(b)所示,每 4 个回合会沿右下方移动一格,虽然元胞不是原来的元胞,但它能保持原来的形状。
- 轻量级飞船:如图 4.2.9(c)所示,周期为 4,每两个"回合"向右走一格。
- 高斯帕滑翔机枪:如图 4.2.9(d)所示,它会不断产生一个一个的滑翔者。
- 繁殖者:图形复杂,未在书中展示。它会向右进行,留下一个接一个的高斯帕滑翔机枪。

一个本来没有指向的算法,在宏观上,竟然表现出了非常清晰的目的性。事实上,算法是中立的,但是其结果好像是有指向性的,这是算法的特点。这个特点,刚好解释了生命游戏中的现象。总结这个规律就是:简单的底层逻辑,导致了纷繁复杂的生命现象。映射到现实生活中,我们可以理解为微观遵循简单的逻辑,而宏观上会表现出纷繁复杂的现象。例如,市场经济中的个体是自私的,但是在宏观上表现出的是一种奉献。屠夫和面包师,是出于自己的目的为市场提供了肉和面包,他们并不关心自己是否在为社会作贡献,但他们的行为,在宏观上为社会提供了很大的贡献。微观的个体,遵循简单的逻辑,而宏观上表现出复杂的现象。

2002 年,数学家斯蒂芬·沃夫曼(Stephen Wolfram)将多年来对元胞自动机的研究

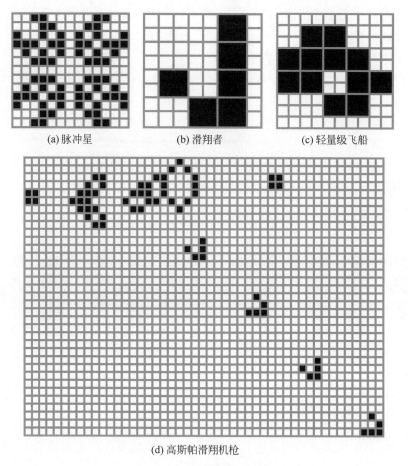

(a)脉冲星   (b) 滑翔者   (c)轻量级飞船

(d) 高斯帕滑翔机枪

图 4.2.9　生命游戏—图形

整理为 *A New Kind of Science* 一书，书中用大量图形详细记录了 256 组规则和它们可能造成的结果。其结果大致分成：

- 不动点(fixed points)：变化终结于恒定图像。
- 交替态(alternation)：图像出现周期性变化。
- 随机态(randomness)：图像变化近乎随机。
- 复杂态(complexity)：图像存在某种复杂规律。

4.2.3　模型设置与界面展示

图 4.2.10 是生命游戏的主要程序界面，整个界面没有设置得很复杂，只有"setup"开关设置以及"go"运行设置。这个程序是一个简单的生命模型例子，它是一个二维元胞自动机。元胞自动机是一种基于特定规则执行操作的计算机器，它可以被认为是一块被划分成单元的板(例如，棋盘格的正方形单元)。每个元胞既可以是"活的"，也可以是"死的"。被称为"状态"的元胞根据指定的规则，每个元胞将是活着或死在下一步的时间。

图 4.2.10 生命游戏—主界面

注意

如图 4.2.11、图 4.2.12 所示，go 与 go once 都是运行的按钮设置，只是“go once”是每点击一次执行一次代码，而“go”点击一次可以连续执行多次，直至代码结束。

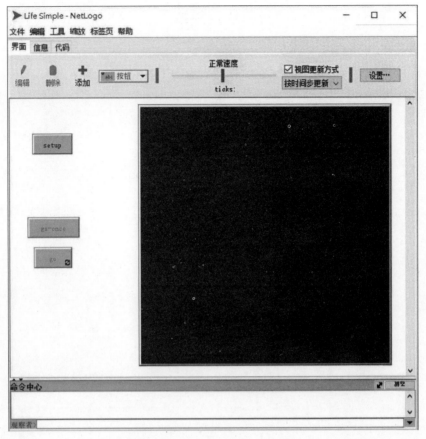

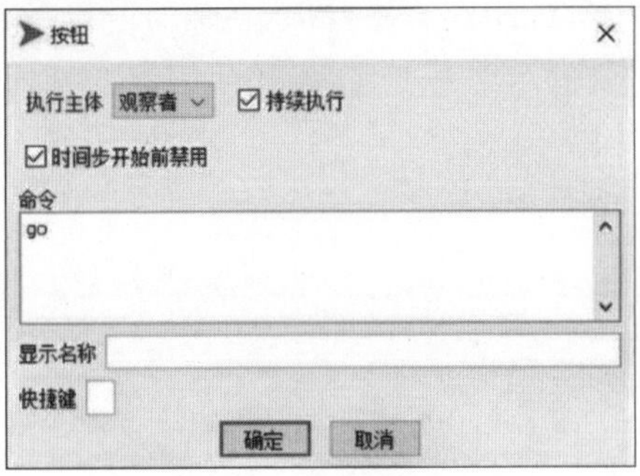

图 4.2.11 生命游戏—go

图 4.2.12 生命游戏—go once

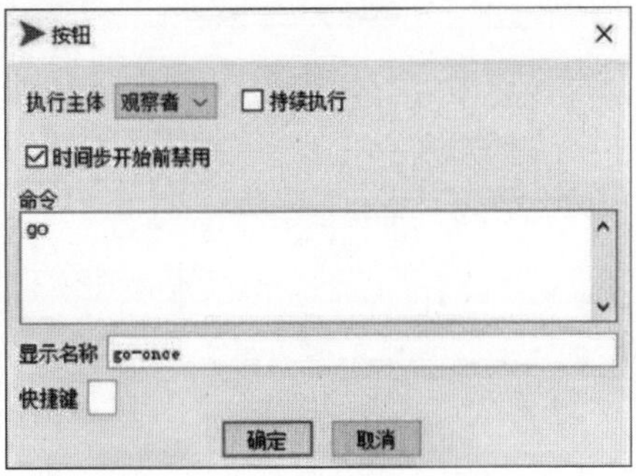

4.2.4 NetLogo 源码解析与模型模拟

如代码 4.2.1 所示。

代码 4.2.1　源代码

```
patches - own [live - neighbors]

to setup
  clear - all
  ask patches [
    set pcolor blue - 3
    if random 100 < 10 [
      set pcolor green
    ]
  ]
  reset - ticks
end

to go
  ask patches [
    set live - neighbors count neighbors with [ pcolor = green ]
  ]
  ask patches [
    if live - neighbors = 3 [ set pcolor green ]
    if live - neighbors = 0 or live - neighbors = 1 [ set pcolor blue - 3 ]
    if live - neighbors > = 4 [ set pcolor blue - 3 ]
  ]
  tick
end
```

1. 对于全局变量进行基本设置

如代码 4.2.2 所示，live-neighbors 表示瓦片，拥有"活着"的属性。在整个世界中，瓦片都有两种基本状态——"活着"或者"死亡"。这里我们要注意，patches-own 的用法与 globals、breed、< breed >-own、turtles-own 一样，只能用在程序首部，在任何子代码定义之前。它定义所有瓦片可用的变量。所有瓦片将具有给定的变量，能够使用该变量，并可以由瓦片上方的海龟访问。

代码 4.2.2　全局变量

```
patches - own [live - neighbors]          ;; 赋予瓦片"存活的邻居"属性
                                          ;;
to setup                                  ;; setup 子代码
  clear - all                             ;; 清除所有瓦片和海龟
  ask patches [                           ;; 定义瓦片
    set pcolor blue - 3                   ;; 蓝色亮度减 3
    if random 100 < 10 [                  ;; 在 0～100 内随机选一个数，如果数字小于 10
```

```
      set pcolor green                        ;; 设置为绿色
    ]                                         ;;
  ]                                           ;;
  reset - ticks                               ;; 重置计时器
end                                           ;;
```

2. 对初始条件和瓦片基本属性进行设置

1）clear-all：在 setup 中，先清空世界。clear-all 将所有全局变量清 0，以便后面调用 reset-ticks。

2）pcolor 设置瓦片的颜色，在起始状态下，这里将所有瓦片颜色设置为蓝色亮度减 3（blue-3）。当然，我们可以根据自己的喜好和研究习惯来改变颜色。

3）random number 控制"活着"元胞的密度（数量）。random 利用随机数来实现数量控制。在这个模型中，我们在 100 内随机选择一个数，如果数字小于 10，则设置为绿色，即为"活着"的粒子。

4）reset-tick 将时钟计数器重设为 0。进行重新计数。

> **❗注意**
>
> **random number**
>
> 如果 number 为正，返回大于等于 0、小于 number 的一个随机整数。
>
> 如果 number 为负，返回小于等于 0、大于 number 的一个随机整数。
>
> 如果 number 为 0，返回 0。

---

3. 命令的执行

如代码 4.2.3 所示：

1）set live-neighbors count neighbors with [pcolor = green]，每个瓦片计算周围绿色邻近瓦片的数量，并将其值存储在它的活动邻居变量中。这里注意，neighbors 返回由 8 个相邻瓦片（邻元）组成的智能体集合，而 neighbor 返回由 4 个相邻瓦片（邻元）组成的智能体集合。

2）if live-neighbors= 3[set pcolor green]，在周围 8 个邻居中，如果"活着"的邻居数量等于 3，我们就将该瓦片颜色设置为绿色，其状态为"活着"。

3）if live-neighbors=0 or live-neighbors=1[set pcolor blue−3]，如果周围"活着"的邻居数量为 0 或者 1，设置为蓝色亮度减去 3（blue−3），即为死亡状态。

4）if live-neighbors >= 4[set pcolor blue−3]，如果周围"活着"的邻居数量大于 4，也设置为蓝色亮度减去 3（blue−3），为死亡状态。

5）tick，每运行一次，时钟计数器前进 1。

代码 4.2.3　计算瓦片

```
to go                                         ;; go 子代码
  ask patches [                               ;; 定义瓦片
    set live - neighbors count neighbors with ;; 统计活着的邻居数量(颜色是绿色的)
[ pcolor = green ]                            ;;
  ]                                           ;;
  ask patches [                               ;; 定义瓦片
    if live - neighbors = 3 [ set pcolor green ] ;; 活着邻居为 3,设置为绿色(活着)
    if live - neighbors = 0 or live - neighbors = 1 ;; 活着邻居为 0、1,设置为蓝色亮度减 3 (死亡)
[ set pcolor blue - 3 ]                       ;;
    if live - neighbors >= 4[ set pcolor blue - 3 ];; 活着邻居大于 4,设置为蓝色亮度减3(死亡)
  ]                                           ;;
  tick                                        ;; 计时
end                                           ;;
```

以上，我们就完成了生命游戏的所有代码设置，接下来，我们展示其运行效果，如图 4.2.13 所示。

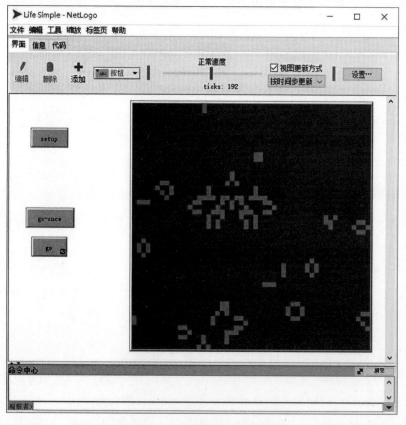

图 4.2.13　生命游戏—运行效果

至此，我们就完成了整个生命游戏设置过程。代码相对来说不难，但是游戏中生命的演变确实变幻莫测。本书提供给大家的极其有限，生命游戏涉及的领域、学科是广泛且深刻的，读者可根据自己的兴趣、研究进行进一步学习和探索。

4.3　投票模型(Voting Model)

4.3.1　投票模型研究背景

选举制度是当代民主国家政治制度中不可缺少的一部分,在民主国家里,选举是公众意愿的反映和象征,是国家政权合法性的基础和标志。亨廷顿认为,"选举是民主的本质",代议制民主的基本前提就是代表的选举,没有代表,当然无法建立代议民主制度,而代表产生的基本路径则必须是选举,可以说,没有选举就没有民主实现的可能。所以现代选举的实质是人们主权的寄存过程,是构建代议制大厦的关键性起点。

投票模型

对于选举问题的研究一直是社会科学领域的重要研究课题,20 世纪90 年代,一些学者开始尝试利用物理学的方法来研究公民投票选举,找到群体决策形成的真正内在机制。1999 年,格拉姆(Serge Galam)在 *Physica A* 上发表了一篇题为 *Application of Statistical Physics to Politics* 的文章,文章首次利用物理学中实空间重整化群的技术和少数服从多数规则对多级投票选举进行了分析。结果显示,即使是民主的多级选举过程也能够导致集权主义的产生,而且对不同的系统,存在一个临界值,只要在最初级的选举中某个人的支持率大于这个临界值,则最终会导致在最高级别的选举中所有的人都支持他(即集权主义),而临界值是参加投票的人数和分级选举中分级数目的函数。

- Gracia 等人用磁铁磁化特质,即物体内部的细小分子如果都能按照相同方向排列,它就会变成磁铁,反之就会失去磁性,引入了一个有噪声的选民模型。该模型将智能体的周期流动性、社会环境、人口多样性等纳入研究范围,考虑了选举份额、距离、地理空间等因素,将选举活动描述为噪声扩散过程。
- Lichtman 与 Borok 借助地震预测算法,认为政坛也会发生"地震","现任—挑战"的关系与地质活动"稳定—地震"的关系类似,现任政党被挑战,每一次挑战的成功实现,也就是政坛的地震,同时挑战者也就变成了现任。
- Martins 提出的宏观选举模型正逐渐被基于局部个体空间相互作用的微观离散动力学模型所代替。
- Filippo 创建了多态选民的随机动力学模型,并将平均场理论应用到该模型分析中。
- 无论是有噪声的选民模型、地震预测算法、空间重整化群的技术和少数服从多数规则,还是宏观的选举模型、多态选民的随机动力学模型,它们都有同样的目的,即准确预测选举结果。

在大量的物理、数学和逻辑学模型支撑下,社会物理学家成功地找到了能够准确衡量选民愿望的公平投票方式、选举模式,并根据这些物理定理、定律,进行深入萃取,提炼出来简化、精练的选民模型。其中唐斯模型(Downsian Model)、中间选民模型以及 Sznajd 模型得到广泛应用。

同样,元胞自动机也可以实现对于选举结果的预测,接下来,我们就以仿真模拟的方法,通过 NetLogo 复现投票模型。

4.3.2 投票模型基本规则与界面展示

1. 投票模型的基本界面设置

投票模型界面十分简洁,其主体界面如图 4.3.1 所示。按钮如图 4.3.2 所示,界面由两个按钮——setup、go,两个开关——change-vote-if-tied?、award-close-calls-to-loser?,以及两个监视器构成。

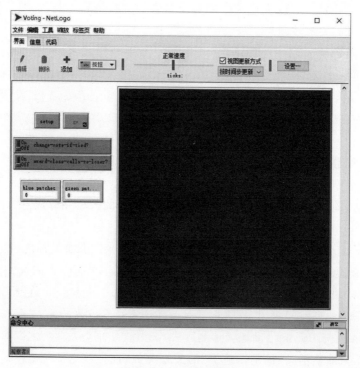

图 4.3.1 投票—界面

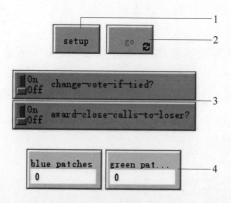

图 4.3.2 投票—按钮

1—setup 设置全局变量；2—go 运行代码；3—投票条件开关；4—监视器显示双方投票

2. 投票模型的基本逻辑

投票模型是一个简单的元胞自动机,每一个瓦片(patch)进行投票,每人一票,选出自己最喜欢的候选人,对结果进行统计,得票最多的那个人当选。瓦片作出投票选择后,该选择不是一成不变的,而是受周围邻居的投票结果影响,更改自己的投票选择。选民起始状态下都有自己的选择结果,作出选择后,形成暂时的一个投票结果。由于人是群居性动物,其周围人的结果总是会影响到自己的投票选择,在一定条件下,选民会更改自己的选择,跟周围邻居保持一致。多次迭代达到稳定后,投票选择不再发生变化,按照少数服从多数的原则,得票数多的一方获胜,最终得出最合适、最符合民意,也符合逻辑的投票结果。其基本规则为:

1)点击"setup",创建一个大致相等但随机分布的蓝色和绿色瓦片,表示初始状态下的投票选择。

2)单击"go"运行模拟,来实现选民的选票改变和维持。

3)当两个开关都关闭时,中间瓦片将更改其颜色,与周围多数颜色保持一致,以匹配多数票,但如果周围 8 个邻居出现 4~4 投票结果,则不会更改自己的颜色,保持自己的选择。

4)如果"change-vote-if-tied?"开关打开,周围 8 个邻居出现 4~4 投票结果时,中间瓦片就会改变它的投票,转投另一方。

5)如果"award-close-calls-to-loser?"开关打开,周围 8 个邻居出现 5~3 投票结果时,中间瓦片投票支持的是输的一方(数量少),而不是赢的一方(数量多)。

6)多次运行,直到选民的投票选择不再改变。

4.3.3　NetLogo 源码解析与模型模拟

在这一章,我们主要对代码 4.3.1 进行详细解读。

代码 4.3.1　Voting-源码

```
patches-own
[
  vote
  total
]

to setup
  clear-all
  ask patches
    [ set vote random 2
      recolor-patch ]
  reset-ticks
end

to go
  let any-votes-changed? false
```

```
    ask patches
      [ set total (sum [vote] of neighbors) ]
    ask patches
      [ let previous - vote vote
        if total > 5 [ set vote 1 ]
        if total < 3 [ set vote 0 ]
        if total = 4
          [ if change - vote - if - tied?
            [ set vote (1 - vote) ] ]
        if total = 5
          [ ifelse award - close - calls - to - loser?
            [ set vote 0 ]
            [ set vote 1 ] ]
        if total = 3
          [ ifelse award - close - calls - to - loser?
            [ set vote 1 ]
            [ set vote 0 ] ]
        if vote != previous - vote
          [ set any - votes - changed? true ]
        recolor - patch ]
      if not any - votes - changed? [ stop ]
      tick
    end

    to recolor - patch
      ifelse vote = 0
        [ set pcolor green ]
        [ set pcolor blue ]
    end
```

1. 全局变量设置

如代码 4.3.2 中的 patch-own，我们对其设置了瓦片的基本属性。瓦片拥有两种属性——vote 和 total，即自己的投票选择和周围 8 个邻居的投票总数。以上为变量属性的设置。

代码 4.3.2　Voting-全局变量设置

```
patches - own                      ;; patches - own 声明智能体变量
[                                  ;;
  vote                             ;; vote
  total                            ;; total
]                                  ;;
```

2. 初始条件设置

接下来是初始条件设置部分，见代码 4.3.3。首先，clear-all 清空世界，这里需要注意，clear-all 一般可以简写为 ca。在瓦片的基本设置中，每一个瓦片都有一个投票选择，即 vote，这里我们用 0、1 两个数字表示不同的投票选择。在前面章节我们已经提到，

random 2 是在 2 以内产生一个随机整数,即为 0 或 1。为了直观看到两个选择之间的差距,我们用不同的颜色来表示不同的选择,在选民不断变化自己的选择时,recolor-patch 实现对颜色的实时更新。最后,reset-ticks 将时钟计数器重设为 0。

代码 4.3.3　Voting-初始条件设置

```
to setup                               ;; setup 子代码
  clear - all                          ;; 清除所有瓦片和海龟
  ask patches                          ;; 定义瓦片
    [ set vote random 2                ;; 设 vote 在 0、1 随机
      recolor - patch ]                ;; 对瓦片颜色实时更新
  reset - ticks                        ;; 重置计时器
end                                    ;;
```

3. 模型的运行部分

在运行部分,我们对代码 4.3.4 的规则进行了详细设置:

首先,我们创建一个新的局部变量——any-vote-changed?,其返回的结果有两种——true 或 false。这里,我们将 any-vote-changed?设置为 false。需要注意,let 是创建一个新的局部变量并赋值,局部变量仅存在于闭合的命令块中,如果后面要改变该局部变量的值,则需要使用 set。

代码 4.3.4　Voting-创建局部变量

```
let any - votes - changed? false          ;; 创建局部变量 any - votes - changed?设值为假
```

其次,在代码 4.3.5 中,我们对瓦片的总和(total)属性进行设置,总和指的是中间瓦片周围 8 个邻居所有的投票选择之和,8 个邻居投票选择既可能是 0,也可能是 1,这里我们计算它们的总和。在 NetLogo 中,sum 是返回列表的各项之和。

代码 4.3.5　Voting-定义瓦片

```
ask patches                            ;; 定义瓦片
  [ set total (sum [vote] of neighbors) ]  ;; 计算 8 邻居投票总和
```

最后,我们对中间瓦片的投票选择改变情况进行设置,见代码 4.3.6。

代码 4.3.6　Voting-投票情况

```
ask patches                                ;; 定义瓦片
    [ let previous - vote vote               ;; 创建局部变量 previous - vote
      if total > 5 [ set vote 1 ]            ;; 如果 8 邻居投票总和大于 5,投蓝票(支持票)
      if total < 3 [ set vote 0 ]            ;; 如果 8 邻居投票总和小于 3,投绿票(反对票)
      if total = 4                           ;; 如果 8 邻居投票总和等于 4
        [ if change - vote - if - tied?      ;; 判断"平局则反转?"是否打开
          [ set vote (1 - vote) ] ]          ;; 设置投票结果反转
      if total = 5                           ;; 如果 8 邻居投票总和等于 5
        [ ifelse award - close - calls - to - loser?  ;; 判断"支持少数派"是否打开
          [ set vote 0 ]                     ;; 设自己投绿票(反对票)
          [ set vote 1 ] ]                   ;; 设自己投蓝票(支持票)
      if total = 3                           ;; 如果 8 邻居投票总和等于 3
```

```
          [ ifelse award－close－calls－to－loser?      ;; 判断"支持少数派"是否打开
            [ set vote 1 ]                            ;; 设自己投蓝票(支持票)
            [ set vote 0 ] ]                          ;; 设自己投绿票(反对票)
        if vote != previous－vote                      ;; 如果现在投票与过去投票选择不同
          [ set any－votes－changed? true ]            ;; 将"投票改变"设为真(生效)
        recolor－patch ]                               ;; 更新瓦片颜色
    if not any－votes－changed? [ stop ]               ;; 如果投票没有变化
    tick                                              ;; 计时
end                                                   ;;
```

我们先创建一个新的局部变量,previous-vote 表示选民没有更改选择前的投票选择,如果周围 8 个邻居的投票结果之和大于 5,那么设置中间瓦片投票选择为 1,如果周围 8 个邻居的投票结果之和小于 3,那么设置中间瓦片投票选择为 0;

> **!注意**
>
> ! = 判断两个智能体集合是否相等。

如果周围 8 个邻居的投票结果之和等于 4,则需要判断 change-vote-if-tied? 开关开合的情况,如果开关打开,中间瓦片的投票结果就会变为(1-vote),原来是选民选择 0 的时候,选票变为 1,而为 1 的时候,选票变为 0,即会更改自己的投票,转投另一方。

当 8 位邻居投票总数等于 5 的时候,我们需要判断 award-close-calls-to-loser?(支持少数派)开关是否打开。在打开情况下,有 5 个邻居投 1 时,自己要转向少数派投 0,否则投 1。同理,当有 3 个邻居投 1,自己转向少数派投 1,否则投 0。

如果 vote! ＝previous-vote,即现在的投票选择与过去的投票选择不相同时,我们将 any-votes-changed?设置为 true,并更新其颜色;如果投票结果没有发生改变,即投票结果稳定,不再发生变化时,我们将停止运行。通过 tick 进行计数。

最后,我们进行颜色更新设置,见代码 4.3.7。判断投票选择是不是为 0,如果是 0,则设置瓦片的颜色为绿色;反之,则设置颜色为蓝色。

代码 4.3.7　Voting-颜色更新

```
to recolor－patch                    ;; recolor－patch 子代码
  ifelse vote = 0                    ;; 如果投票等于 0
    [ set pcolor green ]             ;; 设置瓦片颜色为绿色
    [ set pcolor blue ]             ;; 设置瓦片颜色为蓝色
end                                  ;;
```

> **!注意**
>
> ifelse 报告器必须返回一个布尔值(true 或 false)。如果 reporter 返回 true,运行第一个命令;如果 reporter 返回 false,则运行第二个命令。

以上就是投票模型的所有内容介绍和代码解析,运行结果示例可见图 4.3.3。当你能够尝试复现该代码时,你会有更多、更深奥的理解。要想利用、开发该模型,还需要读者们自己去进行深入的研究。

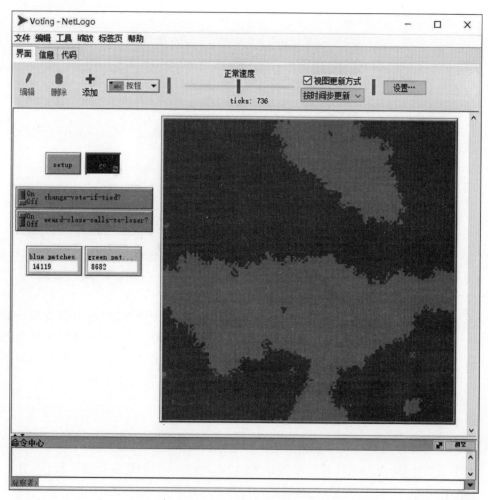

图 4.3.3　Voting—运行界面

4.4　伊辛模型(Ising Model)

4.4.1　伊辛模型简介

1. 恩斯特·伊辛(Ernst Ising)

恩斯特·伊辛(Ernst Ising)(如图 4.4.1 所示),1900 年出生于德国科隆。恩斯特·伊辛的父亲是商人古斯塔夫·伊辛(Gustav Ising),母亲是谢克拉·洛维(Thekla Löwe)。小时候放学后,他就去哥廷根大学和汉堡大学学习物理数学。1922 年,他开始在威廉·伦茨(Wilhelm Lenz)的指导下研究铁磁性。于 1924 年在汉堡大学获得物理学博士学位(其博士论文为 1925 年出版在《科学》杂志上的一篇文章,使得许多人认为他在

1925 年发表了他的全文）。他的博士论文研究了威廉·伦茨给出的问题。他研究了线性磁矩链的特殊情况，这些磁矩只能有"上"和"下"两种情况，而且它们只与恩斯特·伊辛最近邻的磁矩发生耦合。

图 4.4.1   恩斯特·伊辛（Ernst Ising）

伊辛本人是犹太人，在纳粹德国时期，他有着坎坷的人生经历。一生只发表过一篇论文——一篇人物传记类论文：《作为物理学家的歌德》，其博士论文按照德国惯例也由一家出版社正式出版。他的那篇有关伊辛模型的 SCI 论文大概被引用了 600 余次，但是题目含有"Ising Model"字样的研究论文目前每年有 800 篇左右，可见影响巨大。

2. 伊辛模型（Ising Model）

伊辛模型最早的提出者是威廉·伦茨。后来，他让他的学生恩斯特·伊辛对一维的伊辛模型进行求解，但是并没有发现相变现象，因此也没有得到更多物理学家的关注。

伊辛模型（Ising Model）

随后，著名的统计物理学家昂萨格（Lars Onsager）于 1944 年对二维的伊辛模型进行了解析求解，并发现了二维伊辛模型中的相变现象。昂萨格分析解决了二维伊辛模型，在低温下，自旋会对齐，导致材料二维伊辛模型的自发磁化，当温度很低时，存在自发磁化，我们说系统为铁磁性。当温度较高时，不存在自发磁化，我们说系统处于顺磁性阶段。比如在室温下，冰箱磁铁是铁磁性的，但一块普通的铁是顺磁性的。该现象引起了更多学者的注意。

之后，随着物理学家朗道（Landau）、金茨堡（Ginzburg）等人的努力，人们发现了伊辛模型与量子场论之间的联系，并创立了平行的"统计场论"。

从伊辛模型的历史研究中，我们知道它很好地解释了铁磁物质相变的现象，即磁铁在加热到临界温度以上时，会出现磁性消失的现象，而降温到临界温度以下又会表现出磁性。这种有磁性、无磁性两相之间的转变，是一种连续相变（也叫二级相变），因此，在之后的研究中，伊辛模型被用作模拟社会科学中涉及类似于相变行为现象的基础。

　　伊辛模型是统计物理中迄今为止唯一的一个同时具备表述简单、内涵丰富、应用广泛这三种优点的模型,对于我们研究相变现象提供了模型基础。

4.4.2　伊辛模型原理和应用

1. 伊辛模型原理

　　如图 4.4.2 所示,伊辛模型假设铁磁物质是由一堆规则排列的小磁针构成,每个磁针只有上下两个方向(自旋)。相邻的小磁针之间通过能量约束发生相互作用,同时又会由于环境热噪声的干扰而发生磁性的随机转变(上变为下或反之)。涨落的大小由关键的温度参数决定:温度越高,随机涨落干扰越强,小磁针越容易发生无序而剧烈的状态转变,从而让上下两个方向的磁性相互抵消,整个系统磁性消失;如果温度很低,则小磁针相对宁静,系统处于能量约束高的状态,大量的小磁针方向一致,铁磁系统展现出磁性。而当系统处于临界温度(T_C)的时候,伊辛模型表现出一系列幂律行为和自相似现象。

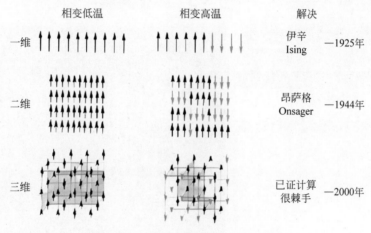

图 4.4.2　伊辛模型(Ising Model)原理

2. 伊辛模型的应用

　　由于伊辛模型的高度抽象,人们可以很容易地将它应用到其他领域之中。

　　一方面,人们将每个小磁针比喻为某个村落中的村民,而将小磁针上、下的两种状态比喻成个体所具备的两种政治观点(例如,对 A、B 两个不同候选人的选举),相邻小磁针之间的相互作用比喻成村民之间观点的影响,环境的温度比喻成每个村民对自己意见不坚持的程度。这样,整个伊辛模型就可以建模该村落中不同政治见解的动态演化(即观点动力学 Opinion Dynamics)。

　　另一方面,如果将小磁针比喻成神经元细胞,向上向下的状态比喻成神经元的激活与抑制,小磁针的相互作用比喻成神经元之间的信号传导,那么伊辛模型的变种还可以用来建模神经网络系统,从而搭建可适应环境、不断学习的机器(Hopfield 网络或

Boltzmann 机）。

在社会科学中,人们已经将伊辛模型应用于股票市场、种族隔离、政治选择等不同的问题上。

4.4.3 伊辛模型的模型设置与界面展示

根据上述原理,研究者也在 NetLogo 复现了伊辛模型,如图 4.4.3、图 4.4.4 所示。本质上,这是一个磁铁的微观模型。它是凝聚态物理的经典模型。晶体材料被认为是一组具有自旋的晶格点。磁体中原子的自旋（磁矩）既可以是向上的,也可以是向下的。自旋的改变是由于周围自旋和环境温度的影响其倾向于与邻旋一致。系统的整体性将随温度的变化而变化。

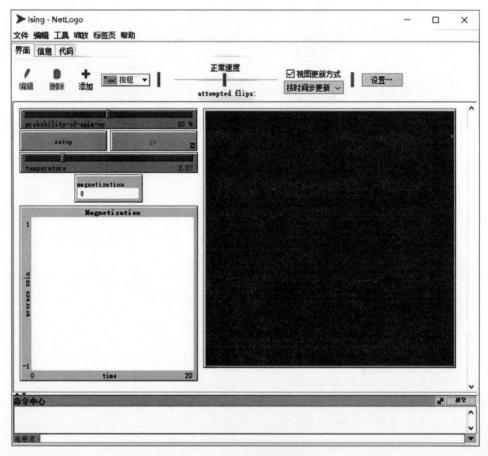

图 4.4.3 伊辛模型主界面

在该模型中,我们用数字＋1 或 1 表示两种可能的自旋态。每个自旋的能量被定义为与其相邻的四个自旋乘积之和的负数。举个例子,如果一个自旋被四个相反的自旋包围,那么能量的最大可能值为 4。但是如果一个自旋被四个相似的自旋包围,那么能量的最小可能值为－4。能量大小是由相邻的相似或相反的邻域个数所决定的。

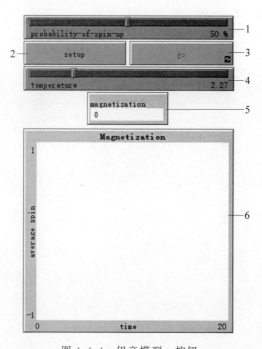

图 4.4.4　伊辛模型—按钮

1—控制 probability-of-spin-up 变量；2—设置全局变量；3—go 运行代码；
4—控制 temperature 变量；5—监视器；6—动态显示磁化强度

　　自旋决定是否"翻转"到相反的方向。自旋寻找的是低能态,因此,如果反转能减少它的能量时,自旋就会翻转。但自旋有时也会转变成更高的能量状态。我们使用蒙特卡洛算法计算翻转的精确概率,方法如下。把潜在的能量增益称为 Ediff,那么翻转的概率是:

$$e^{-\frac{Ediff}{temperature}}$$

　　这个公式的要点是,随着温度的升高,转变为高能量状态的可能性越来越大,但随着转变所获得的能量增加,转变的可能性就会降低。除此之外,还有很多计算翻转的概率的方法,但最常用的是蒙特卡洛算法。

　　为了运行这个模型,我们反复选择一个随机自旋,并给它一个翻转的机会。

　　在现实世界的材料中,许多翻转可以同时发生。在我们的理想模型中,算法中的每一步都对应一次尝试的翻转,而不是像在现实世界中那样对应时间的流逝。见代码 4.4.1。

　　代码 4.4.1　伊辛模型

```
globals [
  sum - of - spins
]

patches - own [
  spin
]
```

```
to setup
  clear - all
  ask patches [
    ifelse random 100 < probability - of - spin - up
      [ set spin 1 ]
      [ set spin - 1 ]
    recolor
  ]
  set sum - of - spins sum [ spin ] of patches
  reset - ticks
end

to go
  repeat 1000 [
    ask one - of patches [ update ]
  ]
  tick - advance 1000
  update - plots
end

to update
  let Ediff 2 * spin * sum [ spin ] of neighbors4
  if ( Ediff < = 0) or ( temperature > 0 and ( random - float 1. 0 < exp (( - Ediff) /
temperature))) [
    set spin ( - spin)
    set sum - of - spins sum - of - spins + 2 * spin
    recolor
  ]
end

to recolor
  ifelse spin = 1
    [ set pcolor blue + 2 ]
    [ set pcolor blue - 2 ]
end

to - report magnetization
  report sum - of - spins / count patches
end
```

1. 变量的基本设置

　　定义变量的 globals 与 patches-own 一样，只能用在程序首部，位于任何子代码定义之前。它定义新的全局变量，能被任何智能体访问，能在模型中的任何地方使用。一般全局变量用于定义在程序多个部分使用的变量或常量。见代码 4.4.2，我们用 globals 定义 sum-of-spins 这个全局变量，patches-own 定义 spin 基本属性。每一个瓦片都有一个自旋值，即 1 或者-1。记录 sum-of-spin 就意味着我们可以立即计算出磁化强度（即平均自旋）。

代码 4.4.2　变量的基本设置

```
globals [                        ;; 声明全局变量
  sum - of - spins               ;; sum - of - spins 全局变量
]                                ;;
patches - own [                  ;; 声明智能体变量
  spin                           ;; spin 智能体变量
]                                ;;
```

2. 初始条件设置

见代码 4.4.3,首先 clear-all 清空世界。在瓦片的设置中,我们将 probability-of-spin-up 的数值通过滑块来实现动态控制和变化,probability-of-spin-up 值的范围在 1～100 之间,如果你想让所有的自旋值都为＋1,把滑块设置为 100。如果你想让所有的自旋都是－1,把它设为 0,以此实现对不同的数值下的不同情况进行研究,探究 probability-of-spin-up 的影响。

代码 4.4.3　初始条件设置

```
to setup                                    ;; setup 子代码
  clear - all                               ;; 清除所有瓦片和海龟
  ask patches [                             ;; 定义瓦片
    ifelse random 100 < probability - of - spin - up  ;; 1-100 的随机数小于滑块 probability - of - spin - up
    [ set spin 1 ]                          ;; 设为 1
    [ set spin - 1 ]                        ;; 设为 - 1
    recolor                                 ;; 更新颜色
  ]                                         ;;
  set sum - of - spins sum [ spin ] of patches ;; 对所有瓦片的 spin(自旋)值求和
  reset - ticks                             ;; 重置计时器
end                                         ;;
```

我们随机产生一个 0～100 的数值,如果该数值小于 probability-of-spin-up 的值,则将 spin 的自旋值设为 1,反之则设为－1,根据数值进行颜色的即时更新。这里我们将 sum-of-spins 设置为所有瓦片的 spin 自旋值的总和。

最后利用 reset-ticks 将时钟计数器重设为 0。

3. 模型运行设置

如代码 4.4.4 所示,在运行设置中,我们要求每次更新 1000 个瓦片,并且要求随机一个瓦片执行 update 命令。由于我们每次更新 1000 个瓦片,因此需要使用 tick-advance 将时钟计数器前进 1000。与 tick 不同,tick-advance 不能实现图的更新,所以我们需要通过 update-plots 来进行图形的即时、动态更新。

代码 4.4.4　go 子代码

```
to go                                ;; go 子代码
  repeat 1000 [                      ;; 更新 1000 次
    ask one - of patches [ update ]  ;; 定义一个瓦片执行 update
  ]                                  ;;
```

```
    tick - advance 1000                    ;; 时钟计数前进 1000
    update - plots                         ;; 图形更新
end                                        ;;
```

> **⓵注意**
>
> repeat 表示重复执行 N 次命令。
>
> one-of 对智能体集合，返回随机选择的一个智能体。如果智能体集合为空，则返回 nobody。对列表，返回随机选择的一个列表项。如果列表为空则出错。
>
> tick-advance 表示时钟计数器前进 N。输入可以是整数或浮点数(有些模型将时间分割得更细)，输入不能为负。

如代码 4.4.5 所示，update 命令模块设置：前面我们知道，要知道翻转概率，首先要确定 Ediff 的值。这里，我们利用 let 命令创建一个新的局部变量，即潜在的能量增益 Ediff，其值由 2 * spin * sum[spin]of neighbor4 公式确定，即 2 倍的自旋值乘以周围四个邻居自旋值的总和。

代码 4.4.5 updata 子代码

```
to update                                          ;; update 子代码
  let Ediff 2 * spin * sum [ spin ] of neighbors4   ;; 创建局部变量
  if (Ediff <= 0) or (temperature > 0 and           ;; Ediff 值小于等于 0,或温度大于 0,并且在
(random - float 1.0 < exp (( - Ediff) / temperature)))[  ;; 0-1.0之间随机产生一个浮点数,该值小于
    set spin ( - spin)                              ;; exp(( -Ediff)/temperature))
    set sum - of - spins sum - of - spins + 2 * spin ;; 设置 spin(自旋)为它相反值
                                                     ;; 设置 sum - of - spins 为所有瓦片的 spin(自旋)
    recolor                                          ;;值
  ]                                                  ;; 总和加上 2 倍自旋值.
end                                                  ;; 更新颜色变化
                                                     ;;
                                                     ;;
```

如果 Ediff 的值小于等于 0，或者温度大于 0，并且在 0~1.0 之间随机生产一个浮点数，该数值小于 $e^{-\frac{Ediff}{temperature}}$ 值，则设置 spin 自旋值为它的相反值(-spin)，设置 sum-of-spin 值为所有瓦片的 spin 自旋值的总和加上 2 倍自旋值。

> **⓵注意**
>
> exp，是高等数学里以自然常数 e 为底的指数函数。

最后更新颜色变化，参见代码 4.4.6，如果自旋值 spin 为+1，则将其颜色设置为深蓝色(blue+2)，反之，则设为浅蓝色(blue-2)。

代码 4.4.6　recolor 子代码

```
to recolor                               ;; recolor 子代码
  ifelse spin = 1                         ;; 如果 spin 为 +1
    [ set pcolor blue + 2 ]               ;; 设置为 blue+2(深蓝色)
    [ set pcolor blue - 2 ]               ;; 设置为 blue-2(浅蓝色)
end                                       ;;
                                          ;;
to-report magnetization                   ;; 报告 magnetization 子代码
  report sum-of-spins / count patches     ;; 更新 sum-of-spins / count patches 结果
end                                       ;;
```

伊辛模型演示效果如图 4.4.5 所示。

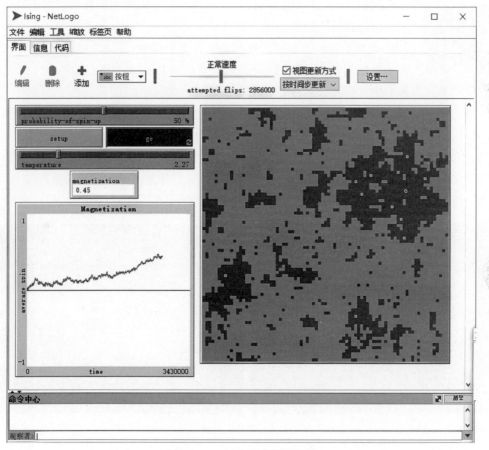

图 4.4.5　伊辛模型演示效果

　　伊辛模型之所以具有如此广泛的应用并不仅仅在于它的模型机制的简单性,更重要的是它可以模拟出广泛存在于自然、社会、人工系统中的临界现象。

　　所谓的临界现象,是指系统在相变临界点附近的时候表现出的一系列标度现象,以及系统在不同维度之间的相似性。临界系统之中不同组成部分之间还会发生长程关联,这种通过局部相互作用而导致长程联系的现象恰恰是真实复杂系统,如社会、经济、认知神经系统的复杂性所在。

因此,伊辛模型不仅仅是一个统计物理模型,它更是一个建模各种复杂系统模型的典范。在我们以后的研究中,其可以提供技术参考和借鉴。

4.5 森林火灾与渗流模型(Fire Model)

4.5.1 火灾模型研究意义

中国是森林火灾频发的国家,据统计资料显示,1950—2011 年全国共发生森林火灾 7.78×105 次,平均每年发生森林火灾 12548 次,而全世界每年平均发生森林火灾 20 多万次,中国占世界的 6% 左右。

火灾模型

例如,2019 年 3 月 30 日 17 时,四川省凉山州木里县境内发生森林火灾。四川森林消防总队凉山州支队人员和地方扑火人员共 689 人在海拔 4000 余米的原始森林展开扑救。在扑火行动中,受风力风向突变影响,突发林火爆燃,瞬间形成巨大火球。现场的扑火人员紧急避险,但 27 名森林消防人员和 3 名地方扑火人员失联。

如图 4.5.1 所示,森林火灾是一种突发性强、破坏性大、处置救助较为困难的自然灾害,对居民的日常生活可造成巨大损失和影响,扑救林火需耗费大量的人力、物力和财力,给国家和人民生命财产带来巨大损失,并影响社会稳定。因此,我们需要通过对森林火灾模型的研究,来实现对现实火灾的控制、扑救和救援,最大化地保障人民生命财产安全,减少人员伤亡,维护社会的和谐稳定。

图 4.5.1　森林火灾现场图

4.5.2 火灾模型原理与规则

1. 火灾模型原理

森林火灾模型是根据林火蔓延的自身特点,结合元胞自动机(CA)分析,寻找出影响森林火灾蔓延的关键影响因素。

在这一模型中,森林用一个二维网格来表示,其中每个格点代表一棵树或代表空地,各节点的树具有相同的生长概率和着火概率,我们对其以一定的规则进行演化。这一模型忽略树木间的差别,假设初始状态只有一个着火点,不存在闪电袭击导致着火,从这一个着火点开始蔓延,如果绿树最近邻居中有一个树在燃烧,则它变成正在燃烧的树。通过这样的模型,研究蔓延的概率达到多大时森林可能会被烧光。模型如图 4.5.2 所示。

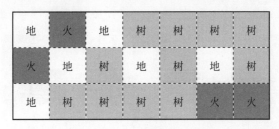

图 4.5.2　火灾模型基本构成

2. 火灾模型基本规则

由前面的介绍可知,火灾模型主要有三个基本设置,如图 4.5.3 所示。

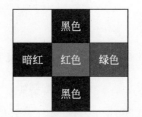

图 4.5.3　火灾模型—基本状态

暗红—燃烧后树木灰烬;红色—正在燃烧;绿色—绿树;
黑色—空地、没树、不燃烧、不传播火源

- 树木设置:在这里,我们在一片森林中随机分配许多树木。
- 着火设置:一棵树着火,会引起临近的树也着火。
- 树木密度设置:滑块控制调节树木密度大小。

上述设置实现了火灾模型的静态要素设置,但是,在对树木初始状态进行设置之后,我们还要对着火和不着火的演变进行一个规则设置,即什么情况下这棵树会受到火灾牵连,引火上身呢?

为了使得森林火灾的火着起来,我们对于模型的状态变化进行了规则设置。

- 首先,如果一棵树着火,势必会影响其他周围邻居的状态,这里的邻居数量是怎么确定的呢? 在这个模型中,我们采用的是冯·诺伊曼型邻居类型,即该树木的状态只能影响周围 4 个邻居,即为自己的最近邻居。
- 其次,确定了影响树木发生变化的邻居之后,我们还要对状态变化进行设置。
- 最后,我们对树木的变化进行了规则设置。
  - 第一,正在燃烧的树变成红色。
  - 第二,树木燃烧尽之后,变成暗红色的灰烬。
  - 第三,如果绿色树木最近的邻居中有一个红色树在燃烧,则它在下一时刻受到影响,变为燃烧的树。
  - 第四,在最近的邻居中没有正在燃烧的树的情况下,树木状态不会发生改变。
  - 第五,如果燃烧的树木附近都是黑色空地,那么空地不发生改变,不传播火源,反而会切断火源。

■ 第六，因为森林火灾发生速度极快，短时间内，新生的树木生长不起来，因此我们不再设置树木的重生规则。

如图 4.5.4 所示，网格中，上方为燃烧着的树木，下一个时刻时，树木燃烧尽，同时影响下边邻居的树，使其燃烧起来。继续进入下一时刻，该树燃烧成灰烬，同样将火源传给下边的一棵树，而左边邻居因为是空地，不受火的影响，切断火源，状态不发生任何改变。

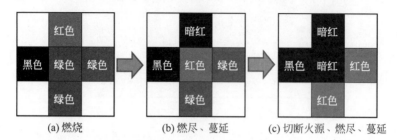

图 4.5.4　火灾模型—蔓延演示

4.5.3　森林火灾模型设置与界面展示

在代码 4.5.1 的火灾模型中，我们根据元胞自动机，利用二维网格，构成该片森林的存在。即在 NetLogo 中，这片森林就是个二维矩阵，50×50 瓦片的森林大小，每个位置就是一棵树或者空地。树木状态就是着火和没有着火两种状态。火灾模型界面如图 4.5.5 所示，界面按钮说明如图 4.5.6 所示。

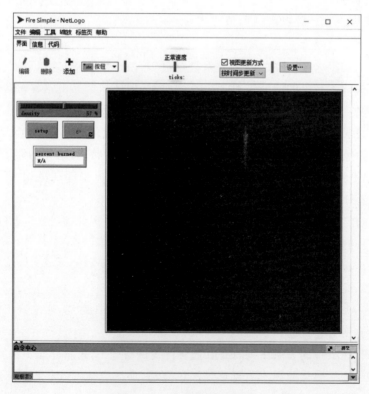

图 4.5.5　火灾模型—界面

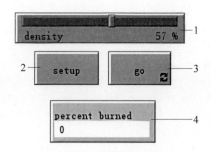

图 4.5.6　火灾模型—按钮

1—滑块控制树木密度；2—setup 设置全局变量；3—go 运行代码；4—监视器显示树木燃烧比例

代码 4.5.1　火灾模型

```
globals [
  initial - trees
]

to setup
  clear - all
  ask patches [
    if (random 100) < density [
      set pcolor green
    ]
    if pxcor = min - pxcor [
      set pcolor red
    ]
  ]
  set initial - trees count patches with [pcolor = green]
  reset - ticks
end

to go
  if all? patches [ pcolor != red ] [
    stop
  ]
  ask patches with [ pcolor = red ] [
    ask neighbors4 with [pcolor = green] [
      set pcolor red
    ]
    set pcolor red - 3.5
  ]
  tick
end
```

1. 变量的基本设置

见代码 4.5.2 的火灾模型，我们用 globals 定义 initial-trees 这个全局变量。

代码 4.5.2　变量基本设置

```
globals [                          ;; 声明全局变量
initial - trees                    ;; initial - trees 全局变量
]                                  ;;
```

2. 初始条件设置

在代码 4.5.3 的 setup 子代码中,我们利用 clear-all 清空世界,然后对瓦片的基本属性进行代码设置。

代码 4.5.3　初始化条件设置

```
to setup                                ;; setup 子代码
  clear - all                           ;; 清除所有瓦片和海龟
  ask patches [                         ;; 定义瓦片
if (random 100) < density [             ;; 随机生成1～100整数,该值小于density滑块值
set pcolor green                        ;; 设置为绿色(树)
    ]                                   ;;
    if pxcor = min - pxcor [            ;; 如果横坐标等于世界横坐标最小值
      set pcolor red                    ;; 设置为红色(燃烧)
    ]                                   ;;
  ]                                     ;;
  set initial - trees count patches with ;; 设置所有绿色(树)总数到 initial - trees
[pcolor = green]                        ;;
  reset - ticks                         ;; 重置计时器
end                                     ;;
```

首先,对瓦片的状态进行设置。这里,我们随机生成一个 1～100 的整数,如果生成的这个数值小于 density 滑块上的值,则设置其为绿色,映射到现实生活中即为树木。需要我们注意的是,density 值我们可以通过滑块进行动态控制。

其次,在这个模型中,我们使火从最左边开始燃烧,如果瓦片的横坐标值等于世界最小的横坐标值,我们就将其颜色设置为红色,即为燃烧状态中的树。

最后,我们对 initial-trees 值也进行了设置,即运行起始时,initial-trees 值是由所有绿色的瓦片总数决定的。

> **⚠注意**
>
> max-pxcor max-pycor 返回瓦片的最大 x 坐标和最大 y 坐标。
> min-pxcor min-pycor 返回瓦片的最小 x 坐标和最小 y 坐标。
> 它们决定世界的大小。
> count agentset 返回给定智能体集合的智能体数量。
> pcolor 是对瓦片颜色进行设置,color 是对海龟颜色进行设置。

3. 模型的运行设置

在代码 4.5.4 的子代码 go 中,我们设置了终局机制。如果所有的瓦片颜色都为红色,即所有的树木都着火了,我们就停止代码的运行。

代码 4.5.4 模型的运行设置

```
to go                                    ;; go 子代码
  if all? patches [ pcolor != red ] [     ;; 如果所有瓦片等于红色(燃烧)
    stop                                 ;; 停止
  ]                                      ;;
  ask patches with [ pcolor = red ] [     ;; 定义瓦片为红色(燃烧)
    ask neighbors4 with [pcolor = green] [  ;; 定义如果 4 个邻居存在绿色(树)
      set pcolor red                     ;; 设置为红色(燃烧)
    ]                                    ;;
    set pcolor red – 3.5                 ;; 燃烧后 red – 3.5(深红)
  ]                                      ;;
  tick                                   ;; 计时
end                                      ;;
```

根据前面我们所叙述的规则,我们要求,如果一个瓦片颜色为红色,即为着火状态,那么要求它判断周围四个邻居中是否存在绿色的瓦片(树木)。如果有绿色的瓦片,就使其颜色变为红色(燃烧),并且,为了区分瓦片燃烧过与燃烧中两种不同状态,我们设置燃烧后的树木颜色亮度减少 3.5(red-3.5)。

> **❶注意**
>
> **all?agentset [reporter]**
>
> 如果智能体集合(agentset)中的所有智能体对给定的报告器(reporter)都返回 true,则返回 true。否则返回 false。
>
> 给定报告器必须对每个智能体都返回布尔值(true 或 false),否则发生错误。

如图 4.5.7 所示,密度为 8%时,我们发现,由于树木过于稀疏,着火的树木波及范围有限,不会造成大面积的火灾。

如图 4.5.8 所示,密度为 59%时,虽然引发了一定范围内的火灾,但是受火灾密度影响,依然没有造成全范围的火灾。

如图 4.5.9 所示,对比之前的森林火灾蔓延速度,我们看到,随着密度的加大,火灾速度明显加快,且波及范围达到了整个森林,达到了"火灾即过,寸草不生"的效果。因此,我们发现并不是森林密度越大越好。

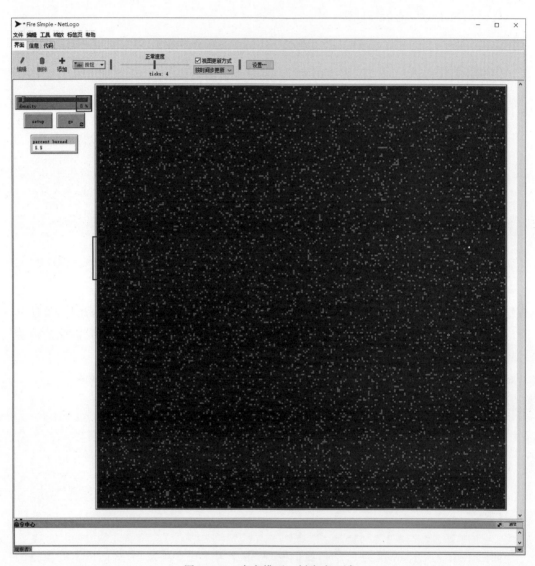

图 4.5.7　火灾模型—树密度 8%

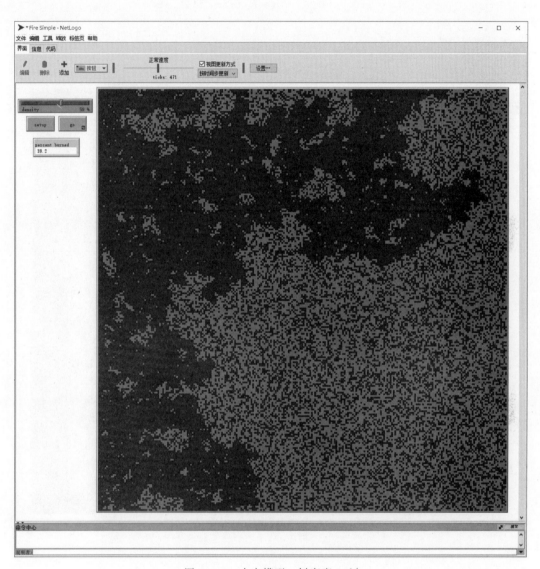

图 4.5.8　火灾模型—树密度 59%

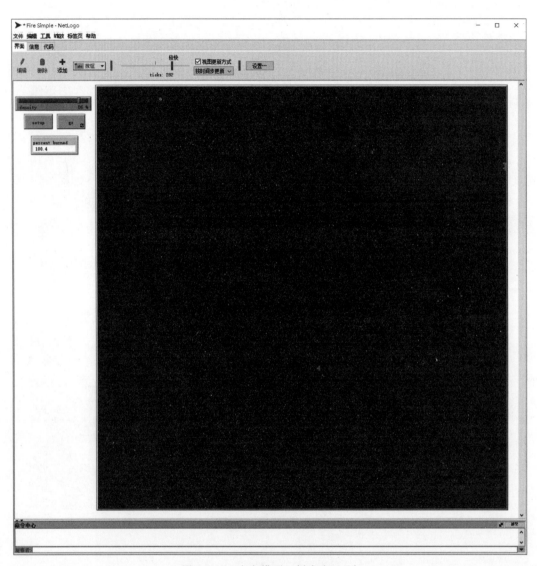

图 4.5.9　火灾模型—树密度 86%

CHAPTER 5
第5章

网 络 模 型

网络模型绪论

生活中到处都存在网络,比如人际关系网络、经贸交易网络、互联网社交网络等。本章,我们将学习如何用 NetLogo 构建网络模型。通过对社会网络分析方法的认识、图论相关概念的了解,理解网络模型的理论架构,最后学习基础网络模型的代码建构过程。

5.1 网络模型简介

5.1.1 网络社会和社会网络分析方法

1. 网络社会

马克思认为,社会的本质是人和组织形式。人,确定了社会的规模和活动状态;组织形式,决定了社会的性质,以及生产关系。应当注意到,社会并不简单地等同于人的群体:社会是人类相互有机联系、互相合作形成的群体;社会具有组织结构,社会成员之间具有紧密联系;社会具有相对集中统一并被成员认同的价值取向和文化特征,社会成员有着生存和生产的职能和分工;社会具有对环境的适存和进化能力。

社会个体成员之间由互动而形成相对稳定的关系体系,如图 5.1.1 所示,在这种关系体系的交织下,整个社会的拓扑呈现就如同一张网络。网络中的节点是社会的个体或组织;网络中的边线是社会中的关系与联系,社会关系包括朋友关系、同学关系、生意伙伴关系、种族信仰关系等。这就是"社会网络/网络社会"。

社会网络(social network)是一种基于"网络"(节点之间的相互连接)而非"群体"(明确的边界和秩序)的社会组织形式,也是西方社会学从 20 世纪 60 年代兴起的一种分析视角。随着工业化、城市化的进行和新的通信技术的兴起,社会呈现越来越网络化的趋势,"社会网络革命"(social network revolution)、移动革命(mobile revolution)、互联网革命(internet revolution)并列为新时期影响人类社会的三大革命。尤其在计算机网络时代的今天,人类社会更加网络化而趋近于"网络社会",网络社会的社会网络分析也就越来越重要。

图 5.1.1　社会网络—社会的拓扑结构

2. 社会网络分析方法

社会科学的奠基人埃米尔·涂尔干（Emile Durkheim，1879）曾说过："有一种观点认为，对于社会生活的解释，不应依据参与者的观念进行，而是由某种尚未被认识到的更深层的原因所决定；这些原因或模式应该从'个人/组群'之间的关系中去寻找，我认为如果能完成这项工作将极富成就。"

社会是一个极其复杂的网络，以社会行动者之间的互动研究为基础的社会网络分析（SNA）是计算社会科学的五大方法之一。社会网络分析也是社会学领域中一种比较成熟的定量分析方法，最初由社会学家根据数学方法、图论等发展起来，其本质是对网络社会，尤其是现代网络社会进行分析研究。

社会网络将行动者看作一个点，行动者与行动者之间可能存在的相互依赖关系用连边来表示，这样许多行动者就构成了一张社交网络。联盟、恐怖组织、贸易体系、认知信仰体系和国家社会体系等都是常见的社会网络，是社会科学家们感兴趣的研究对象，例如，Stanley Milgram 研究提出了著名的"小世界"网络。

如图 5.1.2 所示，社会网络分析的是对网络社会的结构（网络中的边）进行量化，将"个人/群体"在社会环境中的相互作用表达为基于关系的一种模式或规则，从而发掘出蕴含/隐藏在社会网络中的某种规律，提高政府/机构/组织的社会管理/决策水平。如今社会网络分析涉及多个学科和研究领域，如数据挖掘、知识管理、数据可视化、统计分析、社会资本、小世界理论、信息传播等。

正如西方的一句著名格言："重要的不在于你懂得什么（what you know），而在于你认识谁（who you know）。"社会网络分析有别于传统的统计分析和数据处理方法，其更加关注的是社会网络中一组个体之间的关系，这组个体可以是人、社区、群体、组织、国家等，从关系中提取出来数据和模式，并反映 / 预测社会现象是社会网络分析的焦点。

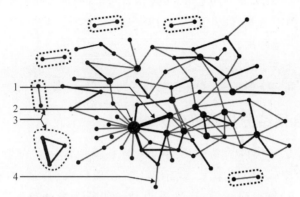

图 5.1.2　社会网络分析量化社会结构和社会关系
1—高权重；2—中心节点；3—非连通组件；4—连通组件

3. 社会网络分析方法的应用领域

当前，社会网络分析主要用以尝试解决如下问题。

- 人际传播问题。例如，发现舆论领袖，创新扩散过程。
- 小世界理论，六度空间分割理论。
- Web 分析、数据挖掘中的关联分析。例如，交叉销售、增量销售（啤酒和尿布的故事）。
- 社会资本分析。产业链与价值链分析。
- 文本的关联和意义输出。调查研究。
- 竞争情报分析。
- 语言符号的社会关联分析。
- 矩阵或差异矩阵的统计分析，因子分析和 MDS 分析。
- 恐怖分子网络分析。
- 知识管理与知识的传递等，以及弱关系的力度分析。
- 引文和共引分析等。

4. 网络与社会的关系

概括来说，社会网络分析中的关系网络可分为组织关系网络、情感关系网络、咨询关系网络三大类。而在离散数学/图论中，"关系"就是一种二元之间的单向/双向属性；与此类似地，主流社会科学所关注的关系是一对"行动者"之间的二元属性。社会活动中存在着不同的二元属性关系有：

- 血缘关系：是谁的兄弟，是谁的父亲，婚姻关系等。
- 社会角色：是谁的领导，是谁的教师，是谁的朋友等。
- 情感关系：喜欢谁，尊敬谁，恨谁等。
- 认知关系：知道谁，与谁看起来相似等。

- 行动关系：同谁谈话，一同吃饭，传递信息给谁，从谁那儿接受信息等。
- 流动关系：汽车流量，信息流量，通信流量等。
- 距离关系：两地距离。
- 相似关系：相关系数度量。
- 共同发生：同一个俱乐部，有相同颜色头发等。

5.1.2　社会网络分析的历史脉络

社会网络分析是当代科学界重视结构性与系统性这一大背景的产物，它把社会学家、人类学家、数学家、经济学家、政治学家、心理学家、传播学家、统计学家、生态学家、流行病学家、计算机科学家、商学院里的组织行为学和市场学学者，以及物理学家集合在一起。虽然这些人背景各异，但共同拥有一个体现在网络分析方法中的结构性视角。

关于社会网络分析的起源，有的研究者认为始于 20 世纪 30 年代早期莫雷诺（Jacob Moreno，见图 5.1.3）的社会计量学。也有人认为，社会网络分析到 20 世纪 70 年代怀特（Harrison White）在哈佛大学招收研究生时才开始。事实上，社会网络分析的相关理论从 19 世纪末 20 世纪初的齐美尔（Georg Simmel）就已发端，甚至能够追溯至更早的孔德（Auguste Comte）。我们从以下五个阶段进行梳理：

1. 20 世纪 30 年代，莫雷诺的社会关系计量学和沃纳（William Warner）与梅奥（George Mayo）的人际关系学派

1934 年，莫雷诺出版了《谁将生存?》一书，标志着社会计量学的兴起。莫雷诺及其助手统计了研究对象期望和哪位组织成员共同生活和娱乐，并据此得出一套关系型数据，用以分析各成员在群体中的位置和群体中的小集团。大约在同时期，哈佛大学的沃纳和梅奥在研究组织行为的过程中，提出了人际关系学派（The Relational School）。他们收集了工人之间详细的社会网络数据，比如谁和谁一起玩、谁和谁吵了架等，并用图形的方式展示了工人之间的种种关系。

图 5.1.3　雅各布·莫雷诺（Jacob Levy Moreno）

2. 20 世纪 50 年代，哥伦比亚学派的传播研究

拉扎斯菲尔德（Paul Lazarsfeld）、科尔曼（James Coleman）、卡兹（Elihu Katz）和门泽尔（Herbert Menzel）等人采用社会网络的方法来研究社会传播（Social Diffusion），给社会网络研究注入了新的活力。1955 年，哥伦比亚学派的代表性作品之一《人际影响》问世，研究者们从生命周期、合群性和社会经济地位三个方面探讨了意见领袖的特征。

3. 1967 年哈佛大学心理学教授斯坦利·米尔格拉姆（Stanley Milgram，见图 5.1.4）

通过连锁信实验验证了六度分离理论（Six Degrees of Separation）。

六度分离理论（又称小世界现象）的出现使得人们对于人际关系网络的威力有了新的认识。然而，在这个理论中，没有对人与人之间的关系进行强弱的区分。直到 1974 年，斯坦福大学社会系的马克·格拉诺维特（Mark Granovetter）提出了弱连接理论，才对这一问题进行了补充。格兰诺维特指出：每个人与接触最频繁的亲人、同学、朋友、同事等之间是一种"强连接"（strong ties），然而这种稳定的连接在传播范围上非常有限。而与一个人的工作和事业关系最密切的社会关系并不是"强连接"，反而常常是"弱连接"（weak ties）。例如，一个无意间认识的人或者打开收音机偶然听到的一个人等。"弱连接"虽然不

图 5.1.4　斯坦利·米尔格拉姆
（Stanley Milgram）

如"强连接"那样稳定，但却有着极快的、低成本和高效能的传播效率。

4. 20 世纪 70 年代，怀特（Harrison White）在哈佛大学的研究

怀特将矩阵理论应用于社会网络研究，写出了一些关于网络分组（block modeling）和机会链（chains of opportunny）方面的重要论文。在这个过程中，他培养了一大批对当代社会网络分析具有重要影响的学生，比如皮尔曼（Peter Bearman）、波纳西（Peter Bonacich）、威尔曼（Barry Wellman）和温士浦（Christopher Winship）等人。20 世纪 70 年代末，在威尔曼等人的倡导下，社会网络研究国际协会（International Network for Social Network Analysis）成立，加上《社会网络》杂志的创办，标志着社会网络研究开始了系统化和国际化的进程。

5. 自 20 世纪 90 年代以来，社会网络研究实现了分析方法的突破和多学科的深入参与

指数随机网络模型［Exponential Random Graph Models，ERGM，见图 5.1.5（a）］的建立和发展极大地推动了社会网络的统计建模。Snijders 等创建的个体导向随机模型

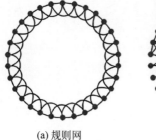
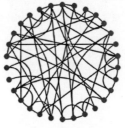
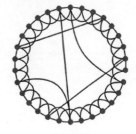

(a) 规则网　　　　　　　(b) 随机网　　　　　　　(c) 小世界网

图 5.1.5　规则网、随机网、小世界网

［Stochastic Actor-oriented Models，见图 5.1.5(b)］进一步把随机网络模型推广到分析动态社会网络。研究主题从单纯的对社会网络的研究，扩展到对政治网络、经济网络、文学作品中的对话网、蛋白质互动网、疾病传染网、计算机网络等的研究。涉及的学科从社会学、人类学和统计学扩张到政治学、经济学、传播学、文学、物理学、生物学和医学等学科。

在社会网络分析方法的发展过程中，除了以社会学为核心的研究继续得到巩固，还形成了以物理学和计算机科学为核心的不同流派。1998 年，康奈尔大学的邓肯·瓦特(Duncan Watts)和斯蒂文·斯特罗加茨(Steven Strogatz)在 *Nature* 杂志上发表了一篇名为《小世界网络的集体动力学》(*Collective Dynamics of the'Small World'Networks*)的论文[①]。指出之所以会出现小世界现象，是由于某一类复杂网络的特性，如图 5.1.5(c)所示。他们注意到复杂的网络可以按两个独立的结构特性分类，即集聚系数和节点间的平均路径长度。1999 年，巴拉巴西(BaraBasi)和阿尔特(Albert)在 *Science* 杂志上发表的《随机网络中标度的涌现》[②]一文中证明复杂网络的连接度普遍符合幂律分布。随后，很多研究者，尤其是物理学家开始关注各种复杂网络。与此同时，以康奈尔大学的克莱因伯格(Jon M. Kleinberg)教授为代表的计算机科学研究者则主要针对社交网络数据的特点，运用与修改各种数据挖掘算法，提出了针对社交网络数据的基本算法，如著名的 HITS 和 PAGERANK 算法。

5.1.3 网络模型的基础——图论

网络的研究以图论为基础。图论起源于 18 世纪，第一篇图论论文是瑞士数学家欧拉于 1736 年发表的《哥尼斯堡的七座桥》，如图 5.1.6 所示。1847 年，克希霍夫为了给出电网络方程而引进了"树"的概念。1857 年，凯莱在计数烷的同分异构物时，也发现了"树"。

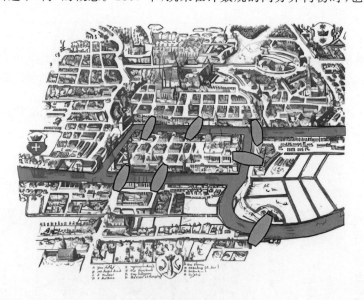

图 5.1.6 哥尼斯堡七桥问题

① Watts DJ,Strogatz SH. Collective dynamics of "small-world" networks[J]. Nature,1998.

② Barabási AL,ALbert R. : Emergence of scaling in Random Networks. Science 286,509-512[J]. Science,1999.

哈密尔顿于 1859 年提出"周游世界"游戏,用图论的术语,就是如何找出一个连通图中的生成圈。近几十年来,计算机技术和科学的飞速发展,大大地促进了图论研究和应用,图论的理论和方法已经渗透到物理、化学、通信科学、建筑学、生物遗传学、心理学、经济学、社会学等学科中。

网络的研究以图论为基础。所有的网络都可以用图的形式来表示,如图 5.1.7 所示。一个网络可以抽象为由一个点集 V 和边集 E 组成的图 $G = (V, E)$,E 中每一条边都与 V 中一组点相对应。若任意节点连线 (i, j) 与连线 (j, i) 对应同一条边,则该网络称为无向网络(undirected network),否则称为有向网络(directed network)。若给每条边赋予相应权值,则该网络称为加权网络(weighted network),否则称为无权网络

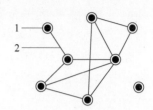

图 5.1.7　具有 8 个节点
10 条边的简单网络
1—节点;2—边缘

(unweighted network)。在社会关系网络中,各节点代表个体,边代表由个体间的某种关系所建立的链接。邻接矩阵用以描述节点与其连边关系:一个具有 N 个节点的无权网络 $G = (V, E)$,其邻接矩阵可以表示为 N 行 N 列的方阵。用 a_{ij} 表示矩阵中第 i 行,第 j 列的元素,若节点 i 与 j 之间有链接关系,则矩阵中 $a_{ij} = 1$,否则,$a_{ij} = 0$ 在无向网络中,有 $a_{ij} = a_{ji}$。在有向网络中,节点间关系有确定方向,因此 $a_{ij} \neq a_{ji}$。

5.1.4　网络中相关拓扑性概念

1. 度(degree)和度分布

度是单个节点的重要概念,节点 i 的度 k_i 是指与该节点邻接的边的数目,是节点静态结构的属性里最重要的度量之一。有向网络中一个节点的度分为出度和入度。一般用 $\langle k \rangle$ 表示网络中的平均度,即所有节点的度的平均数,用以衡量网络连接的疏密程度。其计算公式为:

$$\langle k \rangle = \frac{1}{n} \sum_{i=1}^{n} k_i$$

网络中节点的度的分布情况通常用分布函数 $P(k)$ 描述,$P(k)$ 表示度值为 k 的节点数占总节点数的比例,即节点度值为 k 的概率。对网络中所有度值进行概率统计,即可得到整个网络的度分布。在现实中,大多数网络中的度分布呈现幂律递减的形式,即 $P(k) \propto k^{-\tau}$,其中幂指数 $\tau > 0$。具有幂律分布的网络也称为无标度网络(scale free network)。

2. 平均路径长度(average path length)

平均路径长度 L 表示网络中任意两个节点间最短路径长度的平均值,是衡量节点间关系紧密程度的常用指标。其计算公式为:

$$L = \frac{2}{N(N-1)} \sum_{i=1}^{n} \sum_{j=i+1}^{n} d_{ij}$$

其中,N 表示网络中节点的总数;d_{ij} 表示节点 i 和节点 j 之间的最短路径长度。

"六度分离"理论指出，社会关系网中，任何两个人最多只需通过 5 个人就可建立联系，即网络的平均路径长度约为 6。到了互联网高度发达时代，这个值还要更小。

3. 聚类系数（clustering coefficient）

如图 5.1.8 所示，聚类系数是指网络中某个节点的邻居节点也互为邻居的平均概率，它反映了一个人社会网络关系中，熟人之间相互联系的紧密程度。一般地，若网络中一个节点 i 有 k_i 个邻居节点，这 k_i 个节点之间最多有 $k_i(k_i-1)/2$ 条边，而这 k_i 个节点之间实际存在的边数 E_i 和总的可能边数 $k_i(k_i-1)/2$ 之比，称为节点 i 的聚类系数 C_i。其计算公式为：

$$C_i = \frac{E_i}{k_i(k_i-1)/2} = \frac{2E_i}{k_i(k_i-1)}$$

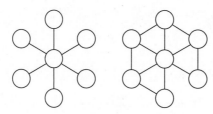

图 5.1.8　节点聚类系数示意图

通过网络中单个节点的聚类系数的定义，可以进一步衡量整个网络的聚集程度，即网络中所有节点聚类系数的平均值，计算公式为：

$$C = \frac{1}{N}\sum_{i=1}^{N} C_i$$

其中，N 表示网络中节点总数；C_i、C 的取值范围均为 $[0,1]$。

根据聚类系数的定义，当 $C=0$ 时，网络中各节点间并无链接，所有节点均为孤立点；当 $C=1$ 时，网络是全链接的，任意两个节点之间都直接相连。相比节点的度，节点的聚类系数能在一定程度上反映局部网络链接的紧密性，平均路径长度和聚类系数都是刻画小世界网络的重要指标。

5.1.5　网络模型的分类

基于 NetLogo 仿真软件，有 4 种常见网络的建模方法，分别是规则图（网络）、ER 随机图（网络）、WS 小世界网络和 BA 无标度网络。

1. 规则图

规则图差不多是最没有复杂性的一类图，即生成一个含有 n 个节点，每个节点有 d 个邻居节点的网络图。

2. ER 随机图

ER 随机图是早期研究得比较多的一类"复杂"网络，模型的基本思想是以概率 p 连

接 n 个节点中的每一对节点。

3. WS 小世界网络

即生成一个含有 n 个节点、每个节点有 k 个邻居、以概率 p 随机化重连边的网络。

4. BA 无标度网络

即生成一个含有 n 个节点、每次加入 m 条边的网络。

根据研究对象之间联系的特征,我们可以建立不同模式的网络模型。具体的建模过程将在下一节详细说明。

5.1.6　网络模型的应用

网络的结构和动力学在许多科学学科中都有研究。例如,计算机科学家和工程师研究计算机网络与电网的问题和容忍度;生物学家努力了解基因和蛋白质之间复杂的相互作用,网络如何导致机体正常的生理行为或疾病;神经科学家将大脑作为神经元网络进行研究;社会科学家对表征社交互动(例如,友谊和熟人)或更正式定义的网络(例如,共同作者或引文)结构和演化感兴趣。

研究人员对网络中特别感兴趣的地方有:

- 耐用性(多长时间保持联系)。
- 互惠(双方的关系是否相同)。
- 强度(关系是"弱"还是"强")。
- 密度(网络中实际存在多少潜在联系)。
- 可达性(从网络的一个"端"到相对的"端"需要多少束缚)。
- 中心性(网络是否具有"中心"点)。
- 质量(关系的可靠性或确定性)。

社会网络模型被广泛应用于社会科学研究中,比如,病毒传播类模型、舆论传播类模型、城市演化模型等。

5.2　基础网络模型(Network Model)

本节我们将学习用 NetLogo 构建几个简单的网络模型,参照 Random Network。

5.2.1　简单规则网络模型 1 源代码解析

1. 建模规则

网络模型代码讲解

如图 5.2.1 所示,在"世界"中创建 n 个节点,每个节点选择任意一个其他节点进行链接。

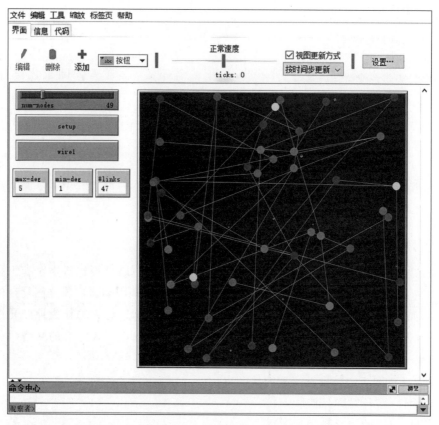

图 5.2.1 基础网络 1—界面

2. NetLogo 源代码解析

用 NetLogo 实现规则网络模型的创建，见代码 5.2.1。具体包含以下两部分：第一个部分是 setup 子代码创建节点，第二个部分是 wire1 子代码创建链接。

代码 5.2.1 简单规则网络模型 1 代码

```
to setup                                        ;; setup 子代码
  clear - all                                   ;; 清除所有瓦片和海龟
  create - turtles num - nodes [                ;; 创建节点
    set shape "circle"                          ;; 节点形状为圆形
    setxy random - xcor random - ycor           ;; 节点位置随机
  ]                                             ;;
  reset - ticks                                 ;; 重置计时器
end                                             ;;
                                                ;;
to wire1                                        ;; wire1 子代码
  ask links [ die ]                             ;; 清空所有链接
  ask turtles [                                 ;; 定义海龟
    create - link - with one - of other turtles ;; 创建无向链接
  ]                                             ;;
end                                             ;;
```

1）第一部分，初始条件设置：setup 子代码。

首先用 clear-all 命令对世界进行清空，然后创建节点。set shape "circle"设置节点的形状是圆形，setxy random-xcor random-ycor 位置随机。节点数量由界面滑块 num-nodes 控制，reset-ticks 设置计时器归零。

2）第二部分，创建链接设置：wire 子代码。

首先用 ask links[die]命令清空所有链接，然后 create-link-with one-of other turtles 调用所有海龟（即节点），选择其他任意一个海龟（即节点）创建一条无向链接。

> **❗注意**
>
> **链的创建方式：**
>
> 和海龟或 patches 一样，所有链由全局智能体集合。使用 create-link-with 和 create-links-with 命令创建无向链，创建有向链则使用 create-link-to，create-links-to，create-link-from 和 create-links-from 命令。

3. 模型运行展示

图 5.2.2 展示的是创建 100 个节点、100 条链的情况。界面中监视器 max-edge 显示所有节点中最大的度，监视器 min-edge 显示最小的度，链接监视器显示世界中产生的总的链数。

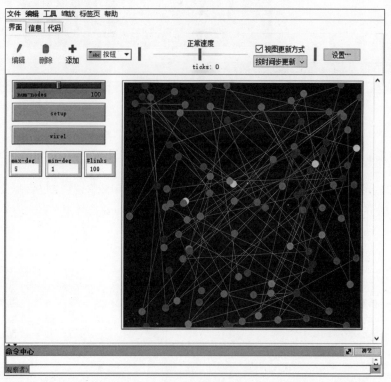

图 5.2.2　基础网络—模型 1

5.2.2 简单规则网络模型 2 源代码解析

1. 建模规则

如图 5.2.3 所示,在网络中创建规定的总节点数和总链接数,每个节点的链接边数随机分配。

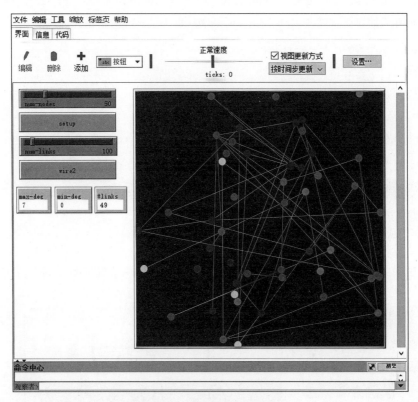

图 5.2.3 基础网络—模型 2

2. NetLogo 源代码解析

用 NetLogo 实现这个规则网络模型的创建,见代码 5.2.2,具体包含以下三部分代码:第一个部分是 setup 子代码创建节点,第二个部分是 wire2 子代码创建链接,第三个部分是创建一个 report 报告器。

代码 5.2.2 基础网络—代码 2

```
to setup                                   ;; setup 子代码
  clear - all                              ;; 清除所有瓦片和海龟
  create - turtles num - nodes [           ;; 创建节点
    set shape "circle"                     ;; 节点形状为圆形
    setxy random - xcor random - ycor      ;; 节点位置随机
  ]                                        ;;
  reset - ticks                            ;; 重置计时器
```

```
end                                            ;;
                                               ;;
to wire2                                       ;; wire1 子代码
  ask links [ die ]                            ;; 清空所有链接
If num－links > max－links [ set mum－links max－links ]   ;; 如果 num－links 滑块数值大于
while [ count links < num－links ] [            ;; max－links,则用 max－links
ask one－of turtles [                           ;; 定义海龟
    create－link－with one－of other turtles     ;; 创建链接(边)
  ]                                            ;;
  ]                                            ;;
end                                            ;;
                                               ;;
to－report max－links                           ;; max－links 报告子过程
  report min (list (num－nodes * (num－nodes － 1) / 2) 1000) ;; 返回报告,确定最大边数
end                                            ;;
```

1) 第一部分,初始条件设置：setup 子代码。

首先用 clear-all 命令对世界进行清空,然后创建节点。设置节点的形状是圆形,位置随机。节点数量由界面滑块 num-nodes 控制,reset-ticks 设置计时器归零。

2) 第二部分,创建链接设置：wire2 子代码。

首先用 ask links [die]命令清空所有链接。num-links 是在主界面设置的滑块,它规定了网络世界中要产生的链接数。而 report 子代码中,又根据节点数 num-nodes 确定了世界中可能存在的最大链接数 max-links。以 max-links 为标准,确定世界的节点数之后,当设定的链接数 num-links 大于 report 计算的最大链接数 max-links 时,赋予 num-links 的值为最大链接数 max-links。接着一个 while 循环语句,语句中先计算世界中的链接数,如果世界中现存链接数小于规定链接数,则随机选择两个节点,在它们间生成一条链接。

3) 第三部分,报告器确定最大边数。

当创建 N 个节点时,网络中全耦合(即每一个节点跟其他所有节点有链接)的情况也只能有 $\dfrac{N \times (N-1)}{2}$ 条边。min list 返回列表中的最小数值,忽略其他类型的项。report 返回值命名为 max-links。

3. 模型运行展示

图 5.2.4 展示的是规定创建 100 个节点、150 条链的情况。100 个节点在网络全耦合的情况下能生成 4950 条链接。由于规定了只能生成 150 条链接,所以会存在有的节点没有链接边的情况。

5.2.3　ER 随机网络模型 NetLogo 源代码解析

1. 建模规则

接下来我们学习如图 5.2.5 所示的 ER 随机网络。ER 随机图是早期研究得比较多的一类"复杂"网络,模型的基本思想是两个节点间是以一定的概率产生链接的。

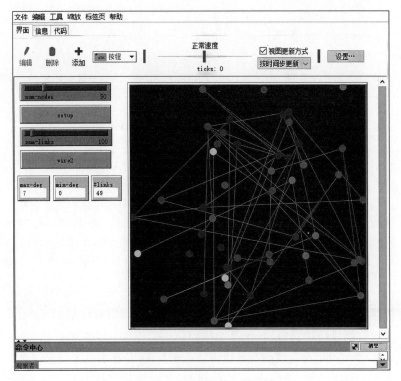

图 5.2.4　基础网络—模型 2

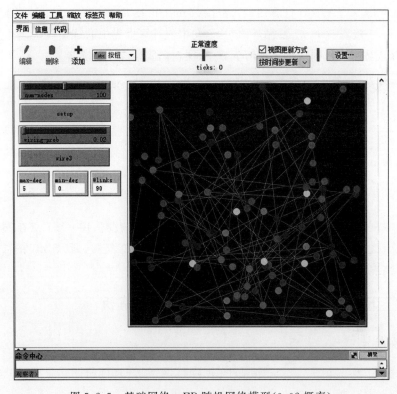

图 5.2.5　基础网络—ER 随机网络模型(0.02 概率)

2. NetLogo 源代码解析

见代码 5.2.3,用 NetLogo 实现这个规则网络模型的创建,与前两个模型相似,包含以下两部分代码:第一个部分是 setup 子代码创建节点,第二个部分是 wire3 子代码创建链接。

代码 5.2.3　基础网络—代码 ER

```
to setup                                    ;; setup 子代码
  clear - all                               ;; 清除所有瓦片和海龟
  create - turtles num - nodes [            ;; 创建节点
    set shape "circle"                      ;; 节点形状为原型
    setxy random - xcor random - ycor       ;; 节点位置随机
  ]                                         ;;
  reset - ticks                             ;; 重置计时器
end                                         ;;
                                            ;;
to wire3                                    ;; wire3 子代码
  ask links [ die ]                         ;; 清空所有链接
  ask turtles [                             ;; 定义海龟
    ask turtles with [ who > [ who ] of myself ] [  ;; 寻找比当前发出请求智能体更大编号的海龟
      if random - float 1.0 < wiring - prob [       ;; 随机浮点数小于 wiring - prob 滑块值
        create - link - with myself         ;; 创建 myself 链接
      ]                                     ;;
    ]                                       ;;
  ]                                         ;;
end                                         ;;
```

该模型与之前的模型区别在于链接的生成方式上:

```
ask turtles with [ who > [ who ] of myself ]
```

寻找一个编号大于调用海龟编号的智能体,这里的 myself 是指"请求我做目前正在做的事情的海龟或瓦片"。当智能体被请求运行代码时,在代码中使用 myself 返回发出请求的智能体。

```
if random - float 1.0 < wiring - prob
```

这个语句是产生一个浮点数,如果这个数小于规定的概率值 wiring-prob,就执行接下来的命令。wiring-prob 是在主界面设置的一个滑块,用来调节生成链接的概率。random 产生均匀分布的整数,random-float 产生均匀分布的浮点数,比如 random 3,产生的是 0 或者 1 或者 2,而 random-float 3 可以产生 0~3 的任意一个浮点数。

```
who 是一个内置海龟变量
```

保存海龟的"who number"或着说 ID 号,这是一个大于等于 0 的整数。不能设置该变量,海龟的"who number"不会改变。

3. 模型运行展示

图 5.2.6 所示的是规定创建 80 个节点、节点间以 0.1 的概率生成链接。80 个节点在网络全耦合的情况下能生成 3160 条链接。由于生成概率是 0.1，所以该参数下的模型最终只生成了 324 条链接。

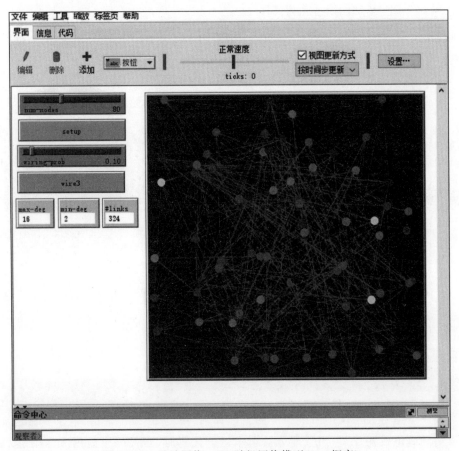

图 5.2.6　基础网络—ER 随机网络模型(0.1 概率)

5.2.4　环形网络模型 NetLogo 源代码解析

1. 建模规则

接下来我们学习第四个简单的网络模型，参照 Network Example。如图 5.2.7 所示，首先确定网络中的节点数和边数，所有节点按圆形排列，在运行期间，网络中会不断地随机更新链接，使得整个模型中的总边数不变，但是链接关系结构发生变化。

2. NetLogo 源代码解析

见代码 5.2.4，该模型跟前面几个模型的不同之处在节点环形排列以及链接动态更新能模拟现实中人际关系的更新，实现语句。

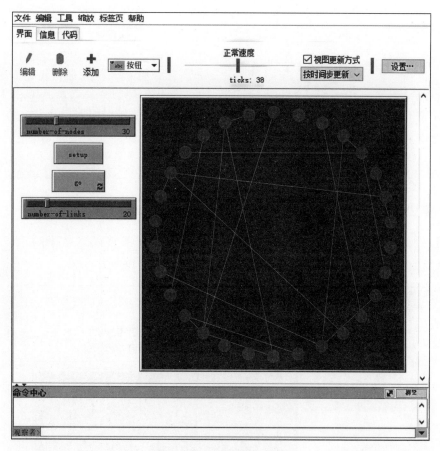

图 5.2.7 环形网络—界面

代码 5.2.4 基础网络—环形网络模型

```
to setup                                      ;; setup 子代码
  clear－all                                   ;; 清除所有瓦片和海龟
  set－default－shape turtles "circle"          ;; 设置默认节点为圆形
  create－turtles number－of－nodes [            ;; 创建节点
    set color blue                             ;; 设置为蓝色
    set size 2                                 ;; 设置大小为 2
  ]                                            ;;
  layout－circle turtles (world－width / 2 － 2) ;; 给定半径,海龟排成圆形
  reset－ticks                                  ;; 重置计时器
end                                            ;;
                                               ;;
to go                                          ;; go 子代码
  if not any? turtles [ stop ]                 ;; 如果没有更多海龟就停止
  ask one－of turtles                           ;; 定义海龟
    [ create－link－with one－of other turtles ] ;; 创建无向链接
  while [count links > number－of－links]        ;; 创建的链接数量大于 number－of－links 滑块值
    [ ask one－of links [ die ] ]               ;; 删除一条链接
  tick                                         ;; 计时
end                                            ;;
```

layout-circle 是以给定的半径将给定的海龟集合按圆形排列，圆心是世界中心处的瓦片，坐标(0,0)。在这里，给定半径是整个世界宽度的一半再减掉 2。

```
layout - circle turtles (world - width / 2 - 2)
```

循环语句实现了节点间链接的更新迭代。当网络中创建的链接数大于规定的链接数 number-of-links 时，任意选择一条链接消失，即去掉一条链接。接着又生成一条新的链接，如此反复，起到了更新链接关系的效果。

```
while [count links > number - of - links] [ ask one - of links [ die ] ]
```

3. 模型运行展示

图 5.2.8 展示的是规定创建 40 个环形排列的节点、60 条链接。当 ticks 到 60 时，网络中已经生成 60 条链接，接下来将会进行链接的随机消失和再生。

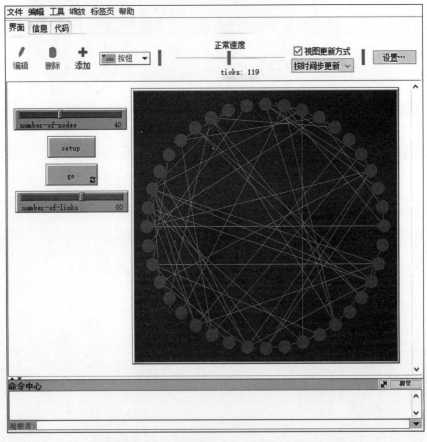

图 5.2.8　环形网络—40 节点 60 链接

以上就是本章基础网络模型的讲解，在后续的课程中，我们将逐步学习更加复杂的网络模型。比如最经典的小世界网络和无标度网络：

1) 小世界网络模型是生成一个含有 n 个节点、每个节点有 k 个邻居、以概率 p 随机化重连边的网络。

2）无标度网络模型是生成一个含有 n 个节点、每次加入 m 条边的网络。

具体的模型原理将在后续为大家讲解。

社会网络分析是计算社会科学的一个重要研究方法，而 NetLogo 的仿真建模手段能够为网络分析提高新的视角和思路。利用网络模型进行的社会研究也越来越广泛，比如，在《中国社会科学》《社会学研究》《社会》等权威社会学刊物上都发表过相关论文。

社会网络分析还有许多实际应用：比如，国际和跨国组织可以用来分析推测恐怖分子网络；再比如，了解扩散者与反扩散者之间、非法贩运者与政府之间的关系网，等等。网络在社会系统和任何重要的科学研究中都存在，同时也是许多政策问题的组成部分。希望大家好好利用 NetLogo 这个工具，学好网络建模方法。

CHAPTER 6

第6章

英雄与懦夫模型（Hero and Coward Model）

英雄与懦夫

6.1 案例导入

1964年3月13日夜3时20分，在美国纽约郊外某公寓前，一位叫朱诺比白的年轻女子在结束酒吧工作回家的路上遇刺。当她绝望地喊叫："有人要杀人啦！救命！救命！"听到喊叫声，附近住户亮起了灯，打开了窗户，凶手吓跑了。当一切恢复平静后，凶手又返回作案。当她又叫喊时，附近的住户又打开了电灯，凶手又逃跑了。当她认为已经无事，回到自己家上楼时，凶手又一次出现在她面前，将她杀死在楼梯上。在这个过程中，尽管她大声呼救，她的邻居中至少有38位到窗前观看，但无一人来救她，甚至无一人打电话报警。

这种现象不能仅仅说是众人的冷酷无情，或道德日益沦丧的表现。因为在不同的场合，人们的援助行为确实是不同的。当一个人遇到紧急情境时，如果只有一个人能提供帮助，他会清醒地意识到自己的责任，对受难者给予帮助。因为如果他见死不救会产生罪恶感、内疚感，这需要付出很高的心理代价。而如果有许多人在场的话，帮助求助者的责任就由大家来分担，造成责任分散，每个人分担的责任很少，旁观者甚至可能连他自己的那一份责任也意识不到，从而产生一种"我不去救，由别人去救"的心理，造成"集体冷漠"的局面。

6.2 模型简介

懦夫

英雄

图6.2.1 英雄与懦夫—粒子

在 Hero and Coward 模型中，每一个粒子都具有"敌人"与"朋友"，通过设置两种不同行为的粒子创建了"英雄"与"懦夫"，如图6.2.1所示。"英雄"是那些阻拦"敌人"保护"朋友"的人，而"懦夫"则会选择比"朋友"跑得更远。

界面展示

如图6.2.2所示，该模型的界面看起来复杂，其实核心元素只有左上角的 number 滑块（用于设置初始人数）、setup 以及 go 按钮。左下方的每个按钮的功能相当于 setup，但内置了种子,以确保每次运行结果相同。

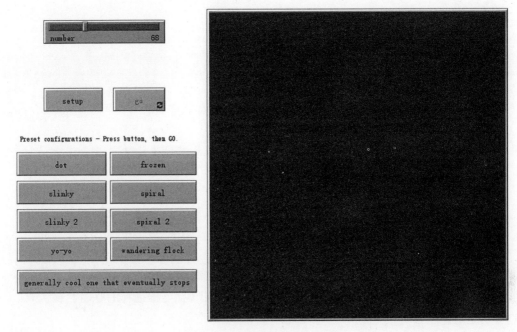

图 6.2.2 英雄与懦夫—界面

6.3 行为方向控制

如代码 6.3.1 所示,控制英雄和懦夫的行动方向:

第一个子代码控制的是英雄的方向。英雄的朝向为敌人与朋友所在坐标连线的中点。

第二个子代码控制的是懦夫的方向。懦夫的朝向是敌人与朋友所在坐标连线的延长线的端点上,且该延长线为敌人与朋友所在坐标连线的一半。

代码 6.3.1 行为方向控制

```
to act - bravely                              ;; act - bravely 英雄子代码
  facexy ([xcor] of friend + [xcor] of enemy) / 2  ;; 向敌人与朋友连线的中点坐标出发
      ([ycor] of friend + [ycor] of enemy) / 2    ;;
  fd 0.1                                      ;; 每次前进 0.1 瓦片
end                                           ;;
                                              ;;
to act - cowardly                             ;; act - cowardly 懦夫子代码
  facexy [xcor] of friend + ([xcor] of friend -   ;; 向敌人与朋友坐标连线的延长线端点
[xcor] of enemy) / 2                          ;;
      [ycor] of friend + ([ycor] of friend -  ;; 延长线长度为敌人与朋友所在坐标连线的一半
[ycor]of enemy) / 2                           ;;
  fd 0.1                                      ;; 每次前进 0.1 瓦片
end                                           ;;
```

> **!注意**
>
> **facexy**
>
> facexy number number
>
> 设置调用者的方向为朝向点(x, y)。
>
> 如果世界拓扑允许回绕，并且回绕距离较短，facexy 将使用回绕路径。
>
> 如果调用者恰好位于点(x, y)，则调用者的方向不变。
>
> **xcor**
>
> 这是一个内置海龟变量，保存海龟当前的 x 坐标。设置该变量改变海龟的位置。该变量总是大于等于(min-pxcor-0.5)，严格小于(max-pxcor＋0.5)。
>
> **ycor**
>
> 这是一个内置海龟变量，保存海龟当前的 y 坐标。设置该变量改变海龟的位置。该变量总是大于等于(min-pycor-0.5)，严格小于(max-pycor＋0.5)。

图 6.3.1 能帮助我们更好地理解两者的行为。虚线箭头代表的是懦夫的行进路线，实线箭头代表的是英雄的行进路线。可以发现，根据代码，英雄选择的是阻拦敌人，懦夫选择的是逃跑。

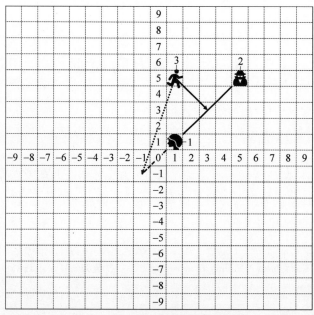

图 6.3.1　英雄与懦夫—行进路线
1—朋友；2—敌人；3—英雄 or 懦夫

6.4　代码讲解

见代码 6.3.2。

- 设置海龟变量 friend 与 enemy。

- to setup-corner 开始定义一个名为"setup-corner"的子代码。

- clear-all 将世界重设为初始、全空状态。所有瓦片变黑,已经创建的海龟和其他一切设置消失,为新模型运行做好准备。

- ask patches 告诉每个瓦片独立地去运行方括号中的命令(在 NetLogo 中,每条命令都是由某些智能体执行的。ask 也是一条命令。在这里是 observer 运行这条 ask 命令,这条命令又引起瓦片运行命令),命令所有瓦片颜色变为白色。

- 创建 number 个海龟。设置它们随机分布在世界中。setxy random-xcor random-ycor 是一条使用"报告者(reporter)"的命令,是相对于观察者(observer)而言的。reporter 与命令不同,它只返回一个结果。首先,每个海龟运行 reporter random-xcor,它返回 x 坐标范围内的一个随机数;其次,每个海龟运行 reporter random-ycor,返回 y 坐标范围的一个随机数;最后,每个海龟使用前面的两个数作输入参数运行 setxy 命令,这使得海龟移动到相应的坐标处。

- 从红色和蓝色中随机选择一个颜色对海龟进行染色。

- set friend one-of other turtles 设置朋友为其他任意一个海龟,set enemy one-of other turtles 设置敌人为其他任意一个海龟。

> **❶注意**
>
> one-of
>
> one-ofagentset
>
> one-of list
>
> 对智能体集合,返回随机选择的一个智能体。如果智能体集合为空,返回 nobody。对列表,返回随机选择的一个列表项。如果列表为空,则出错。

- 重置计数器答数后,end 结束"setup"的子代码定义。

- to go 定义一个名为"go"的子代码。命令每一只海龟进行颜色与行为的判断。如果海龟的颜色是蓝色,则运行英雄行为,如果海龟的颜色是红色,则运行懦夫行为。

- tick 命令将时钟计数器加 1,ticks 是一个计时器,返回时钟计数器当前值。end 结束"go"的子代码定义。

- to act-bravely 定义一个名为"act-bravely"的子代码。子代码控制的是英雄的方向。英雄的朝向为敌人与朋友所在坐标连线的中点。

- to act-cowardly 定义一个名为"act-cowardly"的子代码。子代码控制的是懦夫的方向。懦夫的朝向是在敌人与朋友所在坐标连线的延长线的端点上,且该延长线为敌人与朋友所在坐标连线的一半。

- 最后一个子代码用来设置种子,以保证随机设置的实验可被重复。

代码 6.3.2　英雄与懦夫—代码

```
turtles - own [ friend enemy ]              ;; 定义海龟：朋友、敌人
                                            ;;
to setup                                    ;; setup 子代码
  clear - all                               ;; 清除所有瓦片和海龟
  ask patches [ set pcolor white ]          ;; 定义瓦片,设置为白色
  create - turtles number [                 ;; 建立海龟
setxy random - xcor random - ycor           ;; 随机位置
    set color one - of [ red blue ]         ;; 设置智能体集,红色、蓝色
    set friend one - of other turtles       ;; 随机选择一个海龟设置为朋友
    set enemy one - of other turtles        ;; 随机选择一个海龟设置为敌人
  ]                                         ;;
  reset - ticks                             ;; 重置计时器
end                                         ;;
                                            ;;
to go                                       ;; go 子代码
  ask turtles [                             ;; 定义海龟
    if (color = blue) [ act - bravely ]     ;; 如果是蓝色,执行 act - bravely(英雄)
    if (color = red) [ act - cowardly ]     ;; 如果是红色,执行 act - cowardly(懦夫)
  ]                                         ;;
  tick                                      ;; 计时
end                                         ;;
                                            ;;
to act - bravely                            ;; act - bravely 英雄子代码
  facexy ([xcor] of friend + [xcor] of enemy) / 2   ;; 向敌人与朋友连线的中点坐标出发
        ([ycor] of friend + [ycor] of enemy) / 2    ;;
  fd 0.1                                    ;; 每次前进 0.1 瓦片
end                                         ;;
                                            ;;
to act - cowardly                           ;; act - cowardly 懦夫子代码
  facexy [xcor] of friend + ([xcor] of friend -     ;; 向敌人与朋友坐标连线的延长线端点
[xcor] of enemy) / 2                        ;;
        [ycor] of friend + ([ycor] of friend -     ;; 延长线长度为敌人与朋友所在坐标连线的一半
[ycor] of enemy) / 2                        ;;
  fd 0.1                                    ;; 每次前进 0.1 瓦片
end                                         ;;
                                            ;;
to preset [ seed ]                          ;; 设置种子
  set number 68                             ;; 设置数量 68
  random - seed seed                        ;; 随机种子
  setup                                     ;; 设置
end                                         ;;
```

❶注意

random-seed

random-seed number

将伪随机数发生器的种子设为 number 的整数部分。种子可以是 NetLogo 整数区间（一9007199254740992 到 9007199254740992）中的任何整数。

如果没有设置随机数种子，NetLogo 基于当前日期和时间产生种子。没办法找到到底使用了哪个种子，因此如果你想让模型可重现的话，必须自行设置随机数种子。

设置特殊种子

当设定一些独特的种子时，瓦片上的海龟可以形成不同的运动规律和独特的图案。以下为该模型中一些特殊的种子：

- dot：

  preset -1177467632
- frozen：

  preset -1153988890
- slinky：

  preset -608717654
- slinky2：

  preset -1315170766
- spiral：

  preset 1086013561
- spiral2：

  preset 878469395
- yo-yo：

  preset -180308068
- wandering flock：

  preset 961107169
- generally cool one that eventually stops：

  preset 284529528

CHAPTER 7
第7章

蚂蚁模型和蚁群算法（Ant Algorithm）

7.1 蚁群算法简介

蚁群算法是一种用来寻找优化路径的概率型算法。它由 Marco Dorigo 于 1992 年在他的博士论文中提出,他们在研究蚂蚁觅食的过程中发现单个蚂蚁的行为比较简单,但是蚁群整体却可以体现一些智能的行为,例如,蚁群可以在不同的环境下,寻找最短到达食源的路径。

蚁群模型

后经进一步研究发现,这是因为蚂蚁会在其经过的路径上释放一种可以称为"信息素"(pheromone)的物质,蚁群内的蚂蚁对"信息素"具有感知能力,它们会沿着"信息素"浓度较高的路径行走,而每只路过的蚂蚁都会在路上留下"信息素",这就形成一种类似正反馈的机制,这样经过一段时间后,整个蚁群就会沿着最短路径到达食物源了,如图 7.1.1 所示。

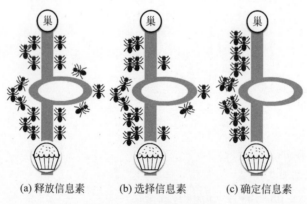

(a) 释放信息素　　　(b) 选择信息素　　　(c) 确定信息素

图 7.1.1　蚁群—路径

由上述蚂蚁找食物模式演变来的算法,即是蚁群算法,见图 7.1.2。这种算法具有分布计算、信息正反馈和启发式搜索的特征,本质上是进化算法中的一种启发式全局优化算法。蚁群算法通过多种编程软件都可以实现,除了我们本课程学习的 NetLogo 软件外,python、matlab 等也可以实现。

蚁群算法的基本思想是,用蚂蚁的行走路径表示待优化问题的可行解,整个蚂蚁群体的

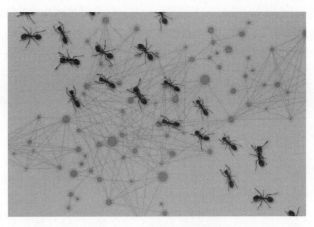

图 7.1.2　蚁群—演变算法

所有路径构成待优化问题的解空间。路径较短的蚂蚁释放的信息素量较多,随着时间的推进,较短的路径上累积的信息素浓度逐渐增高,选择该路径的蚂蚁个数也越来越多,最终,整个蚂蚁群会在正反馈的作用下集中到最佳的路径上,此时对应的便是待优化问题的最优解。

　　Ant lines 模型不使用信息素的方法,通过跟随前一只蚂蚁也可以找到相对最佳路径。

7.2　界 面 展 示

　　如图 7.2.1 所示,界面有三个滑块,分别控制蚂蚁数量(num-ants)、领头蚂蚁的转向角度(leader-wiggle-angle)以及出发间隔距离(start-delay)。两个监视器分别监视出巢的蚂蚁数量以及领导者的朝向角度。

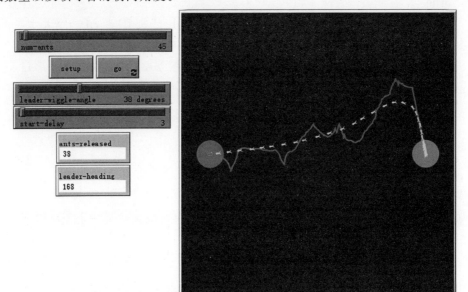

图 7.2.1　蚁群—界面

在瓦片中，左边棕色圆形为蚁巢，坐标为(−40,0)，右边橙色圆形为食物点，坐标为(40,0)。红色的是蚂蚁随机走出来的路线，蓝色路径就是我们要寻找的相对最佳路径。

7.3　模型关键问题

1. 海龟的编号

 怎样单独命令最后一只蚂蚁画线？
怎么让任何一只蚂蚁都知道前一只蚂蚁是谁呢？

在 NetLogo 里，每只海龟从诞生起就自带了一个编号，每只海龟的编号都不相同，根据诞生的时间从 0 开始编号，依次编号为 1，2，3，4……这个编号在代码中用 who 来表示，如图 7.3.1 所示。

图 7.3.1　蚁群—编号

哪怕海龟死亡，它的编号也不会被后面创建的海龟所继承。海龟的编号就像我们的"身份证号码"，是一对一且具有唯一性的。

> **！注意**
>
> **who**
>
> 这是一个内置海龟变量，保存海龟的"who number"或 ID 号，是一个大于等于 0 的整数。不能设置该变量，海龟的"who number"不会改变。
>
> who numbers 从 0 开始。死亡海龟的号码不会分配给新海龟，除非是 clear-turtles 或 clear-all 命令，使得重新从 0 开始编号。

2. 间隔出巢

 怎么让蚂蚁每间隔一段时间就爬出来一只？

如代码 7.3.1 所示，这个问题可以转化为让前一只蚂蚁离蚁巢一定距离后下一只蚂蚁再出发。

使用上述代码，就是让 NetLogo 报告是否可以出发。出发的条件是：前一只(who-1)蚂蚁在水平方向向右走了 start-delay 个瓦片。

代码 7.3.1　间隔出巢

```
to-report time-to-start?                ;; time-to-start 报告子过程
  report ([xcor] of (turtle (who - 1))) >  ;; 前一只蚂蚁在水平方向走了 start-delay 滑块
(-40 + start-delay )                    ;; 值个距离,当前蚂蚁就出发
end                                     ;;
```

然后在 go 里再对跟随状态的蚂蚁进行上述条件的判断,如果结果为 true,则如代码 7.3.2
所示,下一只蚂蚁就会从蚁巢中爬出来。

代码 7.3.2　跟随出巢

```
ask followers                           ;; 定义 followers(跟随者)
[ face turtle (who - 1)                 ;; 设置海龟朝向当前蚂蚁
  if time-to-start? and (xcor < 40)     ;; time-to-start 且水平方向小于 40
  [ fd 0.5]                             ;; 前进 0.5
```

> **❗注意**
>
> **face**
>
> face agent
>
> 设置调用者的方向为朝向智能体。
>
> 如果世界拓扑允许回绕,并且回绕距离较短,face 将使用回绕路径。
>
> 如果调用者和智能体恰好位于相同点,则调用者的方向不变。

7.4　代 码 讲 解

如代码 7.4.1 所示,创造领导者与跟随者这两种物种,此时这两种物种的属性均是默
认属性,但它们已经属于 create 创建出来的海龟中的一个分支,可以被单独当作一种新的
种群来命令。

代码 7.4.1　蚁群—代码

```
breed [ leaders leader ]                ;; 创建智能体集 leaders,品种 leader(领导者)
breed [ followers follower ]            ;; 创建智能体集 followers,品种 follower(跟随者)
                                        ;;
to setup                                ;; setup 子代码
  clear-all                             ;; 清除所有瓦片和海龟
  set-default-shape turtles "bug"       ;; 设置海龟默认形象为 bug
                                        ;;
  ask patch -40 0 [                     ;; 定义 -40 0 瓦片(绘制蚁巢)
    sprout 1 [                          ;; 生长 1
      set color brown                   ;; 设置褐色
      set shape "circle"                ;; 设置形状为圆
      set size 10                       ;; 设置大小为 10
      stamp                             ;; 绘制图章
```

```
    die                              ;; 海龟死亡(不再执行代码)
  ]                                  ;;
]                                    ;;
                                     ;;
ask patch 40 0 [                     ;; 定义 -40 0 瓦片(绘制食物)
  sprout 1 [                         ;; 生长 1
    set color orange                 ;; 设置橘色
    set shape "circle"               ;; 设置形状为圆
    set size 10                      ;; 设置大小为 10
    stamp                            ;; 绘制图章
    die                              ;; 海龟死亡(不再执行代码)
  ]                                  ;;
]                                    ;;
                                     ;;
create - leaders 1                   ;; 创建领导者
  [ set color red ]                  ;; 设置红色
create - followers (num - ants - 1)  ;; 创建跟随者
  [ set color yellow                 ;; 设置黄色
    set heading 90 ]                 ;; 指向东
ask turtles                          ;; 定义海龟
  [ setxy - 40 0                     ;; 设置坐标 -40 0
    set size 2 ]                     ;; 设置大小为 2
ask turtle (max [who] of turtles)    ;; 定义最后一只蚂蚁
  [ set color blue                   ;; 设置蓝色
    set pen - size 2                 ;; 设置大小为 2
pen - down]                          ;; 绘制线
ask leaders                          ;; 定义领导者
  [ set pen - size 2                 ;; 设置大小为 2
pen - down]                          ;; 绘制线
  reset - ticks                      ;; 重置计时器
end                                  ;;
```

- to setup 开始定义一个名为"setup"的子代码。
- clear-all 将世界重设为初始、全空状态。所有瓦片变黑，你已经创建的海龟和其他一切设置消失，为新模型运行做好准备。
- set-default-shape 定义物种的形状，将所有海龟的形状设置为虫子，NetLogo 中的虫子形状跟蚂蚁十分相近。
- ask patches 告诉每个瓦片独立地去运行方括号中的命令(在 NetLogo 中，每条命令都是由某些智能体执行的。ask 也是一条命令。在这里是 observer 运行这条 ask 命令，这条命令又引起瓦片运行命令)。
- (−40,0)是距离世界中心(0,0)正西方 40 个瓦片的瓦片，这里将其作为蚁巢。在当前瓦片上创建一个新的海龟，设置其颜色为棕色，形状为圆形，尺寸为 10。
- stamp 是在当前位置的画图层留下棕色海龟的智能体图形，然后命令创建的这一海龟死亡。这一步的目的在于在画图层留下一个 10 size 的圆作为蚁巢，方便模型演示。
- (40,0)是距离世界中心(0,0)正东方 40 个瓦片的瓦片，这里将其作为食物点。在当前瓦片上创建一个新的海龟，设置其颜色为橘色，形状为圆形，尺寸为 10。

！注意

sprout

sprout-< breeds >

sprout number [commands]

sprout-< breeds > number [commands]

在当前瓦片上创建 number 个新海龟。新海龟的方向是随机整数，颜色从 14 个主色中随机产生。海龟立即运行 commands，如果要给新海龟不同的颜色、方向等就比较有用（新海龟是一次全部产生出来，然后以随机顺序每次运行 1 个）。

如果使用 sprout-< breeds >形式，则新海龟属于给定的种类。

注意：当运行命令时，其他智能体不允许运行任何代码（就像使用 without-interruption 命令一样）。这就保证如果使用了 ask-concurrent，新海龟在完全初始化之前，不能与任何其他智能体交互。

- stamp 是在当前位置的画图层留下橘色海龟的智能体图形，然后命令创建的这一海龟死亡。这一步的目的在于在画图层留下一个 10 size 的圆作为蚁巢，方便模型演示。
- 创建一个领导者，设置领导者的颜色为红色。

！注意

stamp

调用海龟或链在画图层的当前位置留下一幅智能体图形。

注意：stamp 留下的图像在不同的计算机上可能不是逐个像素完全对应。

setxy

setxy x y

海龟将它的坐标设置为 (x,y)。

该命令等价于 set xcor x set ycor y，不过只使用一个时间步，而不是两个时间步。如果 (x,y) 超出世界范围，NetLogo 抛出运行错误。

- 创建总数 -1 个跟随者，跟随者颜色设置为黄色，朝向设置为正东方。
- ask turtles 告诉每个海龟独立地去运行方括号中的命令（在 NetLogo 中，每条命令都是由某些智能体执行的。ask 也是一条命令。在这里，是 observer 运行这条 ask 命令，这条命令又引起海龟运行命令）。
- 将所有的海龟坐标设置为 $(-40,0)$，也就是让所有的海龟都诞生在 $(-40,0)$ 的瓦片上。设置尺寸为 2。
- 命令编号最大的那只蚂蚁，也就是最后诞生的那一只蚂蚁，颜色设置为蓝色，画笔尺寸设置为2。pen-down 命令其画线。

- 命令领导者画笔尺寸设置为2。pen-down 命令其画线。
- 重置计时器后，end 结束"setup"的子代码定义。

---

❶注意

绘画（Drawing）

在绘画层，海龟可以制作可见标记。

在视图里，绘画层处于瓦片之上和海龟之下。初始时刻绘画层是空的、透明的。你能看到绘画层，但海龟（和瓦片）察觉不到绘画层，也不能对绘画层中的对象作出反应。绘画层只是用来给人看的。

海龟使用 pen-down 和 pen-erase 命令在绘画层画线或擦除。如果海龟的画笔放下（或擦除），当它移动时就在身后画出（或擦除）线，线的颜色与海龟颜色一致。要停止画图（或擦除），使用 pen-up。

正常情况下，海龟画的线为1个像素宽。在画图（或擦除）之前，设置海龟变量 pen-size 可以改变线的粗细。新海龟该变量为1。

如代码 7.4.2 所示，展示找食物过程。

代码 7.4.2 蚁群—代码

```
to go                                       ;; go 子代码
  if all? turtles [xcor >= 40]              ;; 所有海龟 x 坐标都大于等于 40
    [ stop ]                                ;; 停止
  ask leaders                               ;; 定义领导者
    [ wiggle leader-wiggle-angle            ;; 根据 leader-wiggle-angle 滑块，确定拐弯值
      correct-path                          ;; 正确路径
      if (xcor > (40-5))                    ;; 如果 x 坐标大于 40-5(发现食物点)
        [ facexy 40 0 ]                     ;; 调用方向设为 40 0(向食物前进)
      if xcor < 40                          ;; 如果 x 坐标小于 40(未到食物点)
        [ fd 0.5 ] ]                        ;; 每个计时,前进 0.5
  ask followers                             ;; 定义跟随者
    [ face turtle (who-1)                   ;; 朝向前一只蚂蚁
      if time-to-start? and (xcor < 40)     ;; 运行期间且跟随者没到达食物
        [ fd 0.5 ] ]                        ;; 每个计时,前进 0.5
  tick                                      ;; 计时
end                                         ;;
                                            ;;
to wiggle [angle]                           ;; wiggle 子代码,变量 angle
  rt random-float angle                     ;; 右转 angle
  lt random-float angle                     ;; 左转 angle
end                                         ;;
                                            ;;
to correct-path                             ;; correct-path 子代码
  ifelse heading > 180                      ;; 如果领导者朝向大于 180°
    [ rt 180 ]                              ;; 右转 180
```

```
     [ if patch - at 0  - 5 = nobody          ;; 如果 0 - 5,没有找到智能体
        [ rt 100 ]                            ;; 右转 100
      if patch - at 0 5 = nobody              ;; 如果 0 5,没有找到智能体
        [ lt 100 ] ]                          ;; 左转 angle
end                                           ;;
                                              ;;
to - report time - to - start?               ;; time - to - start 报告子过程
  report ([xcor] of (turtle (who - 1))) >    ;; 前一只蚂蚁在水平方向走了 start - delay 滑块值
( - 40 + start - delay )                      ;; 个距离,当前蚂蚁就出发
end                                           ;;
```

- to go 定义一个名为"go"的子代码。
- 如果所有海龟横坐标都大于等于 40,认为所有的蚂蚁都到达了食物点,子代码停止。
- 命令领导者转弯、修正它的路线。
- 如果领导者的横坐标离食物点只有 5 瓦片,认为领导者已经发现了食物点的准确位置,直接朝向食物点前进。

> **❶注意**
>
> **all**?
>
> all? agentset [reporter]
>
> 　如果智能体集合中的所有智能体对给定的报告器(reporter)都返回 true,则返回 true。否则返回 false。
>
> 　给定的报告器必须对每个智能体都返回布尔值(true 或 false),否则发生错误。

- 如果领导者还没有到达食物点,即横坐标小于 40,那么每一个 tick 前进 0.5 个瓦片。
- 命令跟随者朝向前一只蚂蚁,如果 time-to-start 为真并且跟随着还没有到达食物点,那么每一个 tick 前进 0.5 个瓦片。
- tick 命令将时钟计数器加 1,ticks 是一个报告器,返回时钟计数器当前值。end 结束"go"的子代码定义。
- to wiggle 定义一个名为 wiggle 的子代码。并包含一个变量 angle。此子代码作用于领导者,命令领导者右转或左转 0 到 angle 个角度,end 结束"wiggle"的子代码定义。
- tocorrect-path 定义一个名为 correct-path 的子代码。此子代码作用于领导者,如果领导者的朝向角度大于 180°,即领导者向蚁巢的方向前进,那么命令其右转 180°,即掉头。如果领导者的朝向角度小于 180°,即领导者向食物点的方向前进。那么判断(0,−5)和(0,5)瓦片上是否存在智能体,如果没有,则命令领导者分别右转 100°或左转 100°用以修正方向。

> **❶注意**
>
> **nobody**
>
> 这是一个特殊值,有些原因如 turtle、one-of、max-one-of 等用来说明没有找到智能体。另外,当智能体死亡后,它也等于 nobody。
>
> **注意**：空智能体集合不等于 nobody,如果要测试智能体集合是否为空,使用 any?。只有预期得到单一智能体的地方才可能得到 nobody。

7.5 模型应用

蚁群算法应用广泛,如旅行商问题(traveling salesman problem,TSP)、指派问题、Job-shop 调度问题、车辆路径问题(vehicle routing problem)、图着色问题(graph coloring problem)和网络路径问题(network routing problem),等等。

最近几年,该算法在网络路径中的应用受到越来越多学者的关注,并提出了一些新的基于蚂蚁算法的路径算法。同传统的路径算法相比较,该算法在网络路径中具有信息分布式性、动态性、随机性和异步性等特点,而这些特点正好能满足网络路径的需要。有关蚁群算法的研究和应用繁多,蚁群算法也在不断地优化改进,在计算机科学、人工智能、交通运输、电子通信、物流等领域,都能见到蚁群算法的应用。有兴趣的同学可以在课后继续深度挖掘学习。

CHAPTER 8

第8章

派对模型（Party Model）

派对模型

8.1　派对模型简介

派对模型假设的场景是有一群人在参加派对,如图 8.1.1 所示,因为派对上的活动需要分组,但是这个派对上的人都不喜欢和异性相处。因此,当他/她们被分到有异性的组里时,就会不舒服,从而选择换组,直到每个人都找到了自己满意的组为止。

图 8.1.1　派对

模型最重要的原理是假设参加聚会的人存在某一宽容度,这种宽容度定义了他/她们与一个有异性成员的群体的舒适程度。如果他/她们所在的群体中异性比例高于他/她们的容忍度,那么他/她们被认为是"不舒服"的,他/她们就会离开这个群体去找另一个群体。运动一直持续到派对内的每个人都对他/她们的团体感到"满意"。

派对模型的本质就是根据某一类特征将对象分类,在社会学上有广阔的应用前景。

界面展示

图 8.1.2 界面中有三个滑块,分别用来控制人数(number)、组数(num-groups)以及

容忍度(tolerance)。可以在模型运行时移动滑块。如果"容忍度"滑块设置为 75，则每个人都可以容忍与少于或等于 75% 的异性在一起。

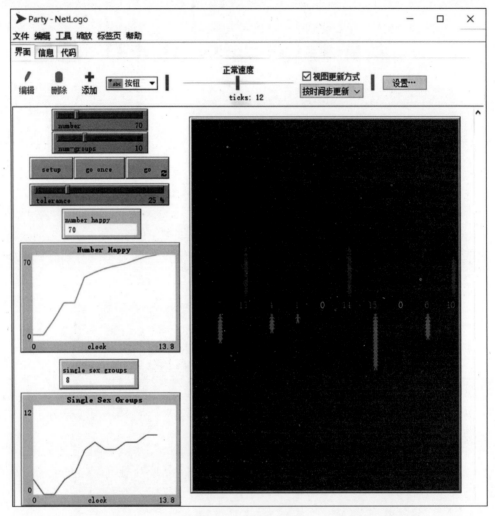

图 8.1.2　派对—界面

"setup"按钮形成随机组。要一步一步地运行模型，使用"go once"按钮。"go"按钮使模型一直运行，直到每个人都感到舒服为止。

模型还对达到高兴的人数以及单一性别的组数进行了监控。图中展示的是分成 10 组的情况，图中的数字代表的是该组的人数。可以看到所有的男性都站在了组站点的上方，所有的女性都站在了组站点的下方。

白色数字标签的组代表的是单一性别的组，灰色标签的组代表的是混合性别的组。蓝色代表的是男性，粉色代表的是女性。两个折线图显示了"happy"和"single sex"这两个性别群体的数量，以及这个派对随着时间的推移是如何变化的。Number Happy 显示多少参加派对的人感到高兴(也就是舒适)。Single Sex Groups 仅显示包含男性或女性的组数。

8.2　模型关键问题

- 如何设置组？如何设置组与组之间的间隔？
- 怎么让组员按一竖列站好？如果组员的数量超过了一竖列怎么让他/她们在左边重新再站一列？
- 如何判断不高兴？如何重新选择组？

1. 分组

> 如何设置组？如何设置组与组之间的间隔？

如代码 8.2.1 和代码 8.2.2 所示。
- 首先我们要创建一些瓦片为组站点，并且让组站点拥有[group-site?]的属性。

代码 8.2.1　派对—组站点

```
set group - sites patches with [group - site?]
```

[group-site?]代码的具体编写如下：
- 首先生成一个新变量 group-interval，用于计算组站点之间有多少个瓦片。
- pycor＝0 是为了保证所有的组站点都在 x 轴上。
- pxcor<=0 是为了在瓦片的最右侧留一个瓦片方便观察。
- mod 是取余数，pxcor 除以 group-interval＝0 是为了保证组与组之间的距离相等。
- 最后-pxcor/group-interval 的商要小于滑块 num-group 的值，是为了确保不会建立超过滑块 num-group 的组数。

代码 8.2.2　派对—组间隔

```
to - report group - site?                              ;; group - site?报告子过程
                                                       ;; 如果你的 pycor 是 0,而你的 pxcor
                                                       ;; 是一个组的位置,那么你就是一个组站台。
                                                       ;; 在这个模型中(0,0)靠近右边,所以
  let group - interval floor (world - width / num - groups) ;; pxcor 通常是负的。
                                                       ;; 创建 group - interval 变量,计算组站点之
  report                                               ;; 间有多少个瓦片。
    (pycor = 0) and                                    ;; 报告
    (pxcor <= 0) and                                   ;; 所有的组站点都在 x 轴上
    (pxcor mod group - interval = 0) and               ;; 在右侧留了 1 瓦片方便观察
    (floor ((- pxcor) / group - interval) < num - groups) ;; 确保组与组之间距离相等
end                                                    ;; 确保建立组,不多于 num - groups 滑块值
                                                       ;;
```

需要注意的是，如图 8.2.1 所示，在这个模型中 pxcor 的最大值是 1，最小值是−80，因此整个瓦片是主要位于第三、第四象限的。

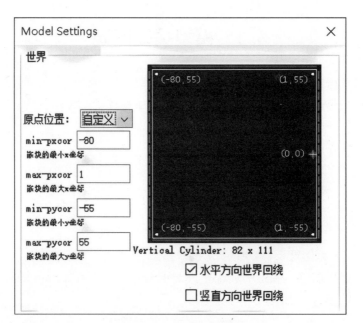

图 8.2.1 派对—世界设定

怎么让组员按一竖列站好？
如果组员数量超过了一竖列，怎么让他/她们在左边重新再站一列？

代码 8.2.3 所示为派对—重新排列。

代码 8.2.3 派对—重新排列

```
to spread-out-vertically          ;; spread-out-vertically 子代码(组垂直展开)
  ifelse woman?                    ;; 是否为女性
    [ set heading 180 ]            ;; 是女性,朝南
    [ set heading 0 ]              ;; 非女性,朝北
  fd 4                             ;; 前进 4 步
  while [any? other turtles-here] [  ;; 是否与其他海龟站在同一瓦片
    if-else can-move? 2 [          ;; 如果前方 2 个瓦片单位内存在瓦片
      fd 1                         ;; 前进 1 步
    ]                              ;;
    [                              ;; 如果组员排到了屏幕的边缘
      set xcor xcor - 1            ;; 向左走一步
      set ycor 0                   ;; 然后开始新的堆叠
      fd 4                         ;; 前进 4 步
    ]                              ;;
  ]                                ;;
end                                ;;
```

- 首先通过第一个 ifelse 判断组员的性别,判断好后让组员向前走 4 步。这是为了
  让他/她们与组站点之间有一定的距离。
- while 后面的括号表示的是：是否有其他海龟与我站在同一个瓦片上。如果有,那
  么执行接下来的命令。

- can-move? 2 判断海龟前方 2 个瓦片的地方是否可以通行。
- 如果有瓦片，那么向前走一步。这里是为了防止两位组员站在同一个瓦片上，也就达成了我们的排队。
- 如果组员已经排到了屏幕的边缘，前方不可通行，那么就让组员向左走一步，并令其纵坐标等于组站点的纵坐标，也就是开始新的一列排队。

2. 重新选择组

 如何判断不高兴？如何重新选择组？

代码 8.2.4 所示为派对—重新选组。

代码 8.2.4　派对—重新选组

```
to update - happiness                        ;; update - happiness 子代码(更新高兴)
  let total count turtles - here             ;; 创建变量,计算总人员数
  let same count turtles - here with [color = ;; 创建变量,计算同性组数
[color] of myself]                           ;; 创建局域变量,异性组数＝总海龟数 - 同性组
  let opposite (total － same)                ;; 数,如果异性比例不超过容忍度,则高兴
  set happy? (opposite / total) < = (tolerance / 100)  ;;
end                                          ;;
                                             ;; leave - if - unhappy 子代码(不高兴)
to leave - if - unhappy                      ;; 如果不高兴
  if not happy? [                            ;; one - of 随机,Heading 向左向右转向.
    set heading one - of [90 270]            ;; 前进 1 步(离开旧组)
    fd 1                                     ;;
  ]                                          ;;
end                                          ;;
                                             ;; find - new - groups 子代码(产生新组)
to find - new - groups                       ;; 刷新显示
  display                                    ;; 创建变量,判断是否属于某个智能体集合
  let malcontents turtles with [not member?  ;;
patch - here group - sites]                  ;;
  if not any? malcontents [ stop ]           ;; 如果没有不满者,则停止
  ask malcontents [ fd 1 ]                   ;; 不满者,前进 1 步
  find - new - groups                        ;; 重新找组
end                                          ;;
```

- 首先事先设置 tolerance 滑块,通过生成的总人数与同行人数这两个变量,统计异性人数与总人数的比例,当这个比例不超过容忍度时,判断为高兴,不需要换组。
- 当不高兴时,选择方向调转为 90°方向或者 270°方向。在 NetLogo 里,90°方向为正右方,270°方向为正左方,再向前走一步离开旧的组。
- 第三组代码 find-new-groups 是命令离开旧组之后的组员先生产一个 malcontens,这个不满者是同一个瓦片上不同性别的一个组员,也就是说,只要一个瓦片上有两种性别,就会有不满者出现。接着命令不满者继续向前走一步,开始下一次找新的组。这样达到循环命令的效果,直到没有不满者出现时,程序才会停止。

- 至此，我们就解决了换组问题。

在该模型中，同组有异性时，该粒子就被判断为不高兴，需要换组。

8.3 代 码 讲 解

代码 8.3.1 所示为派对—是否高兴，这里展示了模型的代码。

代码 8.3.1 派对—是否高兴

```
globals [                              ;; 全局变量
  group - sites                        ;; group - sites
  boring - groups                      ;; boring - groups,单一性别组
]                                      ;;
                                       ;;
turtles - own [                        ;; 海龟变量
  happy?                               ;; 是否高兴,true、false
  my - group - site                    ;; 我的组站点
]                                      ;;
```

- 首先创建全局变量 group-sites 和 boring-groups，boring-groups 指的是只有一种性别的组员的组。并赋予海龟两种属性：是否高兴和我的组站点。

> **❶注意**
>
> **globals**
>
> globals [var1 ...]
>
> 这个关键词和 breed、< breeds >-own、patches-own、turtles-own 一样，只能用在程序首部，位于任何例程定义之前。它定义新的全局变量。全局变量是"全局"的，因为能被任何智能体访问，能在模型中的任何地方使用。
>
> 一般全局变量用于定义在程序多个部分使用的变量或常量。

代码 8.3.2 所示为派对—设置。

代码 8.3.2 派对—设置

```
to setup                                      ;; setup 子代码
  clear - all                                 ;; 清除所有瓦片和海龟
  set group - sites patches with [group - site?]   ;; 设置智能体集合
  set - default - shape turtles "person"       ;; 设置海龟默认形象为人
  create - turtles number [                   ;; 建立 number 个海龟
    choose - sex                              ;; 选择性别
    set size 3                                ;; 设置大小为 3
    set my - group - site one - of group - sites  ;; 设置变量
    move - to my - group - site               ;; 移动到我的组
  ]                                           ;;
  ask turtles [ update - happiness ]          ;; 定义海龟(更新高兴)
  count - boring - groups                     ;; 统计单一性别组
```

```
  update - labels                              ;; 更新组站点的人数计数
  ask turtles [ spread - out - vertically ]    ;; 定义海龟(垂直展开)
  reset - ticks                                ;; 重置计时器
end                                            ;;
```

- to setup 开始定义一个名为"setup"的子代码。
- clear-all 将世界重设为初始、全空状态。所有瓦片变黑，你已经创建的海龟和其他一切设置消失。为新模型运行做好准备。
- 将组站点设置为具有组站点属性的瓦片，设置海龟的形状是人形。
- 创建 number 个海龟，其中，number 由滑块控制。让这些海龟选择性别，设置大小为 3，选择一个组站点作为我的站点，并且移动到该站点上。
- 接下来命令海龟更新自己的高兴状态。
- 数单一性别的组数。更新标签，这里的标签有统计组员人数的作用。
- 让海龟在组站点排队。
- 重置滴答数后，end 结束"setup"的子代码定义。

> **!注意**
>
> **with**
>
> agentset with [reporter]
>
> 有两个输入参数，左边是一个智能体集合（一般是"turtles"或"patches"），右边是一个布尔型报告器。返回一个新的智能体集合，集合中仅包含那些使报告器返回 true 的智能体，换句话说，满足给定的条件智能体。
>
> **move-to**
>
> move-to agent
>
> 海龟将其 x 和 y 坐标设置为与给定智能体 agent 的相同（如果给定智能体是瓦片，则效果就是海龟移动到瓦片中心）。
>
> **注意**：海龟的方向未变。也许需要先使用 face 命令将海龟的方向调整为运动方向。

代码 8.3.3 所示为派对—换组。

代码 8.3.3 派对—换组

```
to go                                          ;; go 子代码
  if all? turtles [happy?]                     ;; 如果每个人都高兴
    [ stop ]                                   ;; 停止
  ask turtles [ move - to my - group - site ]  ;; 所有人都移动到组站点
  ask turtles [ update - happiness ]           ;; 更新高兴
  ask turtles [ leave - if - unhappy ]         ;; 不高兴, 则离开
  find - new - groups                          ;; 产生新组
  update - labels                              ;; 更新组站点的人数计数
  count - boring - groups                      ;; 统计单一性别组
```

```
   ask turtles [                              ;; 定义海龟
     set my - group - site patch - here       ;; 设置当前所处瓦片为组站点
     spread - out - vertically                ;; 垂直展开
   ]                                          ;;
   tick                                       ;; 计时
 end                                          ;;
```

- to go 开始定义一个名为"go"的子代码。
- 如果每个人都高兴，那么程序就停止。
- 在每一次执行 go 时，都要命令海龟移动到自己的组站点，并且更新他们的心情，即高不高兴。
- 并且设置海龟在不高兴时离开当前组站点。
- find-new-groups 在本节的换组部分已经进行过详细分析，在此不再赘述。
- update-labels 是更新组站点的人数计数。
- count-boring-groups 是对单一性别的组进行计数。
- 最后命令海龟把当前所处的瓦片设定为该海龟的组站点，并进行排队。
- tick 命令将时钟计数器加 1，ticks 是一个计时器，返回时钟计数器当前值。end 结束"go"子代码。

代码 8.3.4 所示为派对—更新组员。

代码 8.3.4 派对—更新组员

```
to update - happiness                         ;; update - happiness 子代码(更新高兴)
  let total count turtles - here              ;; 创建变量，计算总人员数
  let same count turtles - here with [color =  ;; 创建变量，计算同性组数
[color] of myself]                            ;;
  let opposite (total - same)                  ;; 创建变量，异性组数 = 总海龟数 - 同性组数
  set happy? (opposite / total) < = (tolerance / 100) ;; 如果异性比例不超过容忍度，则高兴
end                                           ;;
                                              ;;
to leave - if - unhappy                       ;; leave - if - unhappy 子代码(不高兴)
  if not happy? [                             ;; 如果不高兴
    set heading one - of [90 270]             ;; 随机向左向右. Heading, 转向. one - of, 随机
    fd 1                                      ;; 前进 1 步(离开旧组)
  ]                                           ;;
end                                           ;;
```

- to update-happiness 定义一个名为"update-happiness"的子代码。
- 生成临时变量总人数 total，将在此的海龟总数量存入 total 中。
- 生成临时变量同性人数 same，将此组站点中颜色与我相同的海龟总数量存入 same 中。
- 生成临时变量异性人数 opposite 等于 total-same 的值。
- 令 happy? 等于异性人数 / 总人数小于等于容忍度。
- end 结束"update-happiness"的子代码。
- to leave-if-unhappy 定义一个名为"leave-if-unhappy"的子代码。

- 如果不满足 happy，那么设置方向为 90°或 270°中的一个。前进 1 步。
- end 结束"leave-if-unhappy"的子代码。

---

❶注意

let

let variable value

创建一个新的局部变量并赋值。局部变量仅存在于闭合的命令块中。如果后面要改变该局部变量的值，使用 set。

not

not boolean

如果 boolean 为 false 返回 true，否则返回 false。

代码 8.3.5 所示为派对—产生新组。

代码 8.3.5　派对—产生新组

```
to find - new - groups                    ;; find - new - groups 子代码(产生新组)
  display                                  ;; 刷新显示
  let malcontents turtles with [not member? ;; 创建变量，判断海龟是否属于某个智能体集合
patch - here group - sites]                ;;
  if not any? malcontents [ stop ]         ;; 如果没有不满者，则停止
  ask malcontents [ fd 1 ]                 ;; 不满者，前进 1 步
  find - new - groups                      ;; 重新找组
end                                        ;;
```

- to find-new-groups 定义一个名为"find-new-groups"的子代码。
- display 引起视图立刻更新。
- 生成临时变量 malcontents，将不属于该组站点的海龟存入 malcontents 中。
- 如果已经不存在 malcontents，结束子代码。
- 命令 malcontents 前进 1 步。寻找新组。
- end 结束"find-new-groups"的子代码。

---

❶注意

member?

member? value list

member? string1 string2

member? agentagentset

对列表，如果给定的 value 在列表中则返回 true，否则返回 false。

对字符串，判断 string1 是否是 string2 的子串。

对智能体集合，判断给定的智能体是否在智能体集合之中。

> **any**？
>
> any？ agentset
>
> 如果给定智能体集合非空,返回 true,否则返回 false。
>
> 等价于"count agentset ＞0",但效率更高(也更易读)。
>
> **注意**：nobody 不是一个智能体集合。只能在希望得到单个智能体而不是整个智能体集合的地方得到 nobody(You only get nobody back in situations where you were expecting a single agent,not a whole agentset)。如果将 nobody 作为 any？的输入,会导致错误。

代码 8.3.6 所示为派对—组排布。

代码 8.3.6　派对—组排布

```
to - report group - site?              ;; group - site?报告子过程
                                       ;; 如果你的 pycor 是 0,而你的 pxcor 是一个组的位置,
                                       ;; 那么你就是一个组站台.在这个模型中(0,0)靠近
                                       ;; 右边,所以 pxcor 通常是负的.
                                       ;;
  let group - interval floor           ;; 创建 group - interval 变量,计算组站点之间有多少
(world - width /num - groups)          ;; 个瓦片.
  report                               ;; 报告
    (pycor = 0) and                    ;; 所有的组站点都在 x 轴上
    (pxcor <= 0) and                   ;; 在右侧留了 1 瓦片方便观察
    (pxcor mod group - interval = 0) and ;; 确保组与组之间距离相等
    (floor (( - pxcor) / group - interval) ;; 确保建立组,不多于 num - groups 滑块值
< num - groups)                        ;;
end                                    ;;
```

- to-report group-site? 开始一个名为"group-site?"的报告器子代码。
- 生成一个临时变量 group-interval,该变量的值为小于等于世界宽度除以组数的商最大整数值。
- report 从当前 to-report group-site? 子代码中退出,并返回接下来四行代码作为子代码的结果。
- 组站点的纵坐标都等于 0,保证所有的组站点都在 x 轴上。
- 所有的组站点的横坐标都小于等于 0。在此模型中,世界的 x 坐标是 $[-80,1]$。设置组站点的横坐标小于等于 0,可以在最右侧留下 1 瓦片,便于演示观察。
- 组站点的横坐标能够整除组间隔,确保组与组之间距离相等。
- 建立的组站点数量要小于设置的数组,确保不会建立太多组。
- end 结束"group-site?"的报告器子代码。

❗**注意**

to-report

to-report procedure-name

to-report procedure-name [input1 …]

用来生成一个报告器子代码。

结束当前子代码并返回一个值。

report

report value

立即从当前 to-report 子代码退出，返回 value 作为子代码的结果。report 和 to-report 总是一起使用。

❗**注意**

floor

floor number

返回小于等于 number 的最大整数。

world-width

如图 8.3.1 所示，把瓦片想象成地板上铺的方形瓷砖。在 NetLogo 中，从右到左的瓷砖数称为世界宽度（world-width）。从顶到低的瓷砖数，称为世界高度（world-height）。这些数字由顶、底、左、右边界（top，bottom，left and right）来定义。

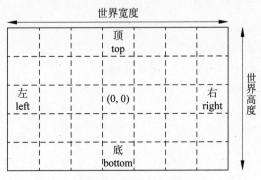

图 8.3.1　瓦片—世界

mod

number1 mod number2

返回 number1 模除 number2：即 number1(mod number2)的余数。与下面的代码等价：

number1-(floor (number1 / number2)) * number2

注意：mod 是中缀运算，在两个输入参数之间。

代码 8.3.7 所示为派对—堆叠。

代码 8.3.7　派对—堆叠

```
to spread－out－vertically            ;; spread－out－vertically 子代码(组垂直展开)
   ifelse woman?                      ;; 是否为女性
      [ set heading 180 ]            ;; 是女性,朝南
      [ set heading 0 ]             ;; 非女性,朝北
   fd 4                              ;; 前进 4 步
   while [any? other turtles－here] [  ;; 是否与其他海龟站在同一瓦片
      if－else can－move? 2 [          ;; 如果前方 2 个瓦片单位内存在瓦片
         fd 1                        ;; 前进 1 步
      ]                             ;;
      [                             ;; 如果组员排到了屏幕的边缘
         set xcor xcor － 1          ;; 向左走一步
         set ycor 0                 ;; 然后开始新的堆叠
         fd 4                       ;; 前进 4 步
      ]                             ;;
   ]                                ;;
end                                 ;;
```

- to spread-out-vertically 开始一个名为"spread-out-vertically"的子代码。
- 如果是女性,那么设置方向为 180°,即正南方。如果不是女性,而是男性,设置方向为 0°,也就是正北方。
- 前进 4 步,是为了与组站点有一定的距离。
- 当有其他的海龟在同一个瓦片上时,执行以下命令。
- 首先判断前方是否有 2 个瓦片的距离,如果有,向前 1 步。如果没有,则说明此时队伍已经排到了世界边缘,设置海龟的横坐标为当前横坐标－1,也就是向西(左)走一步,设置海龟的纵坐标为 0,也就是重新排回第一行,即在原来的队列左边重新再排一行。
- 前进 4 步,与组站点保持距离。
- end 结束"spread-out-vertically"的子代码。

❗注意

while

while [reporter] [commands]

如果 reporter 返回 false,退出循环,否则重复运行 commands。

对不同的智能体,reporter 可能返回不同的值,因此不同智能体运行 commands 的次数可能不同。

turtles-here

< breed >-here

< breeds >-here

返回位于调用者瓦片上的所有海龟组成的智能体集合(如果调用者是海龟,则也包括它)。

如果使用了种类名,则只有该种类的海龟被收集。

can-move?

can-move? distance

如果调用智能体能够沿所面向的方向前进 distance 而不与拓扑冲突,则返回 true,否则返回 false。

它等同于: patch-ahead distance ! = nobody

代码 8.3.8 所示为派对—无聊状态。

代码 8.3.8　派对—无聊

```
to count - boring - groups                ;; count - boring - groups 子代码,统计单一性别组
  ask group - sites [                      ;; 定义智能体集合
    ifelse boring?                         ;; 是否无聊
      [ set plabel - color gray ]          ;; 是无聊,灰色
      [ set plabel - color white ]         ;; 不无聊,白色
  ]                                        ;;
  set boring - groups count group - sites  ;; 无聊组计数
with [plabel - color = gray]               ;;
end                                        ;;
```

- to count-boring-groups 开始一个名为"count-boring-groups"的子代码。这一部分的代码是为了计数。
- 对所有组站点进行命令,如果该组站点具有 boring 属性,则组标签设置为灰色,即单一性别的组的标签为灰色。否则将组标签设置为白色。这样,我们只需要数有多少个灰色的标签,就能知道有多少个全体愉快的组。
- 因此,boring? 条件的判断对单一性别组数的计数十分重要。需要对 boring?这一条件进行设置。

❶注意

plabel

这是一个内置瓦片变量,可能保存任何类型的值。给定的值以文本形式与瓦片附着在一起,显示在视图中。设置该变量来增加、改变、移除瓦片的标签。

所有瓦片变量可以由瓦片上方的海龟直接访问。

plabel-color

这是一个内置瓦片变量,保存一个大于或等于 0 小于 140 的数值。该数值决定了瓦片标签的颜色(如果有标签的话)。设置该变量改变瓦片标签的颜色。

所有瓦片变量可以由瓦片上方的海龟直接访问。

代码 8.3.9 所示为派对—去重。

代码 8.3.9　派对—去重

```
to-report boring?                            ;; boring?报告子过程
  report length remove-duplicates ([color]of   ;; 去除重复项
turtles-here) = 1                            ;;
end                                          ;;
```

- to-report boring? 开始一个名为"boring?"的报告器子代码。
- remove-duplicates 是 NetLogo 的内嵌语法，其后必须跟一个 list。意为对列表去除所有重复项，但每项的第一个位置保留。
- 因此，此处对[color] of turtles-here(即在该瓦片上所有海龟的颜色)这一列表去除重复项，得到的结果只有 blue 和 pink 两种颜色。也就是说，该列表去掉重复项之后最多只有两项。
- length 是列表的长度，length＝1 的意为该列表只能有一项，即该组的海龟只能有一个颜色，也就是此时组达到单一性别，全体成员都处于 happy 状态。
- end 结束"boring?"的报告器子代码。

❗注意

remove-duplicates

remove-duplicates list

对列表去除所有重复项，但每项的第一个位置保留。

length

length list

length string

返回给定列表的项数，或给定字符串的字符数。

代码 8.3.10 所示为派对—更新组。

代码 8.3.10　派对—更新组

```
to update-labels                            ;; 更新组站点的人数计数,子过程
  ask group-sites [ set plabel count turtles-here ]   ;; 定义更新组站点海龟数量
end                                          ;;
```

- to update-labels 定义一个名为"update-labels"的子代码。
- 更新组站点的标签。命令组站点设置瓦片标签为在此的海龟数量。plabel 是一个内置瓦片变量，可以保存任何类型的值，在该模型中显示为在组站点的海龟数量。
- end 结束"update-labels"的子代码定义。

代码 8.3.11 所示为派对—设置性别。

代码 8.3.11　派对—设置性别

```
to choose - sex                        ;; choose - sex,子过程
  set color one - of [pink blue]       ;; 设置性别,pink、blue 各 50％概率
end                                    ;;
                                       ;;
to - report woman?                     ;; woman?报告子过程
  report color = pink                  ;; 报告 pink 值
end                                    ;;
```

- to choose-sex 定义一个名为"choose-sex"的子代码。
- 选择性别是从 pink 和 blue 中各有 5 成概率选择一种。
- end 结束"choose-sex"的子代码定义。
- to-report woman？创建一个名为"woman?"的报告器子代码。
- report 返回颜色为粉色的值。
- end 结束"woman?"的报告器子代码。

以上就是派对模型的全部代码。虽然内容较多,但设计巧妙,逻辑严密,是 NetLogo 模型中十分经典的模型案例。

8.4　模型拓展

1）尝试改变容忍度。是否存在一种临界容忍度,即所有群体最终都是单一性别?

2）在不同的容忍度下,是否每个人变为舒适的时间会变长或变短?

3）改变模型的参数,看看你能得到多少混合性别组(不是单一性别群体)。

4）使用 go once 按钮,尝试设置不同的容忍度。观察一个不快乐的人如何破坏其他组的稳定。

5）有没有可能有一个最初的组,使该派对永远不会达到一个稳定的状态?(即模型从不停止运行。)

6）观察真实的聚会。这个模型描述的是真实的社会环境吗?真正的人通常有什么样的容忍度?

7）除了性别之外,还可以在模型中添加更多属性。尝试一个有两种以上类型的特质,比如种族或宗教(提示：可以使用 NetLogo 的 breed 语句来实现这一点)。

8.5　模型应用

派对模型在社会学中有很多具体的应用,它的本质就是根据某一类特征将对象分类,如图 8.5.1 所示。

该模型应用到社会系统中,可以是社会系统的层次划分;应用到城市规划政策中,可以是商业偏好、住宅偏好、交通偏好、选择偏好等,从而规划出合理的城市功能区域。该模

型应用到多智能体仿真训练中，可以是种族、职业、爱好等，从而预判出具体的人口区域聚集模式。该模型应用到人才管理中，可以是性格、特长、办事风格、能力等，从而进行合理分工与团队协作。派对模型的应用还有很多，读者也可以发挥自己的想象力，扩展它的应用空间。

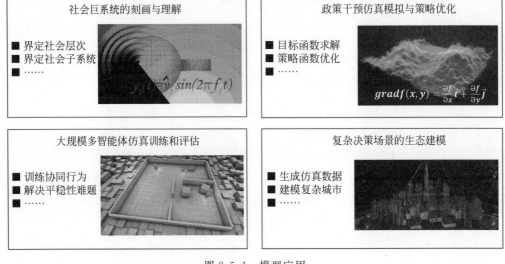

图 8.5.1　模型应用

CHAPTER 9
第9章

狼吃羊模型（Sheep and Wolves Model）

狼吃羊模型

9.1 狼吃羊模型简介

狼吃羊模型是一个非常简单的生态学模型，不仅可以用在生态学上，也可以引申到人类的竞争与合作中，应用范围非常广，并且该代码相对来说简易全面，适合初学者入门学习使用。狼吃羊模型有很多变种，不同的人添加了不同的参数，构成了不同的代码，这次讲的就是比较基础的模型。

狼吃羊模型探讨的是捕食者—猎物生态系统的稳定性，如果这种系统所涉及的一个或多个物种灭绝，那称其为不稳定系统；相反，即使人口波动，如果系统倾向于随着时间推移保持自身的状态，则该系统是稳定的。其基本运行原理如下：

1）在绵羊和狼版本中，狼和绵羊随机在世界中游荡，而狼则在寻找绵羊作为猎物，每一步都消耗了狼的能量，并且它们必须吃掉绵羊来补充能量，当它们的能量耗尽时，它们就会死亡。

2）为了使种群继续繁殖，每只狼或绵羊在每个时间步都有繁殖的固定概率。

3）在此模型中我们将草建模为无穷大，绵羊总是有足够的食物来食用。而我们没有明确地模拟草的被采食或生长，因此绵羊不会因禁食或移动而获得或失去能量。

4）这种变化会产生有趣的种群动态，但最终这种种群的动态是不稳定的。在第 1 个变体中，大家可以发现还是有很多地方存在一定人工操作的色彩，在第 2 个模型中，我们就会进一步弥补第 1 个的缺陷。

第 2 种变体是"绵羊—狼—草"版本，除狼和羊以外，还模拟了草的存在。狼的行为与第 1 个变体相同，但是这一次绵羊必须吃草才能维持能量，当它们耗尽能量时同样会死亡，并且一旦吃完草，草只会在固定时间后重新生长，这种变化比第 1 种更复杂，但通常是稳定的，它与经典的人口震荡模型更接近。一般在小型种群中，模型都会低估了灭绝的风险，而基于多智能体的模型则提供了更为现实的结果。

其模型初始页面如图 9.1.1 所示。

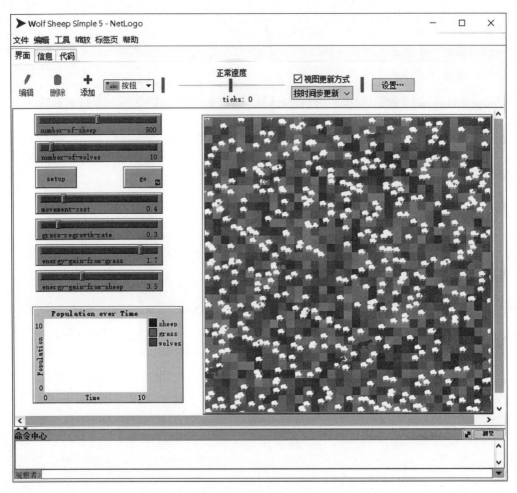

图 9.1.1　狼吃羊—界面

9.2　狼吃羊模型源码讲解

狼吃羊模型可以拆分为五个模型,这五个模型源码复杂程度依次递进,从最初创建草地、羊的行走,到狼的创建、狼羊进食、繁殖和生存等,每个模型都是在前一个模型的基础上进行修改和增加。

1. 草地与羊群的设置

如图 9.2.1 所示,第 1 个模型相对来说比较简单,目标就是制造草地,设置草地的颜色,创建羊群,设置羊群的颜色与形状,以及让羊群动起来,能完成到这一步,就算构建完成。希望大家在看书的时候,同时要自己实践一下,亲手敲一下代码,写一下模型,理解NetLogo 的优美。

1) 全局变量的设置

见代码 9.2.1,breed 命令。通过 breed 我们定义了一个物种——羊。注意 breed 的

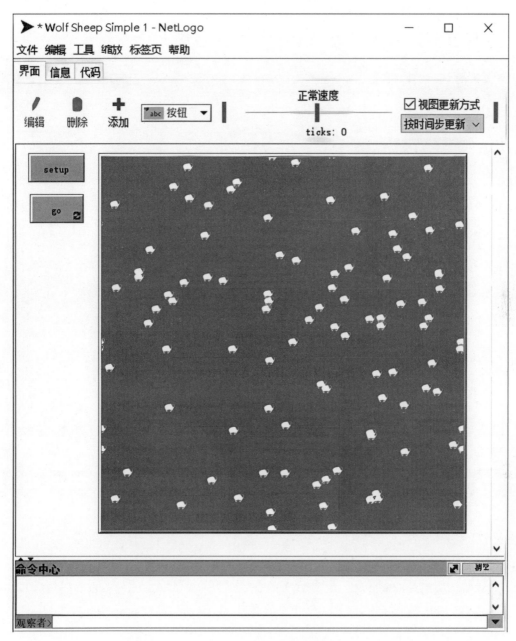

图 9.2.1　狼吃羊—模型 1

写法,方框里面通常有两个代码,两个都是物种,第 1 个是物种的复数形式,后面一个是
物种的单数形式。具体如何区分,前面的一个可以加 s 或 es,后面的写为原形,或者说
后面加个 a 都可以,非常灵活,大家自己去尝试一下。注意一点,这个单复数的形式是
代码中人为定义的,不一定非得要遵循现实中的语法规则,但根据编写规则要求,写出
来的代码尽量通俗易懂,能让创造者和阅读者清晰地理解代码,所以能够遵循英文语法
是最好的。

代码 9.2.1　狼吃羊—模型 1

```
breed [sheep a - sheep]                        ;; 定义物种,sheep、a - sheep
                                               ;;
to setup                                       ;; setup 子代码
  clear - all                                  ;; 清除所有瓦片和海龟
  ask patches [                                ;; 定义瓦片
    set pcolor green                           ;; 设置为绿色
  ]                                            ;;
                                               ;;
  create - sheep 100 [                         ;; 建立 100 只羊
    setxy random - xcor random - ycor          ;; 随机坐标
    set color white                            ;; 设置为白色
    set shape "sheep"                          ;; 设置形状为羊
  ]                                            ;;
  reset - ticks                                ;; 重置计时器
end                                            ;;
                                               ;;
to go                                          ;; go,子代码
  ask sheep [                                  ;; 定义 sheep
    wiggle                                     ;; 摆动
    move                                       ;; 移动
  ]                                            ;;
  tick                                         ;; 计时
end                                            ;;
                                               ;;
to wiggle                                      ;; wiggle 子代码
  right random 90                              ;; 右转随机 0~90°
  left random 90                               ;; 左转随机 0~90°
end                                            ;;
                                               ;;
to move                                        ;; move 子代码
  forward 1                                    ;; 前进 1 步
end                                            ;;
```

2) setup,封闭命令块

• setup,用来设置世界。

• clear-all,清除所有,每写一个代码的时候,我们一定要在 setup 中先设置 clear-all,否则的话它会延续上一次留下来的设置,模型会出现 bug。

• ask patches [set pcolor green],该命令的作用是创建草地,设置草地的颜色为绿色。可以将这个世界的所有瓦片理解为现实中草地,设置瓦片的颜色为绿色,就可以更形象地模拟草地。

• create-sheep 100[commands],create-sheep,创造 100 只羊。代码的写法是 create 加一个横杠,再加之前定义物种的复数。在前文中就创造了 sheep 这个物种,所以这里就写成 create-sheep,然后加上方框,方框中间的命令是我们对 sheep 的设置。

• setxy random-xcor random-ycor,设置坐标随机。正常设置颜色和设置形状都是

直接用 set，但是在设置海龟的坐标时，使用的是 setxy，后面跟两个数值分别是 x 坐标和 y 坐标，在这个代码中，写成了 random-xcor 和 random-ycor，即随机 x 坐标和随机 y 坐标。

- set color white。接下来是设置羊的颜色为白色，NetLogo 的颜色表示方式有两种，第 1 种直接标注想要颜色，比如白色就可以写成 white；第 2 种用 0～140 的数字来表示。图 9.2.2 表示 NetLogo 可用颜色的范围。从这张图中我们可以看到有些颜色是有名字的，可以在代码中直接使用，除了 blace 和 white 外，有名的颜色末位数是 5，它们的两侧是同一种色系，或深或更浅，零是纯黑，9.9 是纯白。

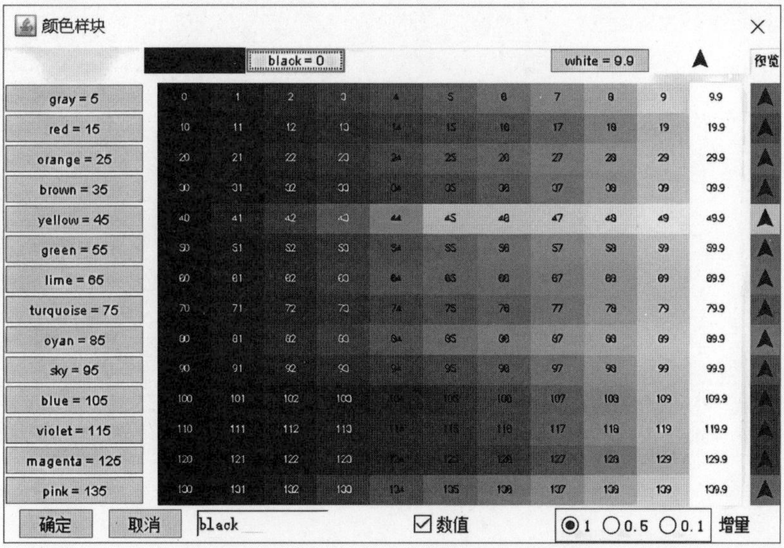

图 9.2.2　狼吃羊—颜色样块

- set shape "sheep"，是设置形状为羊。写代码的时候需要注意，形状的代码要加英文双引号，如果不加系统会显示报错。最后是 reset-ticks，重置计数器。

3）go 封闭命令块

- ask sheep [wiggle move]，要求海龟执行某个动作（commands），动作前后需要加 "[]"。
- wiggle move，转向前进。wiggle，即转向，为函数命令，在 go 命令块后是 wiggle 的源码，也是一个封闭命令块。具体的要求是 right random 90 和 left random 90。该命令是随机转向的命令，即左转随机 0～90 之内的一个度数，右转随机 0～90 之内的一个度数，所以接受命令的智能体（agents）的移动方向完全是随机的。
- 其后为 forward 1，前进一步。

这个就是模型 1 的代码，模型 1 相对来说比较简单，只有草地、羊和羊的移动，这就是狼吃羊模型第 1 节的内容。

2. 能量与消耗

接下来进行狼吃羊模型第 2 部分的设置。相比第 1 部分，在第 2 部分中，模型将为羊赋予能量，并且使羊在行走中消耗能量，如果能量耗尽，它们就将死亡。图9.2.3为狼吃羊模型第2部分界面图，代码9.2.2展示了狼吃羊模型第2部分源码，该部分只讲新增代码的作用。

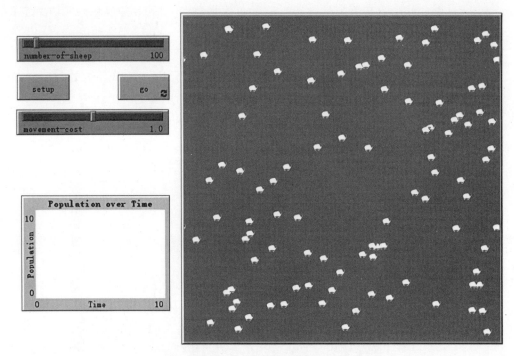

图 9.2.3　狼吃羊—模型 2

代码 9.2.2　狼吃羊—模型 2

```
breed [ sheep a - sheep ]                    ;; 定义物种,sheep、a - sheep
sheep - own [ energy ]                       ;; sheep 变量,energy
                                             ;;
to setup                                     ;; setup 子代码
  clear - all                                ;; 清除所有瓦片和海龟
  ask patches [                              ;; 定义瓦片
    set pcolor green                         ;; 设置为绿色
  ]                                          ;;
    create - sheep number - of - sheep [     ;; 建立 number - of - sheep 滑块数量只羊
      setxy random - xcor random - ycor      ;; 随机坐标
      set color white                        ;; 设置为白色
      set shape "sheep"                      ;; 设置形状为羊
      set energy 100                         ;; 设置能量 100
  ]                                          ;;
  reset - ticks                              ;; 重置计时器
end                                          ;;
                                             ;;
to go                                        ;; go 子代码
  if not any? sheep [stop]                   ;; 如果没有羊,则停止
  ask sheep [                                ;; 定义羊
```

```
      wiggle                              ;; 摇摆
      move                                ;; 移动
      check - if - dead                   ;; 检查是否死亡
  ]                                       ;;
  tick                                    ;; 计时
  my - update - plots                     ;; 自定义画笔
end                                       ;;
                                          ;;
to check - if - dead                      ;; check - if - dead 子代码,检查是否死亡
  if energy < 0 [                         ;; 如果能量小于 0
    die                                   ;; 死
  ]                                       ;;
end                                       ;;
                                          ;;
to my - update - plots                    ;; my - update - plots 子代码
  plot count sheep                        ;; 绘制总数
end                                       ;;
                                          ;;
to wiggle                                 ;; wiggle 子代码
  rt random 90                            ;; 随机右转 0~90°
  lt random 90                            ;; 随机左转 0~90°
end                                       ;;
                                          ;;
to move                                   ;; move 子代码
  forward 1                               ;; 前进一步
  set energy energy - movement - cost     ;; 能量 = 当前能量 - 移动消耗
end                                       ;;
```

- sheep own [energy],该代码为羊赋予了能量的属性,羊在进食、行走和繁殖时,均有能量的输入或者输出。

- create-sheep number-of-sheep [commands],创建"number of sheep"数量的羊。number of sheep 是界面中创建的滑块,设置不同的滑块数值,可以控制 setup 中羊群的数量。将原本固定的数值设置为滑块,当需要改变羊群数量时,不再需要去修改原始代码,只需要拖动滑块即可。滑块的创立,使得模型运行时更加灵活。并且在创造羊的时候,我们把它们的能量都设置为了 100。

- check-if-dead 是在 go 命令中增加了一个新的函数命令,检查羊是否死亡,在其后的 to check-if-dead 封闭命令块中,定义了检查羊群具体代码。使用 if energy<0[die],即设置条件如果羊的能量小于 0,那么这只羊就死亡。die 在 NetLogo 是一个很特殊的用法,一旦执行 die 的命令,所执行命令的海龟就会完全消失。

- 并且我们还进行了画笔的更新,用 my-update-plot 定义自己的画笔,在前面的课程中,我们已经讲过类似代码的用法,这里就不再赘述。

- 最后在移动中又加了一个命令,设置执行命令的海龟能量 energy 为 energy 减 movement cost,这句代码的意思是设置海龟的当前能量,为此前迭代中的能量减去移动所消耗的能量。在界面中定义 movement-cost 为一个滑块,如果设置其数值为 1,那么模型中的羊总能量为 100,每走一步就会消耗 1 点能量,能量消耗完就会死亡。

如果设定好初始界面和所有代码，那么模型跑动效果如下。

先点击 setup，界面中多了一群羊，然后执行 go 的命令。第 101 个 tick 的时候，所有的羊完全消失，模型停止运作。这是因为所有的羊消耗完了它们的能量，所以所有的羊都会死亡，完全消失。相比模型 1，模型 2 中我们增加了羊的能量以及它们的死亡条件。但是这个模型还不成熟，所有的羊跑到 101 个 tick 时都会死亡，它们不能摄入能量，就不能维持自身的输入和输出端的平衡。

3. 草赋予能量

在第 3 个模型中，进一步设置草的属性，给草赋予能量。羊通过行走就可以吃到草，这样的话就可以维持羊自身能量的输入和输出的平衡。本部分也只是讲解新增代码。其初始界面如图 9.2.4、代码 9.2.3 所示。

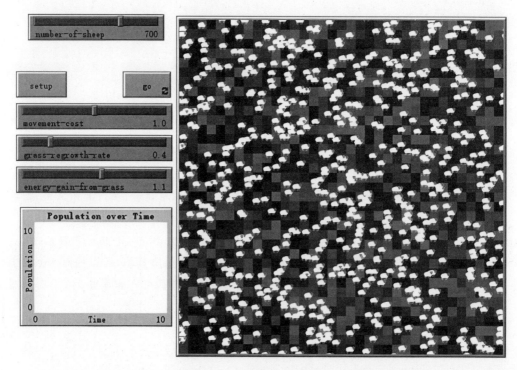

图 9.2.4　狼吃羊—模型 3

代码 9.2.3　狼吃羊—模型 3

```
breed [sheep a - sheep]                    ;; 定义物种,sheep、a - sheep
sheep - own [ energy ]                      ;; sheep 变量,energy
patches - own [ grass - amount ]            ;; 瓦片变量,grass - amount
                                            ;;
to setup                                    ;; setup 子代码
  clear - all                               ;; 清除所有瓦片和海龟
  ask patches [                             ;; 定义瓦片
```

```
    set grass - amount random - float 10.0          ;; 设置草总能量为随机的 0~10
    set pcolor scale - color green grass - amount 0 20;; 设置为绿色,能量越高越亮 0~20
  ]                                                 ;;
  create - sheep number - of - sheep [              ;; 建立 number - of - sheep 滑块数量只羊
    setxy random - xcor random - ycor               ;; 随机坐标
    set color white                                 ;; 设置为白色
    set shape "sheep"                               ;; 设置形状为羊
    set energy 100                                  ;; 设置能量 100
  ]                                                 ;;
  reset - ticks                                     ;; 重置计时器
end                                                 ;;
                                                    ;;
to go                                               ;; go 子代码
  if not any? sheep [stop]                          ;; 如果没有羊,则停止
  ask sheep [                                       ;; 定义羊
    wiggle                                          ;; 摇摆
    move                                            ;; 移动
    check - if - dead                               ;; 检查是否死亡
    eat                                             ;; 吃
  ]                                                 ;;
  regrow - grass                                    ;; 草再生
  tick                                              ;; 计时
  my - update - plots                               ;; 自定义画笔
end                                                 ;;
                                                    ;;
to recolor - grass                                  ;; 草染色,子代码
  set pcolor scale - color green grass - amount 0 20 ;; 设置为绿色,能量越高越亮 0~20
end                                                 ;;
                                                    ;;
to regrow - grass                                   ;; 草再生,子代码
  ask patches [                                     ;; 定义瓦片
    set grass - amount grass -                      ;; 设置草能量 = 草能量 + grass - regrowth - rate
amount + grass - regrowth - rate                    ;;(滑块,生长率)
    if grass - amount > 10 [                        ;; 如果草能量大于 10
      set grass - amount 10                         ;; 设置草能量等于 10
    ]                                               ;;
    recolor - grass                                 ;; 草染色
  ]                                                 ;;
end                                                 ;;
                                                    ;;
to eat                                              ;; 吃,子代码
  if ( grass - amount > = energy - gain - from - grass ) [;; 如果草能量大于 grass - regrowth - rate
                                                    ;;(滑块,生长率)
  set energy energy + energy - gain - from - grass  ;; 设置,能量 = 能量 + energy - gain - from - grass
                                                    ;;(滑块,生长率)
    set grass - amount grass - amount - energy -    ;; 设置,草能量 = 草能量 - 从草中获得能量
gain - from - grass                                 ;;
    recolor - grass                                 ;; 草染色
  ]                                                 ;;
end                                                 ;;
```

```
                                            ;;
to check – if – dead                        ;; check – if – dead 子代码,检查是否死亡
  if energy < 0 [                           ;; 如果能量小于 0
    die                                     ;; 死
  ]                                         ;;
end                                         ;;
                                            ;;
to my – update – plots                      ;; my – update – plots 子代码
  plot count sheep                          ;; 绘制总数
end                                         ;;
                                            ;;
to wiggle                                   ;; wiggle 子代码
  rt random 90                              ;; 随机右转 0~90°
  lt random 90                              ;; 随机左转 0~90°
end                                         ;;
                                            ;;
to move                                     ;; move 子代码
  forward 1                                 ;; 前进一步
  set energy energy – movement – cost       ;; 能量 = 当前能量 – 移动消耗
end                                         ;;
```

- patches-own [grass-amount]。首先,可以看到模型中为瓦片赋予一种属性, grass-amount。

- set grass-amount random-float 10.0。在世界设置中增加了一行代码,设置每个 瓦片草的总能量为 0~10 中的随机一个数字,有可能是 5.5,也有可能是 6。

- 在 go 中我们新增了一个命令 eat,命令羊吃草。to eat 是一个封闭代码块。其后 为 eat 的代码。这里是一个 if 语句,如果 grass-amount > energy-gain-from-grass, 草的总能量大于羊从草中获得的能量,就执行下面的动作。energy-gain-from-grass,是我们设置的一个滑块,是羊从草中获得能量的数值。例如,在这里定义 滑块的数值为 1.1。意为如果当前瓦片中所存余的草的能量能够为羊所获得, 执行下方的动作。如果 grass-amount 太小的话,说明这边的草已经被吃干净 了,那么羊就换下个地方继续吃草。如果 gras-amount 数值够大,那么就设置羊 当前的能量为上一次迭代时的能量加上这次从草中获得的能量。同时设置草 的总能量为上一次迭代时的总量再减去羊从草中获得的能量。其实思路很简 单,羊每到一个地方,假如这里的草还够它吃,那么它就执行吃草的命令。根据 能量守恒定理,羊从草中获得了一定能量,那么草就会减少一定能量。最后 recolor-grass。

- recolor-grass。recolor-grass 代码在 to eat 封闭命令块中自身也是一个封闭命令 块。scale-color 意思是设置瓦片的颜色为下面的数值。scale-color 的作用就是将 数值转化为颜色。

> ！**注意**
>
> **scale-color color number range1 range2**
>
> 　　返回明暗与 number 成正比的颜色。如果 range1 < range2，number 越大，颜色越亮。如果 range > range2，则相反。如果 number < range1，则为最暗的颜色。如果 number > range1，则为最亮的颜色。
>
> 　　**注意**：对明暗无关的颜色，例如 green and green ＋ 2 一样，使用同样的色谱。一句话总结，scale-color 能够根据数值的不同产生某一颜色的渐变效果。由于 0 小于 20，那么草的总能量越高，它的颜色越亮，能量越低，草的颜色越暗。所以，草的颜色就可以反映其蕴含能量的高低程度。

　　regrow-grass，草的生长。在该命令中，我们要求瓦片按照一定的速率增加它的总能量，grass-regrowth-rate 是我们设置的一个滑块，定义为草的生长速率，每次迭代的生长速度。如果该瓦片上草的总能量大于 10 的话，就设置它的总能量为 10。因此我们就赋予了草重新生长的属性，且草的总能量最高为 10。然后 recolor grass 对草进行重新染色。其他代码没有任何改动，这次我们就给草加上了能量的属性，并且羊在移动中可以吃草获得能量。

　　在模型模拟跑动中，草地的颜色有深有浅，可以发现此时超过 100 个 ticks 后，羊群不会突然全部死亡了。说明已经给草赋予了能量，并且羊可以通过吃草来维持自己的生命。

4. 赋予羊繁殖的属性

　　狼吃羊模型第 4 部分，为羊赋予繁殖的属性。其界面图为图 9.2.5，见代码 9.2.4。

代码 9.2.4　狼吃羊—模型 4

```
to go                              ;; go 子代码
  if not any? sheep [ stop ]       ;; 如果没有羊,则停止
  ask sheep [                      ;; 定义羊
    wiggle                         ;; 摇摆
    move                           ;; 移动
    check - if - dead              ;; 检查是否死亡
    eat                            ;; 吃
    reproduce                      ;; 复制(繁殖)
  ]                                ;;
  regrow - grass                   ;; 草再生
  tick                             ;; 计时
  my - update - plots              ;; 自定义画笔
end                                ;;
                                   ;;
to reproduce                       ;; 复制(繁殖)子代码
  if energy > 200 [                ;; 如果能量大于 200
    set energy energy - 100        ;; 当前能量减 100
hatch 1 [ set energy 100 ]         ;; 繁殖 1,设定能量为 100
  ]                                ;;
end                                ;;
```

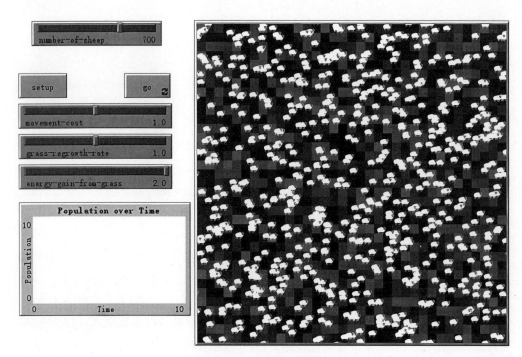

图 9.2.5　狼吃羊—模型 4

在 go 中的 ask sheep 增加了一行代码 reproduce,要求如果某只羊的能量大于 200,那么它就会产生一只新的小羊,它自身会减少 100 能量,并且新的小羊的能量是 100。代码同样是一个 if 语句,然后对能量进行设置。这里有一个新的代码叫 hatch。在种族隔离模型中,有个类似产生物种的代码叫 sprout,这个代码命令的对象是瓦片,在瓦片上产生某个生物。hatch 的命令对象则是海龟,要求本海龟创建 number 个新海龟。每个新海龟与母体相同,处在同一个位置。然后新海龟运行命令 commands。可以使用 commands 给新海龟不同的颜色、方向、位置等任何东西。新海龟同时创建,然后以随机顺序每次运行一个。如果使用 hatch-< breeds >形式,则新海龟是给定种类的成员。否则,新海龟与母体种类相同。

5. 狼的诞生

最后,我们再给这个模型增加狼,界面见图 9.2.6、代码 9.2.5。

代码 9.2.5　狼吃羊—模型 5

```
breed [sheep a - sheep]                        ;; 定义物种,sheep、a - sheep
breed [wolves wolf]                            ;; 定义物种,wolves wolf
turtles - own [ energy ]                       ;; 海龟变量,energy
patches - own [ grass - amount ]               ;; 瓦片变量,grass - amount
                                               ;;
to setup                                       ;; setup 子代码
  clear - all                                  ;; 清除所有瓦片和海龟
  ask patches [                                ;; 定义瓦片
    set grass - amount random - float 10.0     ;; 设置草总能量为随机的 0～10
```

```
      recolor - grass                    ;; 设置为绿色,能量越高越亮 0～20
    ]                                     ;;
    create - sheep number - of - sheep [  ;; 建立 number - of - sheep 滑块数量只羊
      setxy random - xcor random - ycor   ;; 随机坐标
      set color white                     ;; 设置为白色
      set shape "sheep"                   ;; 设置形状为羊
      set energy 100                      ;; 设置能量 100
    ]                                     ;;
    create - wolves number - of - wolves [ ;; 建立 number - of - sheep 滑块数量只狼
      setxy random - xcor random - ycor   ;; 随机坐标
      set color brown                     ;; 设置为褐色
      set shape "wolf"                    ;; 设置形状为狼
      set size 2                          ;; 设置大小为 2
      set energy 100                      ;; 设置能量 100
    ]                                     ;;
    reset - ticks                         ;; 重置计时器
end                                       ;;
```

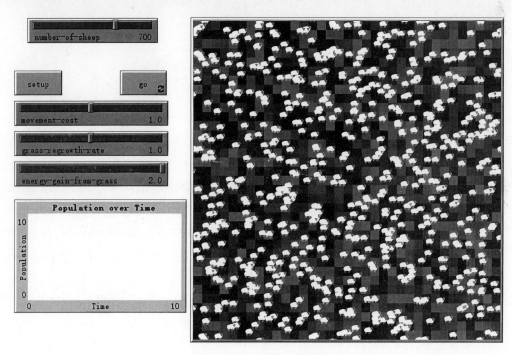

图 9.2.6　狼吃羊—模型 5

- breed [wolves wolf],和创造羊一样,breed 一个新的物种狼。注意单复数形式。
- create-wolves number-of-wolves[commands],和创造羊一样,创造一定数量的狼, 设置它们的坐标随机,颜色为棕色,形状为狼,尺寸大小为 2,能量为 100。
- 见代码 9.2.6,to eat-sheep 封闭命令块。eat 代码和之前是存在区别的。这里的 eat 用了一个 ifelse 语句,如果是羊的话就执行吃草的动作,如果是狼的话,就执 行吃羊的动作。这里运用的是一个 ifelse 语句,后面的条件返回 true 的话,就执 行第 1 个命令,返回 false 就执行第 2 个命令。吃草的命令前文中已经讲过了。

新增吃羊的命令"if any? sheep-here"表明，如果在同一个瓦片上存在任何的羊，那么就执行下面的动作。"if any?"是如果存在某个物体，any 需要加问号，否则系统会报错。sheep-here 是指在同一个瓦片上的羊。某个海龟加连接符再加here，指在一个瓦片上的物种。如果同一个瓦片有羊的话，那么就会生成一个目标为其中一只在此处的羊。let 是生成一个局部变量，和 global 中定义的全局变量有点相似，但是 global 中定义的变量在整个模型中的任何地方都可以使用，而 let 产生的局部变量仅在当前的闭合命令块中使用。所以 let 代码产生的 target 只能在这个闭合的命令块中使用，其他地方就不能再使用 target 这个局部变量。

代码 9.2.6　狼吃羊—模型 5

```
to eat                                         ;; eat 子代码,吃
  ifelse breed = sheep                         ;; 判断是羊还是狼
  [eat - grass]                                ;; 羊,吃草
  [eat - sheep]                                ;; 狼,吃羊
end                                            ;;
                                               ;;
to eat - sheep                                 ;; eat - sheep 子代码,吃羊
  if any? sheep - here [                       ;; 如果存在羊
    let target one - of sheep - here           ;; 设置目标为当前羊
    ask target [                               ;; 定义目标
      die                                      ;; 死
    ]                                          ;;
    set energy energy + energy - gain - from - sheep  ;; 设置当前能量增加
  ]                                            ;;
end                                            ;;
```

- let target one-of sheep-here,定义目标为其中一只羊,并且要求目标死亡,同时设置狼的总能量为上一次迭代中的能量加上这次从羊中获得的能量。即,如果狼在任何一个瓦片上碰到了羊,它就会把羊吃掉,并且能量增加。"energy gain from sheep",也是界面中定义的一个瓦片,其数值为 3.5。

至此,狼吃羊模型已经全部完善。羊被赋予了颜色、形状、坐标、能量,羊能够移动、繁殖和吃草; 同样,我们也为狼赋予了颜色、形状、坐标、能量。

完成界面和代码,运行模型,可以发现由狼—羊—草构成的生态系统呈现一种稳态。改变羊群数量或者狼群数量,均会对这种稳态产生影响,其产生影响的临界点可称为相变点,NetLogo 仿真建模的研究重点之一,就是探究使模型产生相变的阈值。

9.3　模型应用

狼吃羊模型能够模拟生态学现象,帮助我们探索某些规律。也可以模拟一些社会现象,比如说,吕鹏教授在狼吃羊模型中增加了虎的物种,用虎—狼—羊模型模拟王朝周期变更,如图 9.3.1 所示。

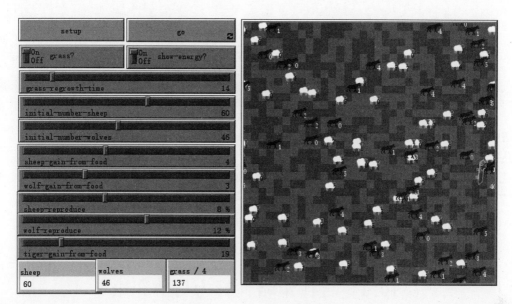

图 9.3.1　虎—狼—羊模型

　　下一章要讲的是合作模型,也是基于狼吃羊模型进行改进而诞生的一种模型,模拟的是不同人群行为给群体带来的效果。此外,狼吃羊模型在经济学、生物学、社会学、管理学等领域均可以应用。

CHAPTER 10
第10章

合作模型（Cooperation Model）

合作行为

上一章节我们学习了狼吃羊模型，这一章节我们学习狼吃羊模型的一个进阶模型——合作模型。

10.1　合作策略性行为与博弈论

1. 合作策略性行为简介

合作策略性行为是指厂商旨在协调本行业各家厂商行动和限制竞争而采取的一些行为。主要有默契合作策略性行为和明确合作策略性行为两种形式。但它往往是不稳定的，特别是明确合作策略性行为。由于价格、成本或需求信息的不完全性，厂商有动力使用这种信息以产生对自己更为有利的结果；产品的异质性使得合作变得复杂起来，使协议完全性变得更加困难；成本的非对称性和关于合作后利润的分配也会使谈判的过程将会充满困难，增加了违约风险；此外，厂商偏好的非对称性、创新、不确定性均会使厂商对于未来的需求或成本的预期难以统一，从而加大了违约的可能性。

2. 博弈论简介

合作行为与非合作行为往往与博弈论一起进行讨论。

博弈论（Game Theory）是指研究多个个体或团队之间在特定条件制约下的对局中，利用相关方的策略而实施对应策略的学科。有时也称为对策论，或者赛局理论，是研究具有斗争或竞争性质现象的理论和方法。它是应用数学的一个分支，既是现代数学的一个新分支，也是运筹学的一个重要学科。目前，在生物学、经济学、国际关系学、计算机科学、政治学、军事战略和其他很多学科都有广泛的应用，主要研究公式化的激励结构、游戏或者博弈游戏间的相互作用。

博弈论考虑博弈中的个体预测行为和实际行为，并研究它们的优化策略。表面上，不同的相互作用可能表现出相似的激励结构（incentive structure），所以它们是同一个游戏的特例。其中一个著名的应用例子是囚徒困境悖论（Prisoner's dilemma）。

具有竞争或对抗性质的行为称为博弈行为。在这类行为中，参加斗争或竞争的各方各自具有不同的目标或利益。为了达到各自的目标和利益，各方必须考虑对手各种可能的行动方案，并力图选取对自己最为有利或最为合理的方案。比如，日常生活中的下棋、打牌等。博弈论就是研究博弈行为中斗争各方是否存在着最合理的行为方案，以及如何找到这个合理的行为方案的数学理论和方法。

10.2　合作模型简介

合作模型是一种进化生物学模型，现实中物种对自然资源的争夺，体现在模型中就是牛吃草。这个模型就是狼吃羊模型的一个进阶版。在草上哪种牛繁殖的频率越高，在进化上也越成功。该模型包括两种牛——贪婪的牛和合作的牛。它显示了这两种不同的策略，以及随着时间演变群体相互竞争时的表现。

该模型每迭代一次，每头牛都会移动到一个新的瓦片上，并吃掉该地方的草。贪婪的牛在吃草时，是不会管当前瓦片上草的长度如何的。合作的牛则不会过度吃草，以免草无法正常生长。此行为非常重要，因为在一定生长阈值之下，草的生长速度会非常缓慢，甚至死亡。在一定阈值之上的草的生长速度就比较快，这样的话，整个环境可以持续发展。因此，合作行为能为整体人口留下来更多的食物。当然在一定程度上，这会牺牲个人的福祉。贪婪的牛会把草全部吃完，只管自己吃饱，而不管对整个群体的影响如何。

10.3　模型界面设置与模拟

1. 模型界面设置解读

图 10.3.1 为模型初始设置界面，基本界面中有许多的滑块、图形和监视器。图 10.3.2 为模型迭代 500 次之后的跑动效果图。

模型的设置分为两大部分，第一部分是基础设置，第二部分是进阶设置。

基础部分是牛羊的一些基本属性，比如智能体的数量、代谢值、合作概率等，基础属性的改变能够在模型看到直观的影响效果，如滑块 initial-cows 的改变。

而进阶设置，则是相对于基础属性更加细微的设置，如草的高概率生长和低概率生长的值，其数值改变的影响不会直接体现在模型中，但多次迭代后，对于合作行为和非合作行为的影响依然十分重要。因此，对进阶数值的探究与分析，亦是本模型值得关注的内容。

基础设置包括 6 个滑块：

1) initial-cows（生成牛群的初始数量）。这个数量是合作的牛和竞争的牛加起来的总数量。

2) stride-length（步幅），是每只牛移动的距离。我们在狼吃羊模型中定义每个海龟移动的距离为 1，在这个模型中我们将移动距离定义为一个滑条。

3) cooperative-probability（合作的概率）。我们创造了一个牛群总量的滑块，并且给每只牛赋予合作概率的属性。举个例子，假如这个概率较大，比如是 0.6，那么每只牛都有 60% 的概率成为合作的牛，另外的 40% 则为不合作的牛。

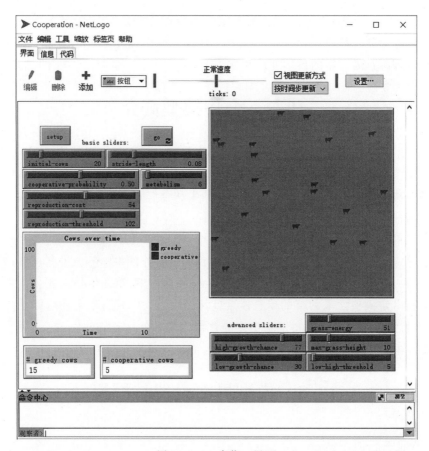

图 10.3.1 合作—界面

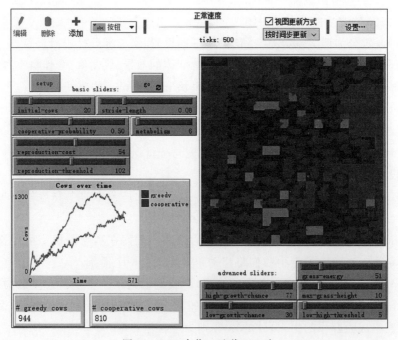

图 10.3.2 合作—迭代 500 次

4）metabolism（新陈代谢）。在狼吃羊模型中，我们定义狼和羊移动消耗的能量为一个滑块 move-cost，在这个模型，我们定义它为新陈代谢这个滑块。

5）滑块 reproduction-cost（繁衍消耗）是牛进行繁殖时所消耗的能量。在狼吃羊模型中，我们定义繁殖消耗能量为 100。在这里，我们定义它为一个滑块，那具体的数值，就看我们定义的滑块数值。

6）reproduction-threshold（繁殖阈值）。物种的能量如果高于阈值，该物种就执行繁殖行为。

接下来是进阶设置。

7）grass-energy，牛吃草时获得的单位能量。

8）low-high-threshold，最低高度阈值，这相当于一个分界线，如果草的能量高于这个阈值，那么草就以较高的概率去生长，而且生长得比较快。那如果草的能量低于这个值，草就以低概率生长，草生长得相对来说就比较慢。

9）low-growth-chance，较低生长的概率。

10）high-growth-chance，较高生长的概率。很明显，第 10 个滑块数值肯定是要大于第 9 个滑块的。而且既然是概率，就是 0~100 的其中一个数值。如图 10.3.1 所示，我们可以发现高概率的值是 77%，而低生长概率则是 30%，这就意味着如果草高于生长阈值，那么草就会在每次迭代中有 77% 的概率生长一定长度，如果低于这个生长阈值，那么草就会在每次迭代中以 30% 的概率生长一定长度。

11）滑块是草的最高高度，在狼吃羊模型中，我们定义草的最高高度为 10，在此模型中我们定义草的最高高度为一个滑块，默认数值也是 10。

这些变量在模型中可以分类为因变量、自变量和控制变量。熟悉定量分析的同学肯定对这几个类别比较熟悉。大家可以看到，因变量就是合作者的总量和争夺者的总量。自变量就是流动幅度、资源胜任力、胜任力代谢、晋升成本。控制变量也有 4 个，分别是繁殖阈值、资源再生阈值、资源最大值和合作概率。

属性设置解读如表 10.3.1 所示。

表 10.3.1　各属性设置解读

序　号	属性设置	解　析
1	initial-cows	牛群的初始数量
2	stride-length	流动幅度/步幅
3	cooperative-probability	合作概率
4	metabolism	新陈代谢
5	reproduction-cost	进行繁殖时消耗的能量
6	reproduction-threshold	繁殖阈值
7	grass-energy	单位摄入能量
8	low-high-threshold	最低高度阈值
9	low-growth-chance	草以较低的概率生长值
10	high-growth-chance	草以较高的概率生长值
11	max-grass-height	草的最高高度

2. 模型代码解读

1) 全局变量设置。如代码 10.3.1 所示，每个模型的第一部分设置都是全局变量，只有定义了全局变量，才能执行接下来的操作。

代码 10.3.1　合作—全局变量

```
turtles－own energy            ;; 即海龟拥有能量属性
patches－own grass             ;; 瓦片拥有草的属性
breed cooperative－cows        ;; 产生了合作的牛
breed greedy－cow              ;; 产生了贪婪的牛
```

2) setup 代码部分，见代码 10.3.2。

代码 10.3.2　合作—代码 1

```
to setup                      ;; setup 子代码
  clear－all                   ;; 清除所有瓦片和海龟
  setup－cows                  ;; 设置牛
  ask patches [               ;; 定义瓦片
    set grass max－grass－height ;; 设置草最大高度
    color－grass               ;; 颜色绿色
  ]                           ;;
  reset－ticks                 ;; 重置计时器
end                           ;;
```

- 首先是 clear-all，清除所有。
- setup-cows，进行牛的初始设置。setup-cows 为黑色代码，执行的是一个函数命令，其源码具体内容在 to set-cows 封闭命令块中。
- ask patches 这个代码对瓦片进行设置。瓦片已经被赋予了草的属性，此处设置草的最高生长高度为 max-grass-height，且执行 color-grass 函数。其源码具体内容在 to color-grass 封闭命令块中。

3) set-cows 封闭命令块设置，见代码 10.3.3。

代码 10.3.3　合作—代码 2

```
turtles－own [ energy ]                       ;; 海龟变量,energy
patches－own [ grass ]                        ;; 瓦片变量,grass
                                             ;;
breed [cooperative－cows cooperative－cow]     ;; 定义物种 cooperative－cows(合作牛)
breed [greedy－cows greedy－cow]               ;; 定义物种 greedy－cows(贪婪牛)
                                             ;;
to setup                                     ;; setup 子代码
  clear－all                                   ;; 清除所有瓦片和海龟
  setup－cows                                  ;; 设置牛
  ask patches [                               ;; 定义瓦片
    set grass max－grass－height                 ;; 设置草最大高度
    color－grass                               ;; 颜色绿色
  ]                                           ;;
  reset－ticks                                 ;; 重置计时器
```

```
end                              ;;
                                 ;;
to setup - cows                  ;; setup - cows 子代码
  set - default - shape turtles "cow"   ;; 设置海龟默认形象为牛
  create - turtles initial - cows [     ;; 建立 initial - cows 滑块数值个海龟
    setxy random - xcor random - ycor   ;; 随机位置
    set energy metabolism * 4    ;; 设置能量为 metabolism 滑块数值 4 倍(能量
                                 ;; 可以走 4 格)
    ifelse (random - float 1.0 <  ;; 如果随机浮点数,小于 cooperative - probability
cooperative - probability) [     ;; 滑块设置值
      set breed cooperative - cows  ;; 设置合作牛
      set color red - 1.5        ;; 颜色为红色 - 1.5
    ] [                          ;;
      set breed greedy - cows    ;; 设置贪婪牛
      set color sky - 2          ;; 颜色天空色 - 2
    ]                            ;;
  ]                              ;;
end                              ;;
```

- 在该子代码中,先执行 set-default-shape turtles cow,设置为海龟的默认形状为牛;
- create-turtles initial-cows,创造了 initial-cows 数量的牛群。
- setxy 为 random-xcor 和 random-ycor,并且要求每只牛的坐标随机。
- set energy metabolism 乘以 4,能量为 metabolism 的 4 倍。每只牛假如不吃草的话,最多可以走 4 个 tick。
- if else 语句。在前一章节中讲过,if else 后面首先跟一个条件语句,然后再跟两个命令,如条件判断为 true,则执行第 1 个 commands,如果为 false 则执行第 2 个 commands。设置的条件是 random-float 1.0,选择 0~1 的随机浮数点数值。如果该数值大于 cooperative-probability 这个滑块,那么就产生合作的牛,set color red,设置合作的牛颜色为红色。如果随机出的数值小于该概率,则设置此牛为贪婪的牛,set color sky,设置颜色为蓝色。

4) go 封闭命令块设置,见代码 10.3.4。

代码 10.3.4　合作—go 子代码

```
to go                    ;; go 子代码
  ask turtles [          ;; 定义海龟
    move                 ;; 移动
    eat                  ;; 吃
    reproduce            ;; 复制(繁殖)
  ]                      ;;
  ask patches [          ;; 定义瓦片
    grow - grass         ;; 草成长
    color - grass        ;; 绿色
  ]                      ;;
  tick                   ;; 计时
end                      ;;
```

- ask turtles、move、eat、reproduce，我们要求海龟执行移动、吃草和繁殖三个命令，move、eat 和 reproduce 都是函数命令，其具体操作执行分别在 move、eat、reproduce 封闭代码块中。
- ask patches grow-grass，要求瓦片执行长草。
- color-grass，重新染色的命令。

5）reproduce 代码块，见代码 10.3.5。

代码 10.3.5　合作—代码 3

```
to reproduce                                    ;; reproduce 子代码,复制(繁殖)
  if energy > reproduction - threshold [        ;; 如果能量大于 reproduction - threshold 滑块值
    set energy energy - reproduction - cost     ;; 设置 能量减少 reproduction - cost
    hatch 1                                      ;; 繁殖 1 个小牛
  ]                                              ;;
end                                              ;;
                                                 ;;
to grow - grass                                  ;; grow - grass 子代码,草成长
  ifelse ( grass >= low - high - threshold) [    ;; 如果草高于最低限度
    if high - growth - chance >= random - float 100  ;; 如果高成长率大于等于随机浮点 0~100
    [ set grass grass + 1 ]                      ;; 设置草 +1
  ][                                             ;;
    if low - growth - chance >= random - float 100   ;; 如果低成长率大于等于随机浮点 0~100
    [ set grass grass + 1 ]                      ;; 设置草 +1
  ]                                              ;;
  if grass > max - grass - height                ;; 如果草大于最大高度
    [ set grass max - grass - height ]           ;; 设置草为最大高度
end                                              ;;
                                                 ;;
to color - grass                                 ;; color - grass 子代码,草染色
  set pcolor scale - color (green - 1) grass 0   ;; 设置色阶为绿色 -1,色号为 2 * 最大草高
(2 * max - grass - height)                       ;;
end                                              ;;
                                                 ;;
to move                                          ;; move 子代码
  rt random 360                                  ;; 随机左转 0~360
  fd stride - length                             ;; 前进 stride - length 滑块值
  set energy energy - metabolism                 ;; 设置当前能量减少 metabolism 滑块值
  if energy < 0 [ die ]                          ;; 如果能量小于 0,死亡
end                                              ;;
```

reproduce 代码的作用是命令牛进行繁殖。如果牛的能量大于繁殖的阈值 reproduction-threshold，那么就设置能量减少 reproduction-cost，且 hatch 一只小牛。

> **❶注意**
>
> hatch number [commands] hatch-< breeds > number [commands]
> 本海龟创建 number 个新海龟。每个新海龟与母体相同，处在同一个位置。然后新海龟运行 commands。可以使用 commands 给新海龟不同的颜色、方向、位置等任何东西（新海龟同时创建，然后以随机顺序每次运行一个）。

> 如果使用 hatch-< breeds >形式，则新海龟是给定种类的成员。否则，新海龟与母体种类相同。
>
> **注意**：当这个命令运行时，其他智能体不能运行任何代码（就像使用 without-interruption 命令）。这确保如果使用 ask-concurrent，在新海龟全部初始化之前，新海龟不能与任何其他智能体交互。

6）move 封闭命令块设置。

移动命令中有四条代码：

- rt random 360，其作用是右转随机 360°。在 360°内随机转向，其实相当于完全随机转向。

- fd stride-length。前文讲过 stride-length，是一个滑块，规定了具体的数值。fd stride-length，就是要求牛在转向之后前进滑块规定数值的距离 set energy energy-metabolism，并且设置牛群消耗一定的能量。消耗能量的值为新陈代谢这个滑块所规定的数值。

- if energy < 0 [die]，如果能量小于 0，则该牛死亡，彻底消失。

7）grow-grass 封闭命令块。

grow-grass 封闭命令块的代码有许多行，但其实是一个代码。ifelse（grass >= low-high-threshold）：Ifelse grass 大于等于 low-high-threshold，意思是如果草大于最低高度阈值，则按照高概率的生长；如果草低于高度阈值，则按照低成长概率生长；如果草大于最高生长高度，那么则不再生长，最高生长高度为 10。所谓高概率生长和低概率生长，其实都是用一个随机的数值和生长概率进行比对，如果这个数值大于给定概率的值，那么草就会生长，小于的话则不生长。很明显，这个给定生长概率的值越大，草生长的概率越大；给定生长概率这个值越小，草生长的概率就越小。

8）color-grass 封闭命令块。

color-grass 草重新上色的命令，在狼吃羊模型中已经讲过了，这里就不再赘述。

9）eat 封闭命令块设置，见代码 10.3.6。

代码 10.3.6　合作—代码 4

```
to eat                            ;; eat 子代码,吃的类型
  ifelse breed = cooperative-cows [  ;; 如果繁殖是合作牛
    eat-cooperative               ;; 合作牛吃草
  ] [                             ;;
    if breed = greedy-cows        ;; 如果繁殖贪婪牛
      [ eat-greedy ]              ;; 贪婪牛吃草
  ]                               ;;
end                               ;;
                                  ;;
to eat-cooperative                ;; eat-cooperative 子代码,合作牛吃草的方法
  if grass > low-high-threshold [  ;; 如果草高于最低限度
```

```
      set grass grass - 1                          ;; 草减 1
      set energy energy + grass - energy           ;; 设置牛从草获得能量
    ]                                              ;;
  end                                              ;;
                                                   ;;
  to eat - greedy                                  ;; eat - greedy 子代码,贪婪牛吃的方法
    if grass > 0 [                                 ;; 如果草大于 0
      set grass grass - 1                          ;; 草减 1
      set energy energy + grass - energy           ;; 设置牛从草获得能量
    ]                                              ;;
  end                                              ;;
```

- eat 也是一个 ifelse 语句。ifelse breed = cooperative-cows,如果物种是合作的牛, 那么则有节制地吃草,eat-cooperative;否则的话无节制地吃草,eat-greedy。
- eat-cooperative,有节制地吃草。是指如果草的能量值高于 low-high-threshold,再 进行吃草。很明显,如果低于这个数值的话,合作的牛是不会继续吃草的,它会继 续移动,移动到下一个瓦片中再吃草。
- eat-greedy,无节制摄取能量。贪婪的牛和合作的牛相反,只要存在草,那么它就 会自行吃草。可以看到,合作的进食和贪婪的进食区别在于牛群是否注意草的长 度。草被吃了,就会减少一定高度,牛则会增加从草中获得的能量。增加的能量 为 grass-energy。

3. 模型运行结果分析

可以尝试自己运行模型。打开模型后,首先点击 setup,可以发现草地上生成了部分 红色的牛和部分蓝色的牛。虽然合作概率设置的是 0.5,但可以发现生成的合作的牛和 不合作的牛并不是 1∶1 的。

在其他参数不变,点击 go 命令可以观察到模型跑起来的效果和迭代一定次数之后模 型呈现的结果。在该条件下,在模型运行的初始阶段,可以发现合作的牛率先占据了大量 的土地,并且繁殖出的数量也更多。随着迭代次数继续增加,合作的牛数量开始逐渐减 少,且贪婪的牛数量开始增多。也就是说,在模型模拟的前半阶段,合作的策略更能获得 群体的生存和繁衍。后半阶段,贪婪的策略更能获得群体的生存与繁衍。

10.4 现实应用

本部分讨论一下合作模型的现实应用。合作行为模型可以进一步贯彻博弈论的思 想,其应用领域非常广泛。例如在生物学中,这样的模型可以代表生物进化,其中,后代采 取其母体的策略。而扮演更成功策略的母体,会拥有更多的后代,就如达尔文的进化论一 样,适者才能生存。

在社会学中,此类模型通常可以代表人一生中的多次博弈,人会根据社会形态并有意 识或无意识地调整其社会策略,以适应社会形势,求得更好的生存环境。在经济学中可以

将此模型应用在各种各样的经济现象和方法中。比如,拍卖会、讨价还价、并购定价、双寡头和寡头、社会网络形成、计算经济学、一般均衡、机构设置和投票制度等。

因徒困境：1950 年,兰德公司（Rand Corp）开始研究美国和苏联之间的冷战博弈。数学家福拉德和德雷舍（Merrill Flood and Melvin Dresher）推演出著名的"囚徒困境",见表 10.4.1。在一个假想的犯人与犯人之间的博弈中,如果两人事先串通,都保持缄默,那么各被判 1 年。如果其中一位背叛,而另一位仍然拒绝招供,那么,背叛的犯人可以免刑,而抗供的犯人获刑 5 年。如果两位都背叛事先串供,那么各获刑 3 年。关押后,因为两位犯人无法沟通,理性的首选一般更倾向于背叛。在缺乏信息和可靠承诺前提下,它是个人利益最大化的优势选项。

表 10.4.1　囚徒困境（合作还是背叛）

囚徒甲＼囚徒乙	选择缄默	选择背叛
选择缄默	囚徒甲：判 1 年 囚徒乙：判 1 年	囚徒甲：判 5 年 囚徒乙：免刑
选择背叛	囚徒甲：免刑 囚徒乙：判 5 年	囚徒甲：判 3 年 囚徒乙：判 3 年

在政治学中,也可以用在公平划分政治经济学,公共选择战争谈判,积极政治理论和社会选择理论的重叠领域中。

同样,合作模型当然也可以应用到其他的领域中,通过自己的实践与改编,方能更好地体会仿真建模与计算机模拟的美,运用仿真建模的技术,在各领域内做出相应的贡献。

CHAPTER 11
第11章

谢林模型(Schelling Model)(种族隔离模型)

谢林模型

11.1　种族隔离背景简介

　　自从美国废除奴隶制之后,种族隔离的矛盾越发尖锐。20世纪40年代以来,美国联邦最高法院审理了一系列案件,确认和保护了美国黑人起码的公民宪法权利。美国最高法院宣布公立学校中的黑白种族隔离制度违反宪法,由此撕开了美国南方种族隔离制度的缺口,成为黑人民权运动和结束种族隔离制度斗争的一个里程碑。1957年5月17日在华盛顿林肯纪念堂前举行的一次大型非暴力示威活动,也是最高法院在公立学校反对种族隔离决定三周年的纪念集会。马丁·路德·金发表了"给我们投票"的演讲,也是他第一次向全国听众讲话。约有2.5万名示威者参加该活动。美国南方许多州均拒不执行最高法院的判决,坚持所谓"隔离且平等原则",拒绝有色人种进入白人学校。20世纪50年代,美国阿肯色州发生了著名的"小石城事件",显示了美国历史上种族隔离矛盾的尖锐性。直至今日,种族隔离已经成为政治不正确的表现,受文化、经济、教育和生活习俗等多方面因素的影响,在实际生活中,种族隔离现象依然存在。对于收入、城区、种族、教育和阶层隔离的探讨从未停止过,谢林模型正是探讨种族隔离的一个经典模型。

图 11.1.1　谢林(Schelling)

　　谢林模型,即种族隔离模型,是由美国经济学家托马斯·谢林发明的一个著名模型,是个关于人们选择在哪居住的模型,描述的是同质性对空间隔离的影响与作用,揭示了种族与收入隔离的背后原因。

　　托马斯·谢林(见图11.1.1)是美国著名的经济学家,主要研究方向是国家政策、国家安全、核战略与武器控制,目前在马里兰大学帕克分校任教。2005年,他通过博弈论的分析,增强了人们对冲突和合作的理解,因而被授予诺贝尔经济学奖。其中,种族隔离模型就是其贡献中很重要的一环。

　　隔离有很多的概念,既可以是地理隔离,也可以是房屋隔离,而美国的种族隔离则是美国历史上特定时期的某种社会现象。诸如美国的住房医疗、教育就业、交通机会等,沿着种族线都会产生一条隔离带,其中谢林种族隔离模型研究的就是这种现象。在美国,种族隔离一直是一个有害的社会问题,尽管政府已经做出了很大的努力来使学校教堂和社区分离,但美国仍继续被种族和经济因素所隔离。那为什么隔离是一个难以消除的难题呢? 谢林就建立了一个基于多智能体的模型,该模型有助于解释为什么种族隔离难以抗拒。

谢林模型还涉及一个很有意思的小故事:有一天,谢林在坐飞机穿过纽约的时候,看到飞机下方城镇分离的情况,忽然就对这种现象产生了好奇,当时计算机还不够发达,他自己就用笔和纸画了一些格子和一些点,以这种规则为基准进行手动推演,这就是谢林模型的雏形。

11.2　模型设置与模拟实验

1. 模型设置

谢林模型描述的是同质性对于空间隔离的影响与作用,揭示了种族和收入隔离背后的原理。那是关于人们选择在哪居住的一个模型,而现行建立的是一种基于智能体的模型。谢林的隔离模型表明,即使是个人或者智能体不介意被另一个种族的智能体包围或生活,他们仍然会选择将自己与其他智能体隔离。这种简单的重定位规则对两组大小相等且两组公差阈值 F 产生的动力学是非常值得探讨的。

如图 11.2.1 所示,(a)部分是谢林模型的实验初始条件之一,(b)图是多次迭代后获得的稳定的分离模型。可以从图中看出,不管初始条件是多么混乱,不管黑心圆点和空心圆点的位置如何,最终多次迭代的个体分布格局都是稳定的,且出现隔离性特征。

2. 模拟实验

现在对谢林模型进行一些小的更改,方便对其进行解释。假设有两种类型的智能体,x 和 o。这两种智能体可能代表不同的种族、民族、经济状况等。这两种类型的智能体两个最初放置位置是由网络表示的领域,随机将所有个体放置在网格中,那么每个格子要么会被一个个体占用,要么为空,如图 11.2.2 所示。

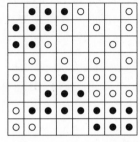

(a) 初始条件　　　　(b) 多次迭代后稳定的分离模型

图 11.2.1　谢林模型模拟手稿

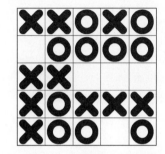

图 11.2.2　谢林模型—简化模拟

我们可以看到，现在的 5×5 的格子里面，要么是被占用，要么就是空。因此，我们必须确定每个个体对其当前位置是否感到满意。满意的个体 a 身边至少有百分之 t 和它相似的个体，否则 a 就为不满意的个体，该阈值 t 将应用于模型中的所有智能体的阈值。

在现实中我们知道人群是有异质性的，每个人不满意的容忍程度也是不同的。在模型中我们就不考虑那么多了，我们构造的是一个理想的世界，那么就假设他们的阈值是相同的，即为相同的阈值 t。请注意，阈值越高，个体对其当前位置不满意的可能性就越大。

假如 t 等于 30%，则智能体 x 的邻居中至少有 30% 也是 x，这样的话才满足该个体满意的条件，如果 x 邻居少于 30%，那么就不满足这个条件，x 就为不开心的个体，就要改变个体 x 在网络中的位置。在现实中，我们就可以理解为，假如和我相似的邻居越多，那么我住在这里就越开心；假如和我不相似的邻居越多，那么我就居住得越不开心。不开心的话，这个人肯定就要搬家，搬到一个能让个体感到开心的地方。这意味着，相邻的个体中至少有 30% 的同类，个体才会感到开心。即使该类别在一定区域是少数派。

图 11.2.3 左显示了一个满意的个体，因为 x 50% 的邻居也是 x，就是 t 大于 50%。右图中则为不满意的个体，因为右图中的 x 只有 25% 的邻居是 x。请注意，在此实例中，计算相似度时不计算空单元格。

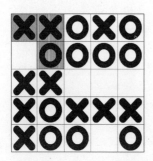
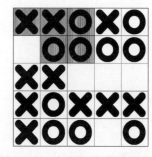

(a) 因半数邻居（50%）为x类型而满意   (b) 因仅1/4（25%）邻居为x类型而不满意

图 11.2.3   谢林模型—模拟实验

假如某个个体不满意，则可以将其移动到网络中的任何空闲位置，并可以使用任何算法来选择此位置。例如，可以选择随机的单元或者移动个体到最近的可用位置。在上图左中所有不满意的个体旁边都有一个星号，在右图中，则显示了所有不满意的个体随机移动到空闲单元之后的新格局。请注意，新的格局可能会使以前满意的个体变得不满意，所以不满意的个体必须在同一回合中转移。该回合完成后将开始新的回合，并将所有不满意的个体再次移至网格中的新位置。这些回合将一直持续到附近所有的智能体对他们的位置满意为止。在计算机语言中，我们称其为迭代，将该算法迭代一定次数之后我们会得到一个最终的结果。可以想象，最终一定是呈现部分隔离的一种结果。

11.3　NetLogo 源码解析与模型模拟

下面的部分就是使用 NetLogo 对种族隔离模型进行演示，其智能体界面如图 11.3.1 所示。我们可以看到有两个按钮，一个是 setup，另一个是 go。在前面的课程中，我们已经学到 setup 的作用是设置全局，go 则进行代码的执行。其下有两个滑块，一个是 number，即人的数量；一个是 similar-wanted，即相似程度，我们在前文中称相似度为阈值 t。下面是一个绘图框，展示给我们的是相似人数的百分比，以及不开心人数的百分比的变化。显示界面下面是两个监视器，显示的是具体的数字。

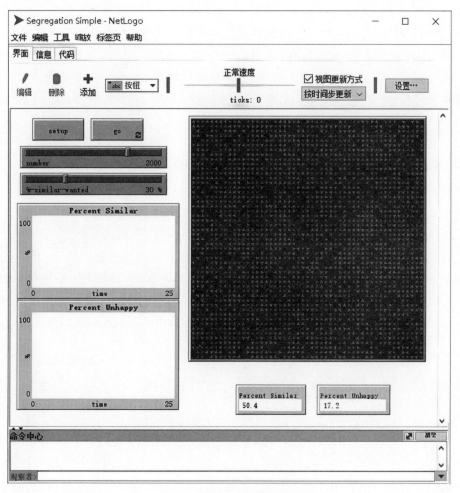

图 11.3.1　种族隔离—界面

在前文中我们已经介绍过 NetLogo 初始界面，初始界面点击右键，可以增加对应的按钮、滑块、监视器和视图。相应的按钮、滑块都可以改变其形状、位置，添加标记。

接下来是模型的代码设置，部分设置如代码 11.3.1。

1. 全局变量部分

首先是 Globals，这个关键词和 breed、< breeds >-own、patches-own、turtles-own 一样，只能用在程序首部，位于任何子代码定义之前。它定义新的全局变量。全局变量是"全局"的，因为能被任何智能体访问，能在模型中的任何地方使用。一般全局变量用于定义在程序多个部分使用的变量或常量。注意写代码的时候要加 s。我们在 Globals 里定义了 percent-similar 和 percent-unhappy 两个全局变量。

2. 海龟变量部分

海龟则拥有三种属性，其中一个属性是是否开心。注意，这里的代码加了一个"?"号，在 NetLogo 里凡是加了"?"的属性，返回的只有两种结果——true 或者 false。而如果没有问号，我们可以将其定义为任何值。海龟还拥有另外两个属性——相似邻居和总邻居。这个是变量属性的设置。

3. 初始条件设置

接下来是初始条件设置部分的源码，见代码 11.3.1。

代码 11.3.1　谢林模型—初始条件设置

```
globals [                                 ;; 全局变量
  percent - similar                       ;; percent - similar,同类百分比
  percent - unhappy                       ;; percent - unhappy,不高兴百分比
]                                         ;;
                                          ;;
turtles - own [                           ;; 海龟变量
  happy?                                  ;; 高兴
  similar - nearby                        ;; 同类
  total - nearby                          ;; 合计
]                                         ;;
                                          ;;
                                          ;;
to setup                                  ;; setup 子代码
  clear - all                             ;; 清除所有瓦片和海龟
    ask n - of number patches [           ;; 定义 number 滑块数的瓦片
    sprout 1                              ;; 生长 1
  ]                                       ;;
  ask turtles [                           ;; 定义海龟
    set color one - of [ red green ]      ;; 设置颜色为红色、绿色各 50 % 概率
  ]                                       ;;
  update - turtles                        ;; 更新海龟
  update - globals                        ;; 更新全局变量
  reset - ticks                           ;; 重置计时器
end                                       ;;
```

首先清除所有——clear-all,可以简写为 ca,这个是最基本的。接下来要求一定数量的瓦片产生一个个体。n-of 的代码写法是有规定的,n-of 后面接两个命令,一个为数量,一个为目标对象。在这个模型里后面接了一个 number,我们在界面中已经将 number 定义为滑块。接下来是一个 patches,这一行代码的作用是命令前面代码中所产生的海龟,设置它们的颜色为红色和绿色中的一种。下面三行代码分别是更新海龟,更新全局变量以及重置计数器。写 NetLogo 代码的时候需要注意,黑色字体的代码一般都是自己定义的函数或者海龟等,而非系统内置的命令。

4. 模型的执行部分(见代码 11.3.2)

- go 代码是进行命令的执行。
- if all? turtles [happy?] [stop],如果所有的海龟都开心的话,那么该代码则停止。在前文中我们已经讲过条件判断语句 if 和 ifelse 的用法,这里不再赘述。"Stop"是停止命令,即停止下面语句中的代码执行。
- move-unhappy-turtles,该代码是移动不开心的海龟。该代码颜色为黑色,是使用者自己创建的函数命令,其具体执行代码在下方会解释。下方的"update-turtles"和"update-globals"也是函数命令。
- update-turtles,该代码更新海龟。
- update-globals 更新全局变量。
- tick 进行计数。
- move-unhappy-turtles 的函数执行,移动不开心的海龟。
- ask turtles with [not happy?],该命令的意思是要求拥有不开心这个属性的海龟寻找一个新的地点。

---

❶注意

with 代码用法:

格式:agentset with [reporter]

解析:with 有两个输入参数,左边是一个智能体集合(一般是"turtles"或"patches"),右边是一个布尔型报告器。返回一个新的智能体集合,集合中仅包含那些使报告器返回 true 的智能体,换句话说,智能体满足给定的条件。

- find-new-spot 函数,寻找新的地点。它的命令是由以下几部分组成的:首先是左转 360°,接下来前进 0~10 中随机一个数值的步数。

注意:在 NetLogo 中,随机数值有两种写法,分别是 random 和 random-float。random number,意思是如果 number 为正,则返回大于等于 0 且小于 number 的一个随机整数。如果 number 为负,则返回小于等于 0 且大于 number 的一个随机整数。如果 number 为 0,则返回 0。如果要得到浮点数,必须使用 random-float。

- 如果有其他的海龟在这个地方,那就同时继续执行寻找新的地点的命令,直到找到一个没有海龟存在的新瓦片。然后设置它的坐标为所在瓦片的坐标,这行代码的作用是把海龟移动到这个瓦片的中心位置。

5. 海龟的更新(见代码 11.3.2)

代码 11.3.2　谢林模型—海龟更新

```
to go                               ;; go 子代码
  if all? turtles [ happy? ] [ stop ]  ;; 如果所有海龟开心,则停止
  move - unhappy - turtles           ;; 移动不开心海龟
  update - turtles                   ;; 更新海龟
  update - globals                   ;; 更新全局变量
  tick                               ;; 计时
end                                  ;;
                                     ;;
to move - unhappy - turtles          ;; move - unhappy - turtles 子代码,移动不开心海龟
  ask turtles with [ not happy? ]    ;; 定义如果海龟不开心
    [ find - new - spot ]            ;; 寻找新地点
end                                  ;;
                                     ;;
to find - new - spot                 ;; find - new - spot 子代码,寻找新地点
  rt random - float 360              ;; 向左随机 0~360°
  fd random - float 10               ;; 前进随机 0~10 步
  if any? other turtles - here       ;; 如果存在其他海龟在这里
    [ find - new - spot ]            ;; 寻找新地点
  setxy pxcor pycor                  ;; 设置坐标
end                                  ;;
                                     ;;
to update - turtles[                 ;; update - turtles 子代码,更新海龟
  ask turtles                        ;; 定义海龟
    set similar - nearby count (turtles -   ;; 设置 similar - nearby,统计和他相似的邻居总
on neighbors)                        ;; 数颜色同他一致
      with [color = [color] of myself]  ;; 设置 total - nearby,统计全部邻居总数
    set total - nearby count (turtles - on neighbors); ;; 设置开心状态,如果相似邻居数值大于总邻
    set happy? similar - nearby > = ( % -  ;; 居数除以 100% 后乘以 similar - wanted 滑块阈
similar - wanted * total - nearby / 100 )  ;; 值,则此人就开心,否则就不开心
  ]                                  ;;
end                                  ;;
```

- 接下来是更新海龟。使用 ask,返回海龟为请求对象,执行以下操作。
- 设置 similar-nearby 为周围邻居中和他颜色一致的海龟的数量。
- 设置 total-nearby 为所有周围邻居的总数量。
- 设置开心状态 set happy?,如果相似邻居的数值大于总邻居数除以 100% 后乘以阈值的值,则此人的开心就为 true,否的话则设置为 false。正常代码意思就是如果周围相似的邻居占总邻居的百分比大于我们规定的阈值的话,此人的开心状态就为 true,否则的话则为 false。

6. 更新全局变量

见代码 11.3.3。

代码 11.3.3　谢林模型—更新全局变量

```
to update - globals                          ;; update - globals 子代码,更新全局变量
  let similar - neighbors sum [similar -      ;; similar - neighbors sum,为海龟相似邻居总数
nearby] of turtles                           ;;
  let total - neighbors sum [total -          ;; total - neighbors,所有海龟邻居总数
nearby] of turtles
  set percent - similar (similar -            ;; percent - similar,相似邻居占总邻居的百分比
neighbors / total - neighbors) * 100          ;;
  set percent - unhappy (count turtles        ;; percent - unhappy,不开心海龟占全部海龟百
with [not happy?]) / (count turtles) * 100    ;; 分比
end                                          ;;
```

- let similar-neighbors sum [similar-nearby] of turtles,let 生成一个名为 similar-neighbors 的局部变量,为所有海龟的相似邻居的总数量。
- let total-neighbors sum [total-nearby] of turtles,生成一个局部变量为 total-neighbors,即所有海龟总邻居的总数量。
- set percent-similar (similar-neighbors / total-neighbors) * 100,计算相似邻居占总邻居的百分比。
- set percent-unhappy (count turtles with [not happy?]) / (count turtles) * 100,计算不开心海龟占总海龟数据的百分比。

> **❶注意**
>
> **let variable value**
>
> 创建一个新的局部变量并赋值。局部变量仅存在于当前的闭合命令块中,如果后面要改变该局部变量的值,使用 set。

11.4　谢林模型应用和启示

谢林模型可以应用到很多的场景。

比如,约翰霍普金斯大学的人就用来探索以色列高意志性种族机制的模式,如图 11.4.1 所示。以色列的人有不同的种族,有不同的宗教信仰,不同的种族和不同的宗教信仰导致他们的居住地区分散。谢林模型也可以进一步扩展,用于探讨不同种族的冲突策略、武器选择和影响力、微观动机及微观行为等,我们也可以探索一下城镇的隔离、职业的隔离、年龄隔离、房屋隔离、地理隔离等。

希望大家开阔思维,可以用该模型做一些新的研究。

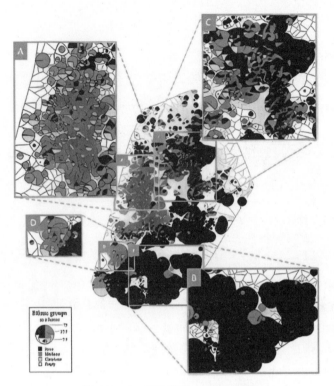

图 11.4.1　谢林模型—现实应用

CHAPTER 12
第12章

多智能体模型的构成元素

上文中我们介绍了一些模型和建模的经验。为了帮助各位读者更容易理解 ABM 模型，我们借鉴 *An Introduction to Agent-Based Modeling：Modeling Natural，Social，and Engineered Complex Systems with NetLogo* 一书中的内容，为大家介绍 ABM 模型的构成元素。本章的内容主要是对一些智能体建模概念、定义、类别的讨论。之所以把这章放在后面，而非前面，主要是考虑本书针对人群为仿真建模软件的初学者，由于本章内容过于抽象和概念化，对初学者而言，不易理解。在了解多个模型的基本代码之后再看本章内容，会增加多仿真建模的掌握，这也是一种哲学化提升和范式的明晰。希望大家有所收获。

目前，在扩展基于多智能体的模型和建立 ABM 方面已经有了一些基础和经验，我们可以更全面地探究这种模型的个体组成部分。同时，我们有机会思考在构建新的 ABM 过程中出现的一些问题。在本章，我们首先概述了 ABM 的组成部分，并回顾前几章中讨论的问题。其次，我们将依次讨论每个组成部分。最后，讨论这些组件是如何结合在一起，并为构建 ABM 创造了整套工具。

基于多智能体的建模之所以存在，是因为我们可以对复杂系统进行有效的建模，解释智能体和环境，并通过智能体规则描述它们的行为——指定"智能体—智能体交互"和"智能体—环境交互"。对 ABM 的简化描述可以定义为：一个基于多智能体的建模模型是智能体和环境交互的过程。多智能体是基本的模型单位，而环境是智能体生活的世界。多智能体和环境之间的区别并不是一成不变的，因为环境有时候也可以被建模为智能体。交互可以发生在智能体之间或智能体和环境之间，如隔离模型中的居民，判断他们是否快乐就是一个典型案例。环境不仅仅是被动的，它也可以自主地行动，正如我们在第9章讨论的模型中发现的一样，草会自己重新生长。

除了最基本的智能体、环境和交互三个元素外，我们还将添加两个额外的元素。第一个被称为观察者/用户接口（Observer/User Interface）。观察者本身是一个智能体，但它可以访问其他的智能体和环境。观察者要求智能体执行特定的任务。NetLogo 的用户可以通过用户界面与智能体进行交互，这使得用户可以告诉观察者模型应该做什么。第二为时间排列（Schedule），这是观察者用来告诉智能体何时行动的。时间排列也经常涉及用户交互。在 NetLogo 模型中，界面通常包括 setup 和 go 按钮。用户按下 setup，然后按下 go，就能够安排事件的发生顺序。

对于 ABM 系统的每一个组成元素，我们将使用 NetLogo 模型库中的各种模型来呈现。首先研究基础交通模型。这是一个简单的交通流模型，其早期版本是由两个高中生设计的(Resnick,1996；Wilensky & Resnick,1999)，以探索交通拥堵现象是如何形成的。学生们采用交通事故、雷达陷阱或其他形式的交通分流创造一个交通堵塞模型，这是一个没有任何阻碍的初始模型。令学生惊讶的是，虽然没有任何障碍物，但是仍然会形成交通堵塞。究其原因，当汽车加速并接近前面的汽车时，不得不放慢速度，其后面的汽车也因此放慢速度，形成向后的涟漪效应。当最前面的车能进行移动时，后面还有许多车仍然不能移动，最终导致交通堵塞。这个模型(见图 12.0.1)再次说明，实际出现的现象往往不符合我们的直觉。正如我们在第 2 章中所讨论的，在理解突发现象的过程中，一个常见的陷阱是层次混乱。在这种情况下，我们很容易将个别智能体(汽车)的属性错误地归因于堵塞。实际上，在我们看来，汽车向前移动而堵塞向后移动是自相矛盾的。

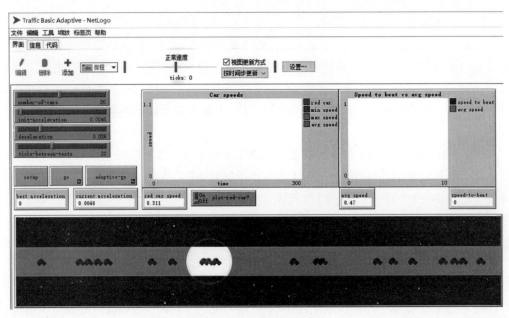

图 12.0.1　基础交通模型

12.1　智能体(Agent)

　　Agents 是基于多智能体的建模基本单位。因此，仔细选择智能体是很重要的。定义智能体主要有两个方面：一是智能体具有的属性；二是智能体可以执行的行动(有时称为行为或方法)。智能体的属性是智能体的内部和外部状态，即数据和描述。智能体的行为或行动是智能体可以做的事情。除了这两个主要属性，还有一些与智能体设计相关的问题。如智能体的"维度"(granularity)问题。对于所选择的模型来说，哪种维度最有效是一个很重要的问题。此外，我们也讨论了一些特殊类型的智能体，如原智能体(Proto-Agent)、元智能体(Meta-Agent)等。

12.1.1　属性

智能体的属性描述了智能体当前的状态,即你在检查智能体时看到的项目。在其他章节中,我们简要介绍了如何使用 patch 监视器来查看瓦片的当前状态,以及如何使用监视器来检查海龟和其他类型的智能体。在这个例子中,我们用海龟监视器探索智能体的属性。但在 NetLogo 中,也可以对链接(link)和瓦片进行监控。

此外,如果对基础交通模型中的一辆车进行检查,我们会看到在智能体的本地环境图形图像下(见图 12.1.1)描述的属性列表,这个列表包含两组属性。第一组是 NetLogo 中创建的每个海龟的标准属性集,主要包括 who、color、heading、xcor、ycor、shape、label、label-color、breed、hidden?、size、pen-size、和 pen-mode。第二组是瓦片和链接,它们也有一组默认的属性。对于瓦片,这些属性是 pxcor、pycor、pcolor、plabel 和 plabel-color;而对于链接,这些属性是 end1、end2、color、label、label-color、hidden?、breed、thickness、shape 和 tie-mode(所有这些属性更详细的描述请参阅 NetLogo 用户手册)。

在 NetLogo 中,海龟和链接有 color 这个属性,而瓦片有 pcolor 这个属性。同样,海龟有 xcor 和 ycor 属性,而瓦片有 pxcor 和 pycor 属性。为了使事情更简单,海龟可以直接访问它们当前瓦片的基本属性。例如,如果海龟要把自己的颜色设置为底层瓦片的颜色(使其不可见),海龟可以直接执行 set color pcolor。如果瓦片属性的名称与海龟属性的名称相同,这就不起作用了,因为代码会混淆所描述的颜色。只有海龟可以直接访问瓦片属性,因为一个海龟只能在一个瓦片上。而链接可以跨越多个瓦片,并且能与多个海龟相连。因此,如果想在链接过程中使用一

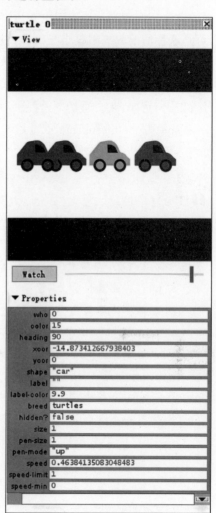

图 12.1.1　智能体监控图

个瓦片属性,我们必须具体指定用哪个瓦片。同样,当我们想在海龟或瓦片程序中使用一个链接属性时,我们必须指定是哪个链接。此外,瓦片不能直接访问海龟或链接属性,因为一个瓦片上可能有 0、1 或许多链接或海龟。因此,在访问它们的属性时,必须指定是哪个海龟或链接。

在检查器窗口中,首先出现智能体的默认属性。接下来是模型作者专门为该模型智能体添加的属性(例如,在图 12.1.1 中有 speed、speed-limit、speed-min 等)。这些创作者

定义的属性需要在和模型相关的信息标签以及代码标签注释中进行描述。如在基础交通模型中，speed 描述了汽车的当前速度，speed-limit 是汽车的最高速度，speed-min 是其最低速度。当基础交通模型启动时，所有这些属性都在 setup-cars 程序中设置。

speed-limit 和 speed-min 被设置为常数，这意味着这个模型中的所有汽车会有相同的 speed-limit 和 speed-min。然而，speed 被设置为一个恒定值加上一个随机抽取的值。这使得所有的汽车至少有 0.1 的速度，最多只有不到 1.0 的速度，但每辆汽车将（可能）有不同的速度。两辆汽车的速度也有可能完全相同，但这需要它们都产生相同的随机浮点数，可是这种情况的概率很小。因此，速度为 0.2 的汽车和速度为 0.9 的汽车是一样多的。我们经常希望所有的智能体都有大致相同，但又有一些变化的属性值。实现这一结果的常见方法之一是用正态分布的随机变量（单态分布的随机变量所设置属性并不具备这种效果）。例如，在交通基本模型中，我们可以把设置速度的例子改写成这样：

set speed random-normal 0.5 0.1，该代码的效果是设置汽车速度为一个随机数，该随机数的均值为 0.5，方差为 0.1。

> **⚠ 注意**
>
> 在 NetLogo 中，有一套所有的智能体都有的标准属性。其中一些是各工具包通用的 ABM 的基本属性。下面是 NetLogo 的海龟智能体的一些基本属性（关于完整的属性列表，请参阅 NetLogo 文档）。
> - who 将此属性称为"号码"是 NetLogo 独有的，但所有 ABM 工具包都有一些独特的识别号码或字符串，用来跟踪每个智能体的时间。
> - xcor 和 ycor 这些是智能体在世界中的坐标。它们对于确定智能体在世界中的位置以及智能体与其他智能体的关系很有用。
> - heading 是 NetLogo 中智能体的内在属性，表示智能体所朝向的方向。在一些工具箱中，智能体没有内置的方向，但是如果模型包括运动，那么智能体有一个方向属性往往是有用的。
> - color 用来在 ABM 可视化中显示智能体的颜色。在 NetLogo 中，海龟和链接都有 color 属性，瓦片有 pcolor 属性（在一些 ABM 工具箱中，当模型可视化与模型联系不紧密时，颜色也不是标准的智能体属性）。

random-normal 能够获取我们想要设定的分布平均值和标准差。这段代码将给每辆车一个不同的速度，但它将接近于 0.5 的均值。方差 0.1 指定了速度在平均值 0.5 附近的分布情况。如果我们把标准差从 0.1 改为 0.2，那么有一个智能体的速度远远大于或小于 0.5 的概率就会更大。在标准差为 0.1 的情况下，67% 的汽车的速度将在 0.4～0.6；97% 的汽车的速度将在 0.3～0.7；99% 的汽车的速度将在 0.2～0.8。到目前为止，我们已经将智能体属性的初始值设置为常数或统计分布。

其他初始化智能体属性的方法是从列表中或从数据文件中设置数值。例如，我们试图复制一个交通模式的特定实例，那么先要知道所有参与的汽车的初始速度，将其存储在一个列表中,然后从这个列表中初始化每个智能体。这种方法使我们能够重现特定例子和应用,还可以在模型运行过程中改变智能体的属性。例如,在基础交通模型中提到的速度参数,在模型的整个运行过程中可以被修改,以便在汽车能够移动时增加和减少速度。在 speed-up-car 程序中输入以下代码,车子速度将被提高:

```
set speed speed + acceleration
```

总之,属性定义了一个智能体的当前状态,但它们也可以反映状态随着模型的发展而产生的变化。

12.1.2　行为规则(Behaviors Actions)

建模时,除了定义智能体的状态(属性),还有必要定义智能体的行为方式即智能体可以采取的行动。智能体的行动或行为是智能体改变环境、其他智能体或自身状态的方式。在 NetLogo 中,有些行为是为智能体事先设定好的。所有这些事先设定的行为太多,无法在此一一列举,但它包括向前、向右、向左、死亡和移动、繁殖等基本动作。关于 NetLogo 中预定义行为的完整列表,可以在 NetLogo 词典中的海龟、瓦片和链接等代码的目录下查看。

自定义的行为与那些能够通过监视器查看的属性有所不同,自定义行为通过代码设定,无法从属性中获得。在交通基本模型中,智能体有两个额外的行为,它们可以执行 speed-up-car 和 slow-down-car,这两个行为都可以修改智能体的速度,但是这两个行为规则并不显示在智能体的属性状态中。

在模型中,除了加速或减速外,每辆车都会根据速度限制调整其速度,并始终根据其速度向前移动。在交通基本模型中,该动作的代码在主 go 程序中。

代码 12.1.1 的意思是,每辆车首先检查它的前面是否有另一辆车(海龟)。如果有,它就会减速到低于前面的车的速度,确保它不会撞到前面的车。否则,它就加速行驶(但绝不会超过限速)。这种行动是一种交互(Interaction),一辆车通过感知另一辆车的速度,并根据另一辆车的情况改变自己的状态。反之,如果一辆车减速,将迫使后面的车也减速。所以每个智能体的行动都会影响其他智能体的行动。

代码 12.1.1　车速状态

```
let car - ahead one - of turtles - on patch - ahead 1
ifelse car - ahead != nobody
[slow - down - car ]
[ speed - up - car ]
if speed < speed - min [ set speed speed - min ]
if speed > speed - limit [ set speed speed - limit ]
fd speed
```

到目前为止,我们了解了汽车是如何改变自己的内部状态并影响其他汽车运行状态。我们也可以进一步设定汽车和所行驶的道路交互,即汽车和道路相互影响,进而影响模型的环境。例如,道路上的交通量越大,道路的磨损程度就越大。所以我们可以给道路的瓦片添加一个 wear 属性，然后添加一个 wear-down 程序，在这个程序中，汽车会随着时间的推移磨损道路。这反过来可能会影响汽车在那段路上能达到的最高速度。行为是智能体与世界互动的基本方式，我们将在本章后面讨论一些传统的交互机制。

> **❶注意**
>
> 　　大多数 ABM 模型都有一套智能体的标准行动。其中有许多是各模型通用的，是任何 ABM 的基本属性。下面是 NetLogo 中智能体可以采取的一些常见行动。
>
> - forward / backward（前进/后退）使智能体能够在世界范围内向前和向后移动。
> - right / left（向右/向左）使智能体能够在世界中改变其方向。
> - die（死亡）让智能体自毁，并将智能体从所有适当的智能体集（agentset）中删除。
> - hatch 创建一个新的智能体，它是当前智能体的一个复制，具有与当前智能体相同的所有属性。

12.1.3　智能体集合（Collections of Agents）

1. 智能体的类型

智能体通常分为三种主要的类型：

第一种是可以在模型中移动的移动型智能体；

第二种是完全不能移动的静止型智能体；

第三种是连接两个或多个其他智能体的连接（中介）型智能体。

在 NetLogo 中，普遍意义上的智能体（如海龟）是移动型智能体，瓦片是静止型智能体，而链接是连接型智能体。尽管可以用各种形状和大小对海龟可视化，但从几何学的角度看，海龟仍可以被视为无形状、无面积的点。因此，即使一只智能体看起来大到足以同时出现在几个瓦片上，它也只被海龟中心的瓦片所包含（由 xcor 和 ycor 给出）。瓦片有时被用来代表一个被动的环境，并由移动智能体采取行动；其他时候，它们可以采取行动并进行操作。瓦片和海龟的一个主要区别是，瓦片不能移动。瓦片也在世界中占据了一个确定的空间（区域），因此，一个瓦片上可以包含多个智能体。链接本身也不能移动。它们连接着作为链接"末端节点"的两只海龟，但当它们的末端节点移动时，链接的视觉表现也会移动。链接也可以代表环境。例如，通过定义智能体来创造一条可移动的运输路线，或通过链接构建友谊或者沟通的渠道。这三者都有共同的行为特质，即可以自主采取行动、自主执行操作。

在一些 ABM 模型中，也存在其他类型的智能体，环境是被动型的智能体，不具备主动交互功能。赋予环境直接执行操作和行动的能力，可以更容易地展示环境发展的过程。例如，在第 9 章的狼吃羊模型中，设置环境中的所有瓦片执行同质型的生长行为，但我们可以通过增加草的变量来使草生长具备异质型。虽然在计算上这可能没有什么不同,但将环境表示为一个智能体的集合,能让用户在空间上进行局部推理。例如,可以从一块草的角度进行机制反演,这使模型更容易理解。

2. 智能体的种类

除了上面提到的三种主要已经定义好的智能体类型,建模者还可以创建自己想要的智能体种类。可以指定智能体所属的种类或等级。在交通基础模型中,所有的智能体都是同一类型,所以没有必要区分不同的智能体。我们使用的"海龟"样式,则是 NetLogo 的默认种类(形状)。如果不同的智能体有不同的属性或行动,就需要不同种类的智能体。

在第 9 章中,我们有两个类别的智能体,"狼"和"羊"。尽管这两个种类具有相同的初始属性,但每个种类都有不同的动作行为——狼吃羊,羊吃草。代码 12.1.2 展示了我们在模型的开始就定义了这些行为:

代码 12.1.2 定义物种

```
breed [ sheep a – sheep ]
breed [ wolves wolf ]
```

同时,在代码 12.1.3 中,我们可以定义种类所具有的属性:

代码 12.1.3 定义属性

```
turtles – own [ energy ]
```

在这种情况下,狼和羊都有相同的"能量"(energy)属性,但我们也可以赋予它们单独的属性。例如,我们可以给狼一个"獠牙"属性,给羊一个"力量"属性。獠牙强度可以用来确定狼杀死羊的成功概率。相比之下,如果我们假设狼有时会吃到一口羊毛而不是肉的话,那么"羊毛厚度"就可以表明羊能多好地抵御狼的攻击。要设定这样的属性,我们可以增加两行代码,如代码 12.1.4 所示。

代码 12.1.4 定义属性

```
sheep – own [ wooliness ]
wolves – own [ fang – strength ]
```

这些属性是所有智能体共有属性之外的,所以羊会同时有"羊毛"和"能量",狼有"獠牙强度"和"能量"。

3. 智能体集合

breeds 是智能体的特定集合,其中集合由其智能体的属性和行动的种类定义。我们也可以用其他方式来定义智能体的集合。NetLogo 使用术语"agentset"来指定无序的智能体集合,我们也将使用这个术语。通常我们通过定义有相同特征的智能体(如智能体位置或其他属性)或随机选择另一个智能体集合的子集来构建 agentset。在交通基础模型中,我们可以创建一个速度超过 0.5 的所有 agentset。在 NetLogo 中,通常是通过 with 代码定义具有相同特征的智能体。下面是一个例子,说明如何创建这样一个 agentset。

我们可以在这个模型中插入 go 子代码：

```
let fast – cars turtles with [speed > 0.5]
```

我们通常想要求这些智能体做一些特定的事情。如代码 12.1.5 所示，我们可以要求所有拥有高速度的智能体将它们的尺寸设置得更大，这样它们就更容易被看到。"let"语句将速度快的车定义到一个 agentset 中。如果我们不打算再次使用 agentset 或者与其交互，我们可以不使用 let 构建 agentset，而是在模型运行中直接指定智能体：

代码 12.1.5　定义高速尺寸 1

```
let fast – cars turtles with [speed > 0.5]
ask fast – cars [
set size 2.0
]
```

如果我们在模型中插入代码 12.1.6，很快就会发现所有的车都很大。这是因为我们从来没有设定智能体，当车的速度下降到 0.5 以下，就把车的尺寸再次变小。要做到这一点，我们需要增加一些代码。

代码 12.1.6　定义高速尺寸 2

```
ask turtles with [speed > 0.5] [
set size 2.0
]
```

一种方法是使用另一个 ask 来解决这个问题，如代码 12.1.7 所示。

代码 12.1.7　定义低速尺寸

```
ask turtles with [speed > 0.5] [
  set size 2.0
]
ask turtles with [speed < = 0.5] [
  set size 1.0
]
```

另一种方法如代码 12.1.8 所示，不需要创建 agentset 就能实现同样目标，要求所有的智能体做一些事情，但根据它们的属性选择它们的行动。在前面的例子中，所有速度较快的智能体在任何速度较慢的智能体采取行动之前就已经采取了行动。在下面的例子中，所有的智能体都是用同一个 ask 命令询问的，所以智能体采取行动的顺序将是随机的。在这种情况下，运行代码的结果将是相同的，但取决于智能体采取什么行动。例如，如果智能体要改变其速度，而不是大小，结果可能会有所不同。

代码 12.1.8　定义高速、低速尺寸

```
ask turtles [
ifelse speed > 0.5 [
set size 2.0
]
```

```
[
set size 1.0
]
]
```

　　还有一种创建 agentset 的方法是基于它们的位置进行设定。基础交通模型在 go 程序中的代码设置如代码 12.1.9 所示。

　　代码 12.1.9　创建集合

```
let car – ahead one – of turtles – on patch – ahead 1
ifelse car – ahead != nobody
[ slow – down – car ]
```

　　turtles-on patch-ahead 1 命令创建了一个在当前汽车前面的瓦片中所有汽车的集合。如果存在至少一辆或以上这样的车,它就会使用 one-of 命令随机选择这些车中的一辆,并将当前车的速度设置得比前面那辆车的速度慢一点。还有许多其他方法可以根据智能体的位置访问它们的集合,例如使用 neighbors、turtles-at、turtles-here 和 in-radius 等代码命令。

　　如代码 12.1.10 所示,创建一个随机选择的集合也是一个可行的选择。这些智能体之间不存在任何的关系,只是我们希望执行某种行动的集合。在 NetLogo 中,这样做的主要程序是 n-of。如在第 11 章谈到的隔离模型中,模型使用 n-of 来要求一组随机的瓦片创建一组红色海龟,然后要求所有这些海龟随机变成绿色或红色。

　　代码 12.1.10　随机上色

```
ask n – of number patches
[ sprout 1
[ set color one – of [red green] ]
```

4. agentset 和列表

　　在我们的例子中,我们同时使用了 agentset 和列表(list)。现在我们介绍一下集合和列表的具体工作原理,了解集合和列表的工作原理、概念区别,以及在特定的情况下我们该如何选择。agentset 和列表都是可以包含一个或多个其他变量的变量(集合)。当我们创建一个变量时,我们可以通过使用它们各自的函数报告器来指定该变量为一个集合或一个列表。如果我们想创建一个空列表,我们可以写:

```
let a – list [ ]
```

　　如果我们愿意,我们还可以把数字、字符串,甚至智能体加入列表中,如代码 12.1.11 所示。

　　代码 12.1.11　设置列表

```
set a – list fput 1 a – list
set a – list fput "and" a – list
```

```
set alist fput turtle 0 a－list
show a－list
```

与可以容纳任何类型项目的列表相反，agentset 只能容纳智能体。此外，它只能容纳同一类型的智能体，如海龟、瓦片或链接。在 NetLogo 中，空的 agentset、无海龟、无瓦片和无链接有特定的报告代码。例如：

```
let an－agentset no－turtles
```

no-turtles 是一个空的海龟集合（即一个不包含海龟的集合）。通过设置一个变量为 no-turtles，我们定义这个变量为 agentset 类型。现在在我们有了一个空的 agentset，我们就可以通过使用海龟集合报告器将海龟添加到其中。

我们只能把智能体（海龟、瓦片和链接）放在 agentset 中，但我们可以把任何想要的东西，包括智能体，放在列表（list）中。有两个重要的特性使 agentset 和列表不同。

第一，我们可以"ask"agentset 做事情，但我们不能要求列表做事情。例如，当我们使用 agentset 时，我们真正做的是创建一个所有海龟的智能体集，然后要求所有这些海龟，以随机的顺序做我们放在括号里的任何事情（指令）。但是，如果我们用列表来执行相同的命令，系统就会报错。

第二，agentset 是无序的。这意味着，每当我们调用 agentset 时，它们将以随机的顺序输出一个智能体列表。请注意，显示一个列表会显示列表中的内容及其出现的顺序，但显示一个 agentset 只显示 agentset 中的内容。

因此，当我们执行海龟的交互时，我们应尽量使用 agentset。主要原因在于，我们会希望我们的海龟以随机的顺序执行命令，因为随机可以更好地贴切现实情况。如果智能体总是以相同的顺序执行，可能影响模型的有效性。例如，在狼羊捕食模型中，如果一些羊总是第一个检查它们的地盘上是否有草，这些羊就存在优势，影响模型的公平。

但有时我们确实想确定海龟做事的顺序。例如，我们可能希望某些海龟有优势。在这种情况下，我们需要创建一个有序的列表，并按照我们认为决定其优势的任何参数来排序。例如，如果智能体有不同的信息，我们可能希望拥有更多信息的智能体排在后面执行命令，如代码 12.1.12 所示。

代码 12.1.12　有序列表

```
turtles－own [information]
let a－list [ ]
set a－list sort－on [information] turtles
```

假设现在有一个 list，包含所有按信息升序排序的海龟。但是，正如我们刚刚讨论的那样，我们不能要求列表（list）做事情。因此，我们必须遍历这些列表，并要求列表中的每个海龟做我们要求的事情。为此，我们可以如代码 12.1.13 所示使用 foreach 命令。

代码 12.1.13　有序列表

```
foreach a – list [
  ask ? [ ]
]
```

"?"是一个特殊的变量,代表列表中每个元素的值。所以这段代码将遍历列表中的每只海龟,并按特定的顺序要求每只智能体做在括号中指定的事情。我们将在本章后面进一步讨论"?"变量。NetLogo 手册中解释了该变量的用法。但是自从 NetLogo 更新到 6.0 版本之后,foreach 的代码用法有一些变化,已经取消了使用"?"来接收列表中元素的值。最新版本可以直接通过 foreach 调用列表中的元素,见代码 12.1.14。

代码 12.1.14　调用列表元素

```
foreach [1.1 2.2 2.6] show
=> 1.1
=> 2.2
=> 2.6
```

注意,如果是 6.0 之前的版本,仍然需要使用"?" 接收列表中每个元素的值。因此请各位读者按照自己模型的版本选择遍历元素的用法。

同样,我们可以创建瓦片列表。假设我们想按从左到右、从上到下的顺序用数字标记瓦片,我们可以创建一个分类的瓦片列表,然后用代码 12.1.15 给它们贴标签。

代码 12.1.15　贴标签

```
let n 0
foreach sort patches [
  ask ? [
    set plabel n
    set n n + 1
  ]
]
```

5. agentset 和设定

在 NetLogo 中,一旦要求 agentset 执行一个动作,所有在那一刻集合的智能体都将执行这个动作。如果一个智能体 A 的行动导致 agentset 中的另一个智能体 B 不再满足集合的标准,智能体 B 仍将执行该行动。同样,如果 A 的行动导致不在 agentset 中的智能体 C 满足集合的标准,C 仍将不执行该行动。

作为说明,我们使用模型库中海龟排序模型(Agentset Ordering model)的代码 12.1.16 的片段作为案例。

代码 12.1.16　分集合执行

```
to setup
clear – all
create – turtles 100 [
  set size random – float 2.0
```

```
    forward10
  ]
end

to go
ask turtles [
  set color blue
]
ask turtles with [ size < 1.0 ] [
  ask one – of turtles with [ size > 1.0 ] [
    set size size – 0.5
]
set color red
]
print count turtles with [ color = red ]
print count turtles with [ size < 1.0 ]
end
```

加粗的代码有可能改变 size < 1.0 的 agentset，使一些智能体变小，从而改变第一个 ask 中定义的 agentset。例如，如果我们开始时共有 10 个智能体，其中 8 个智能体的尺寸小于 1，另外两个尺寸为 1.2，那么被至少一个小海龟选中的大海龟将缩小到 1.0 以下。然而，这个新的小海龟不会执行内部请求，因为第一个有 8 个成员的 agentset 一经创建就保持不变；因此，在你下次执行 go 循环并重新创建 agentset 之前，采取行动的智能体不会改变。结果在 go 程序执行结束时，有可能出现一个 size 小于 1.0 且仍为蓝色的海龟。打印语句可以证实这两个值，即红海龟和小海龟的数量是不相等的。在第一次创建 agentset 的时候，这可能会让人感到困惑。但实际上，这是一个变种。当你根据一个变量的条件采取行动时，你会遇到同样的问题，而且这个行动会影响同一个变量的值。

在使用 agentset 工作时经常出现的另一问题是编译效率。有时在执行涉及 agentset 的一系列操作之前，提前设定或者定义 agentset 是更有效的。例如，代码 12.1.17 中的 go-1 程序来自模型库的 agentset 效率模型（Agentset Efficiency model）。

代码 12.1.17　效率模型

```
to go – 1
if any? patches with [ pcolor = red] [
  ask patches with [ pcolor = red] [
    set plabel random 5
  ]
]
if any? patches with [ pcolor = green] [
  ask patches with [ pcolor = green] [
    set plabel 5 + random 5
  ]
]
tick
end
```

代码 12.1.18 对 agentset"patches with [ipcolor＝red]"和"patches with [pcolor＝green]"各计算了两次。下面的程序 go-2 与 go-1 有相同的行为,但 go-2 更有效,因为 go-2 只对这其中的每一个计算一次。计算 agentset 大小是比较占用 cpu 算力,所以通常最好是先预测或者敲定集合大小,然后再要求智能体执行行为。

代码 12.1.18　效率模型优化

```
to go-2
let red-patches patches with [ pcolor = red ]
let green-patches patches with [ pcolor = green ]
if any? red-patches [
  ask red-patches [
    set plabel random 5
  ]
]
if any? green-patches [
  ask green-patches [
    set plabel 5 + random 5
  ]
]
tick
end
```

在代码 12.1.18 中,go-2 的效率是 go-1 的两倍。当 ask patches 重复地构建 agentset 时,代码计算效率会很低。如果在 go 循环中,要求每个瓦片提前检查并构建一个邻居 agentset,那么执行的代码操作(算力)只是原代码的一半,因此提前设定 agentset 将提供更大的性能增益。

需要注意的是,代码的可读性和易读性比时间更重要,这样别人才能简便地理解代码的作用。与人的时间相比,计算机的时间并不重要。因此,如果需要有所取舍的话,代码的易读性就应该比代码的执行效率更重要。

如果我们只改变 go-1 和 go-2 的一行,就会出现一个更致命的问题,如代码 12.1.19 中 go-3 所示。

代码 12.1.19　致命演示

```
to go-3
if any? patches with [ pcolor = red] [
  ask patches with [ pcolor = red] [
    set pcolor green
  ]
]
if any? patches with [ pcolor = green] [
  ask patches with [ pcolor = green] [
    set pcolor red
  ]
]
tick
end
```

❗注意

  多智能体的模型是占用算力的模型。需要确保模型代码高效便捷。使代码计算更有效率的一个方法是在迭代之前设定 agentset，但也有许多其他的方法。一个描述算法效率的标准方法是 O 符号。用 Big-O 来表明一个算法作为其输入的函数所使用的时间。例如，完成一个 $O(n)$ 的函数所需的时间与输入函数的算力大小呈线性关系，而完成一个 $O(n2)$ 的函数所需的时间则随着输入函数的平方而增长。如果输入的数量很大，那么 $O(n2)$ 算法将比 $O(n)$ 算法需要更长的时间来运行。例如，如果我们计算每个 Agent 与世界中心之间的距离，这将只需要 $O(n)$ 时间，因为我们只需要检查每个 Agent 一次。然而，如果我们想找到每个 Agent 与世界上其他每个 Agent 之间的距离，这将需要 $n(n-1)$ 次操作，这意味着它将在 $O(n2)$ 时间内运行。计算机科学有个研究方向叫作计算复杂性，致力于创造更有效的算法（Papadimitriou，1994）。在实践中，Big-O 符号被用来方便地比较两种算法：如果一种算法以 $O(n2)$ 时间运行，而另一种算法以 $O(n)$ 时间运行，那么 $O(n)$ 算法更快，更应该被采用。

  如果运行上述的代码，一般可能希望得到一张像图 12.1.2 那样的图片；也就是说，我们期望红色瓦片变成绿色。但事实并非如此。

图 12.1.2 预期的行为

  事实上，这段代码会带来像图 12.1.3 那样的图片，其中所有的瓦片都是红色。为什么会发生这种意外行为？这是我们刚才讨论的排序问题的另一个例子，见代码 12.1.20。第一个 if 语句将瓦片变成了绿色，所以当第二个 if 语句被执行时，所有的瓦片都是绿色

的,因此变成了红色。如 go-4 一样提前计算 agentset,不仅使代码更加高效,而且确保了
要求执行指令的绿色瓦片 agentset 是程序开始时的绿色瓦片 agentset,而不是由第一个 if
语句产生的绿色瓦片集合,其结果呈现如图 12.1.2 所示。

图 12.1.3 事实的结果

代码 12.1.20 意外结果

```
to go - 4                                      ;; 执行 go - 4 命令
let red - patches patches with [pcolor = red]   ;; 生成局域变量 red - patches 为红色 patches
let green - patches patches with [pcolor = green] ;; 生成局域变量 green - patches 为绿色 patches
if any? red - patches [                         ;; 如果存在任何 red - patches
ask red - patches [                             ;; 设定 red - patches 变成绿色
set pcolor green                                ;;
]                                               ;;
]                                               ;;
if any? green - patches [                        ;; 如果存在任何 green - patches
ask green - patches [                            ;; 设定 green - patches 变成红色
set pcolor red                                   ;;
]                                               ;;
]                                               ;;
tick                                            ;;
```

12.1.4 智能体的维度(The Granularity of an Agent)

在设计一个模型时,首先要考虑的是在什么维度(粒度)上创建智能体——锚定建模
智能体的复杂程度。在第 2 章中,我们讨论了建模复杂程度的层次,如原子、分子、细胞、
人类、组织和政府。因此,我们所说的智能体的层次性是在模型中选择智能体的维度。如
果把模型中的智能体看作人,即模型中的每个人都应该有一个对应的智能体。但这种情

况不一样是最好的选择。例如，我们正在对国家政府之间的交互进行建模，我们难以对政府中的所有个人进行建模。与政府中的个人相比，将每个政府作为一个智能体进行建模更有意义。

那么，如何确定模型中的智能体的设定维度呢？这里有一个国际通用的指导原则，即选择适当维度上交互的基础智能体，使它们代表我们所要研究的基本现象。例如，在 NetLogo 模型库生物学部分的肿瘤模型中（如图 12.1.4 所示），该模型研究的问题是肿瘤细胞扩散情况，因此设定智能体为人体细胞。然而，NetLogo 模型库生物学部分中的艾滋病模型（见图 12.1.5）也与疾病有关，但基本智能体是人而不是细胞。这是因为艾滋病模型更关注疾病如何在人与人之间传播，而不是如何在人体内传播。在肿瘤模型中，研究重点是细胞如何相互作用产生癌症。因此，最重要的个体交互发生在细胞维度，细胞成为智能体的最佳选择。在艾滋病模型中，关注的问题是人类如何相互作用传播疾病，人类作为智能体是最合适的选择。这两个模型阐释了如何根据研究的问题、相互作用来确定智能体的维度选择。

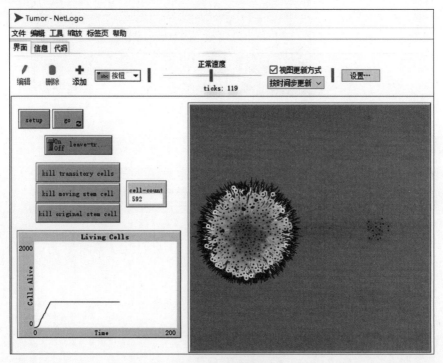

图 12.1.4　肿瘤模型

正如这两种情况所示，要确定模型的智能体最佳维度并非那么容易，在其他一些情况下，可能有不止一个合适的智能体维度。例如，在肿瘤模型中，可能适合上升到更大的聚合水平。除了观察细胞，让药剂代表器官也可能是有用的，这样可以检查肿瘤对整个身体的影响。在这样的模型中，通常可以把一组细胞看作同质化的元素，也就是说，你可以把几十个细胞看作你的核心智能体。这样做的好处是降低了模型的计算要求。然而，这样做的代价是抛弃了在这个新的智能体集合中发生的交互。单个细胞和细胞组都可以是

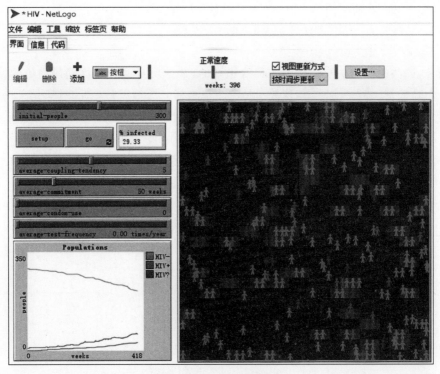

图 12.1.5　艾滋病模型

这些智能体维度的有效选择,如何选择将取决于研究问题的细节以及对计算复杂性的考虑。

选择适当的建模维度能够快捷有效地建立起一个新的模型,可以使我们忽略建模现象的细枝末节,专注于我们感兴趣的核心元素。例如,在艾滋病模型中,智能体并没有设定为实际的艾滋病病毒,但我们可以简单直接地评估疾病在人群中的传播,而不是它在单个人体内的繁殖情况。相比之下,通过观察肿瘤模型中的细胞,我们能够以更高的精度来研究细胞的相互作用。为模型的智能体选择一个适当维度是创建一个成功的 ABM 的关键步骤。

需要注意的是,不同的智能体在模型中是相互作用的,因此统一不同智能体的维度就很重要。这个情况有时被称为模型的规模,即智能体应在大致相同的时间尺度上运作,并应在模型中具有大致相同的物理维度。如果智能体不在同一尺度上,需要调整模型行为,将它们包含在同一模型内,使它们能够适当地互动。

12. 1. 5　智能体认知(Agent Cognition)

正如我们所描述的,智能体有不同的属性和行为。然而,智能体要如何识别和调用自我属性与周围世界的属性呢? 如何根据不同的环境和条件采取相应行动呢? 这个问题被称为智能体认知的决策过程来解决。我们将讨论几种类型的智能体认知(Russell & Norvig,1995)。

- 反身型智能体(Reflexive Agents)

- 基于效用的智能体(Utility-based Agents)
- 基于目标的智能体(Goal-based Agents)
- 适应型智能体(Adaptive Agents)

通常,这些类型的认知是按复杂程度递增的,其中反身型智能体是最简单的,而适应型智能体是最复杂的。实际上,这并不是一个严格的分层等级。相反,这只是帮助我们界定智能体认知层次的描述性术语,可以混合使用。例如,可以设定一个基于效用的适应型智能体。它们使用 if-then 规则来对输入作出反应并采取行动(Russell & Norvig,1995)。再如,交通基本模型中的汽车是反身型智能体。在模型中,控制汽车行动的代码如 12.1.21 所示。

代码 12.1.21　控制汽车

```
let car - ahead one - of turtles - on patch - ahead 1
  ifelse car - ahead != nobody [
    slow - down - car car - ahead
  ]
[
speed - up - car
]
fd speed
```

代码 12.1.22 这段表明,如果前面有车,那么就放慢速度,且低于前面的车的速度;如果前面没有车,那么就加速。这是一个基于程序状态的反身型动作,因此被称为反身型智能体。这是智能体认知的最基本形式,但有可能使智能体的认知更加复杂。例如,我们可以通过给汽车提供油箱和增加基于其速度的燃料效率来改变这个模型的初始设定。我们也可以让汽车改变它们的速度,以提高它们的燃料效率。因此,智能体可能必须在不同的时间加速和减速,在造成事故的同时以尽量减少燃料使用。类似的决策过程将赋予智能体一种基于效用的认知形式。在这种形式中,智能体试图使效用函数最大化,即最大化它们的燃料效率(Russell & Norvig,1995)。为了实现这种模型,我们需要首先用一个新的程序取代模型中 speed-up-car 程序,该程序考虑了汽车的燃料效率。

代码 12.1.22　汽车燃油效率 1

```
let car - ahead one - of turtles - on patch - ahead 1
ifelse car - ahead != nobody [
  slow - down - car car - ahead
]
[ adjust - speed - for - efficiency ]
```

在代码 12.1.23 中,adjust-speed-for-efficiency 程序希望汽车处于最大燃油效率速度时保持行驶速度。如果汽车没有达到最适合的速度,在这个程序中,应该让汽车在行驶速度过慢时加速,在行驶速度过快时减速。此外,如果这个汽车即将撞上前面的汽车,它仍然需要减速。事实上,在遇到碰撞行为时,不应该给汽车任何的效用(加速或者减速),即让位于导致碰撞行为的程序判定。因此,我们可以不考虑代码的第一部分,即在汽车撞车前减速,只需在正前方没有汽车时添加 adjust-speed-for_efficiency,正如下面来自基础交通效用模型(Traffic Basic Utility model)的代码所示(该模型也在 NetLogo 模型库中可以找到)。

代码 12.1.23　汽车燃油效率 2

```
to adjust - speed - for - efficiency
if (speed != efficient - speed) [
  if (speed + acceleration < efficient - speed) [
    set speed speed + acceleration
]
if (speed - deceleration > efficient - speed) [
  set speed speed - deceleration
  ]
]
end
```

在效用函数中,每个汽车智能体都在最小化一个函数 f,定义为:

$$f(v) = \mid v - v^* \mid$$

其中,v 是汽车的当前速度;v^* 是最有效的速度。

代码中描述的约束条件是:v 不能任意调整,只能在每个时间步长中以有限的增量改变。通过尝试不同的 efficient-speed 值,可以得到与原始模型相当不同的交通模式。在没有堵塞的情况下,使用低值的 efficient-speed,模型系统可以持续地达到自由流动的状态。

请注意,原来的模型代码也可以被看作一个最大化效用函数——汽车速度受限速影响的简单效用函数。但这个效用函数比较简单,我们不把该智能体归类为基于效用的智能体,而是归类为反身型智能体,这种归类比较主观。虽然汽车智能体认知的第二版本代码比最初的设计更复杂,但它仍然是建立在一个可以进一步完善的基本假设上。修改后的代码也被简化了,因为代码已经预先定义了 efficient-speed。但是,如果我们不知道汽车行驶的最有效速度是多少呢?如果我们能够获得汽车的瞬时油耗,那么我们实际上可以随着时间的推移学习这些数值。这种补充将使模型中的汽车成为简单的适应型智能体。这种学习的思维可以使 NetLogo 和机器学习、深度学习、强化学习算法相结合,有兴趣的读者可以自行探讨,这里不再赘述。

我们要讨论的第三类智能体认知是基于目标的认知。想象一下,NetLogo 模型库社会科学部分的网格交通模型(见图 12.1.6)中的每辆车都有一个家和一个工作地点,目标是在合理的时间内从家到公司。现在,智能体不仅要能加速和减速,而且还要能左转和右转。在这个版本的模型中,汽车是基于目标的智能体,因为它们有一个目标(上班和下班),它们用这个目标来支配它们的行动。我们设定这两个地点都不在公路上,但与公路相邻。由于网格的背景是棕色的(color=38),我们需要先创建一个与道路相邻的包含所有棕色瓦片的 agentset(道路为白色)。这些瓦片可以在后面设置为房屋和工作地点。

当我们创建汽车时,每辆汽车将其房子设置为该 agentset 中的一个随机瓦片(patch),其工作地点为该模型中的任何其他瓦片。见代码 12.1.24,go 程序中与汽车有关的代码如下所示:

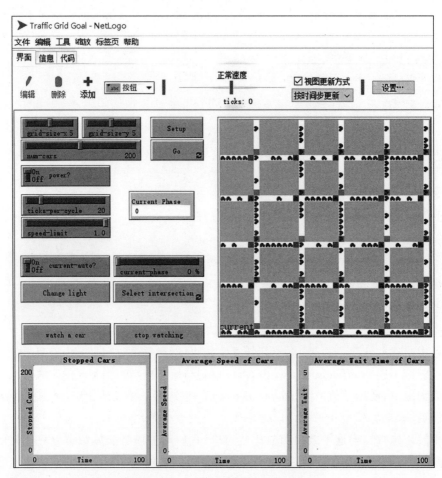

图 12.1.6　网格交通模型(Traffic Grid)

代码 12.1.24　汽车代码

```
let goal - candidates patches with [ pcolor = 38 and any? neighbors with [ pcolor = white]]
set house one - of goal - candidates
set work one - of goal - candidates with [ self != [ house ] of myself ]
ask turtles [
  set - car - speed
  fd speed
  record - data
  set - car - color
]
```

　　为了实现该模型基于目标的版本,我们首先定义了汽车在其两个理想目的地之间的导航程序。新的模型不是像原模型中的汽车那样一直直行,而是让汽车在每一步决定哪一个相邻的道路瓦片离它的目的地最近,然后朝那个方向前进。我们在名为 next-patch 的程序中可做到这一点。每辆汽车应检查是否已经到达了它的目标,如果是,就转换它的目标为代码 12.1.25。

代码 12.1.25　汽车目标

```
if goal = house and patch - here = house [
  set goal work
]
if goal = work and patch - here = work [
  set goal house
]
```

上面的代码并不完全有用。这是因为房子和工作都在路外,而汽车仍然在路上,所以模型永远不会满足"patch-here＝house"或"patch-here＝work"的条件。由于我们把房子和工作放在道路旁边,我们可以通过代码 12.1.26,让汽车检查它是否在其目标旁边来解决这个问题。

代码 12.1.26　检查目标

```
if goal = house and (member? patch - here [neighbors4] of house) [
  stay set goal work
]
if goal = work and (member? patch - here [neighbors4] of work) [
  stay set goal house
]
```

在确定了目标后,每辆车都会选择一个最接近其目标的相邻瓦片,并朝着瓦片移动。如代码 12.1.27 所示,通过选择候选瓦片(道路上的相邻瓦片),然后再选择最接近其目标的候选瓦片来到达目的地。

代码 12.1.27　临近目标

```
to - report next - patch
if goal = house and (member? patch - here [neighbors4] of house) [
  stay set goal work
]
if goal = work and (member? patch - here [neighbors4] of work) [
  stay set goal house
]
let choices neighbors with [pcolor = white or pcolor = red or pcolor = green]
  let choice min - one - of choices [distance [goal] of myself]
  report choice
end
```

有了代码 12.1.28,我们可以修改 go 程序,要求每辆车现在都在它们的家和它们的工作之间移动。

代码 12.1.28　车辆要求

```
ask turtles
[
  face next - patch
  set - car - speed
  fd speed
  set - car - color
]
```

现在,我们在网格生成了汽车智能体。但是,由于智能体是通过直接的距离(如两点之前的直线距离)来衡量离目标远近的,而不是通过沿路的距离,相当简易和直接。因此,汽车经常会卡在同一段路上来回走,而不是绕过一个街区。我们建议读者可以就这个问题进行思考,编写出更智能、更复杂的规划,以便智能体能够更可靠地达到它们的目标。基于智能体建模的强大优势之一是,智能体不仅可以改变它们的决定,而且可以改变它们的策略(Holland,1996)。一个能够根据先前的经验改变其策略的智能体是一个适应型模型。传统的智能体遇到同样的情况时,会做相同的反应;而适应型智能体在给定相同的输入时,可以做出不同的决定。

例如,在基础交通模型中,面对同样的情况,汽车无法执行不同的决策判断。汽车会根据周围的汽车采用不同的操作方式,要么放慢速度,要么加速。然而,无论汽车在过去发生了什么(如在之前可能遇到了交通堵塞),它们都将继续在未来的相同条件下采取相同的行动。要做到真正的适应型,智能体不仅需要能够及时改变它们的行动,还需要能够改变它们的策略。它们必须根据在过去遇到过类似的情况去改变它们的行动方式,根据它们过去的经验做出不同的反应。换句话说,智能体从它们过去的经验中学习,并在未来改变它们的行为,从而训练出一种"学习行为"。例如,智能体可以进行学习:在过去,当有一辆车在它前面5个瓦片时,可能会导致过早刹车,尽管它还有很长的刹车距离。在下次迭代的时候,它可以改变它的刹车规则,只在有车在前面4个瓦片时才刹车。这个智能体现在是一个自适应智能体,因为它不仅修改了它的行动,还修改了它的策略。

在基础交通模型中,另一个训练自适应认知方式是让智能体学习最佳加速率以保持最高速度。我们可以通过改变 Traffic Basic 中 go 子代码来训练出这种形式的"学习"。[为了让这段代码发挥作用,我们还必须改变 setup 程序和一些全局属性。读者可以把后续内容当成作业,进行练习。这段代码 12.1.29 也在 NetLogo 模型库的交通基础自适应模型中(Traffic Basic Adaptive)。]

代码 12.1.29　车辆学习

```
to adaptive - go
let testing? false
if ticks mod ticks - between - exploration = 0 [
  set testing? true
  set acceleration acceleration + (random - float 0.0010) - 0.0005
]

go
ifelse mean [ speed ] of turtles > best - speed - so - far and testing? [
  set best - acceleration - so - far acceleration
  set best - speed - so - far mean [ speed ] of turtles
]
[
set acceleration best - acceleration - so - far
]
```

```
if not testing? [
  set best - speed - so - far (0.1 * mean [speed] of turtles) + (0.9 * best - speed - so -
far)
]
end
```

这段代码可能看起来很复杂，实际上是非常简单直接的。ticks-between-explora-tion 指定汽车一直处于探索新的加速度值中。除此之外，从本质上讲，汽车都会使用它们发现的最佳加速度。随着时间的推移，汽车维持在最佳加速度下能够保持最佳速度的加权平均值；如果新的加速度可以带来更快的速度，那么汽车将转而使用新的加速度。考虑到偶尔会得到虚假结果（噪音），这个最佳加速度的均值所赋予的历史速度的权重（0.9）应该要高于现在速度的权重（0.1）。依靠大量的数据所得到的历史速度，比依靠特定的当前速度效果更佳。与此同时，代码允许最佳加速度进行更新。这样一来，即使环境发生变化，汽车也可以适应新的情况。在道路上有更多的汽车、更长的道路等，汽车依然可以适应新的情况。如果运行基本自适应交通模型，你会发现汽车最终停止形成交通堵塞，它们可能需要相当长的时间才能到达自由驾驶的状态。最终，模型"学会"的高速度加速会带来最佳的整体速度。在这种情况下，模型为所有智能体学习了一个加速度。

我们对这个模型的另一个改变是允许单个智能体为自己学习不同的最佳加速度，这部分内容也留给读者进行练习。

---

❶注意

　　机器学习是对计算机算法的研究，可以利用历史经验来改善算法性能。例如，在 20 世纪 80 年代，美国运通公司（American Express）设计了一个算法，将信贷申请分为三种状态：

　　1. 应立即批准的申请。

　　2. 应立即拒绝的申请。

　　3. 需要由贷款官员审查的申请（Langley & Simon，1995）。

　　但是，现实表明贷款审核员只有 50% 的正确概率判断申请人是否会拖欠贷款。Michie（1989）使用机器学习算法对申请人进行判定。这个算法判定正确率高达 70%。因此，美国运通公司开始使用算法而不是人工审核贷款。在这个例子中，该算法是在一组测试案例上训练的。这些测试案例包括信贷申请（输入）和申请人是否拖欠贷款（输出）。然后，对训练期间没有显示的案例进行测试，该算法正确预测了 70% 的案例，这是因为该算法在不断地学习，在使用过程中不断地改进自己。这只是机器学习的许多可能用途中的一个例子。更多的例子见 Mitchell。

除了已经讨论过的基本认知类型，还有更高级的方法来赋予智能体认知。其中一个好的方法是将建模与机器学习相结合。机器学习是人工智能的一个领域，它关注的是让计算机有能力适应它们周围的世界，并学习对一组特定的输入采取不同的判定。通过赋

予智能体使用各种机器学习的能力，如神经网络、遗传算法和贝叶斯分类器，它们可以更新它们的行动以适应新的信息和环境（Rand，2006；Rand & Stonedahl，2007；Holland，1996；Vohra&Wellman，2007），这可能导致智能体具有相当复杂的认知水平。

12.1.6 其他种类的智能体

我们已经讨论了不同类型的智能体，但还有两种特殊的智能体需要简单介绍一下。第一种是元智能体，是由其他智能体组成的一种特殊智能体；第二种是原智能体，是一种占位（Placeholder）的智能体，类似于计算机中的占位符，效果和占位符有异曲同工之妙，允许设计事前定义好的智能体与其他未完全定义的实体之间的互动。

1. 元智能体

许多在现实中认为是智能体的东西实际上是由其他智能体组成的。在现实中，所有的"智能体"都是由其他智能体组成的；换句话说，在你的模型中，在达到物理学迄今为止所描述的最基本层次之前，总有一个较低维度的元素去构成一个智能体。例如，如果我们选择了一个人作为智能体，他或她实际上是由许多粒子（子智能体）组成的，这些粒子又是不同的。我们可以把人的子智能体看作身体的系统，如免疫系统和呼吸系统。或者可以把人的子智能体看作心理方面，如智力和情感。此外，这些子智能体并不是最基本的层次。在刚才的例子中，身体系统是由器官、组织和细胞组成的。在每一个层次里，我们都在解构元媒介（由其他媒介组成的媒介）和子媒介（组成其他媒介的媒介）之间的关系。不过，智能体也可以同时是元智能体和子智能体。例如，器官是由细胞组成的，是元智能体。然而，它们在人体的各个系统中也起着组成作用，因此是子智能体。我们可以在我们的 ABM 中使用元智能体定义构成整体的子智能体，并为它们提供自己的行动和属性。

从元智能体的另一个角度来看，元智能体也是一个完整的智能体。如果一个人遇到另一个人，他们不会直接与心脏或肺部对接。相反，他们作为一个整体对接。ABM 中的情况也是如此。假设我们创造一个由智力和情感组成的类人的元智能体，该元智能体所"说"的一切，都是智力和情感之间对话的结果。当另一个人类元智能体与该元智能体对话时，第二个元智能体将只意识到该对话所产生的话语，而不是构成该话语的各个元素。当我们考虑对智能体及其交互进行建模时，我们必须确定我们想要描述智能体行为的维度水平。我们可以选择通过将智能体转换为构成其他智能体的元智能体来细化我们的模型。在建造模型的时候，也可以不把智能体看作自主的个体，而是看作由其他智能体组成的元智能体，在建模时更有用。NetLogo 对这些元智能体没有明确的操作代码，只有一些简单的命令用于锁定智能体的运动（如 tie 命令）。

2. 原智能体

为了在模型框架内真正地构建智能体，一个实体必须有自己的属性或行为。但有时也可以创建一些不带任何属性的智能体。这些智能体并不具有自己的属性或行为，而是未来智能体的占位符。我们称这些智能体为"原智能体",它们存在的主要目的是使我们能够指定被它们所代表的完整智能体,或者指定其他智能体与它们互动。例如,如果正在创建一个住宅位置决策模型,我们会把居民作为智能体;然而,由于居民的居住地受到就业和服务场所(如杂货店和餐馆等)的影响,我们也想把这些"服务中心"设定为智能体。居民是模型研究和关注的焦点,而服务中心就没必要也设置得那么具体。服务中心可以作为占位符,代表居民可能找到工作和进行交易的地方。随着我们继续完善这个模型,我们可以为服务中心设计更多的策略和行为。例如,模型可以添加一个更详细的市场需求方案,并依据智能体的属性和世界经济的发展来确定建设位置。在模型初期,可以将这些智能体设定为原智能体。在模型中加入更丰富的细节版本时,就不必再回去修改初期的智能体。在 NetLogo 中,没有特殊命令创建原智能体。但是,诸如瓦片或海龟等智能体可以充当原智能体。

12.2　环境(Environments)

在模型初期,另外一个关键因素是如何设计智能体模型的环境。环境由智能体周围的元素和地理位置组成。这些因素在模型中交互。环境可以影响智能体的决定,反过来,也受到智能体决策的影响。例如,在第 7 章的蚂蚁模型中,蚂蚁在环境中留下的信息素改变了环境,反过来又改变蚂蚁的行为。在 ABM 中,有许多不同类型的环境。在本节中,我们将讨论几种最常见的环境类型。需要说明的是,环境本身可以通过各种方式进行设置。第一种,环境可以由智能体组成,环境中的每一部分都可以有一整套的属性和行动;在默认的情况下,环境由瓦片集合组成;环境的不同部分有不同的属性,根据不同环境的局部交互可以采取不同的行动。第二种,将环境设置为一个大的智能体,自带全局属性和行动。第三种,通过 NetLogo 扩展包去设置环境。例如,可以由地理信息系统(GIS)扩展包导入地图,或者由社会网络分析(SNA)扩展实现,ABM 同样可以与该环境互动。我们在下文中讨论的所有环境类型,原则上都与环境设置方式无关。但是,使用不同的实施方法更易创建特定类型的环境。

12.2.1　空间环境(Spatial Environments)

多智能体模型的空间环境一般有两种:离散空间和连续空间。在数学表示中,连续空间中任何一对点之间都存在另一个点。而在离散空间中,虽然每个点都有一个相邻的点,但也存在相邻的点之间没有其他的点,每个点都与其他每个点分开。然而,当在 ABM 中实现时,所有的连续空间都只能以近似值来表示。因此连续空间按照离散空间形式表示,其中点之间的空间非常小。应该注意的是,离散空间和连续空间都可以是有限的或无限的。在 NetLogo 中,一般情况下只能构造有限空间(我们在本章后面解释如何实现无限空间)。

1. 离散空间

ABM 中最常见的离散空间是格子图（lattice graphs），有时也被称为网状图或网格图，在元胞自动机部分已经简单介绍过。在格子图中，环境中的每个位置都与规则网格中的其他位置相连。例如，环形正方形格子中的每个位置都有一个上下左右的相邻位置。如前所述，NetLogo 中最常见的环境表示法是瓦片，它们位于 ABM 世界底层的二维格子。其代码只是 ask patches(set pcolor pxcor * pycor)中一个丰富多彩的瓦片图案，如图 12.2.1 所示。这种统一的连接性使得它们区别于网络环境，我们将在本章后面详细讨论。

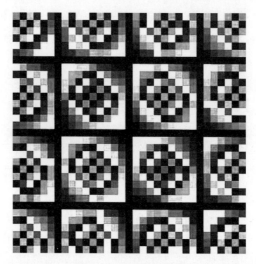

图 12.2.1　瓦片图案

最常见的两种格子类型是正方形和六边形格子，我们将在后面依次讨论它们。还有一种正多边形可以在平面上铺设瓦片（即覆盖平面），即三角形。但三角形通常不像正方形和六边形那样可以用来表示环境。此外，还有八种涉及三角形、正方形、六边形、八边形和十二边形组合的其他（半规则）倾角（Branko & Shephard，1987）。然而，由于这些瓦片在不同的位置有不同的单元形状，它们使环境变得不均匀，因此，它们在 ABM 中不常被采用。

2. 方格（Square Lattices）

方格是 ABM 环境中最常见的类型。方格是由许多小方块组成的，类似于数学课堂上使用的网格纸。正如我们在第 4 章中所讨论的，方格上有两种经典的邻域类型：

1）冯-诺伊曼领域（Von Neumann Neighborhood）。由位于红心方向的四个邻域组成，见图 12.2.2(a)。

2）摩尔领域（Moore Neighborhood）。由 8 个相邻单元组成，见图 12.2.2(b)。

冯-诺依曼邻域以元胞自动机理论的先驱约翰·冯·诺依曼（John Von Neumann）命名。半径为 1 的诺依曼邻域是一个网格，每个单元有四个邻居：上、下、左、右。摩尔邻域以元胞自动机理论的另一位先驱爱德华·摩尔（Edward F. Moore）命名。摩尔邻域也是

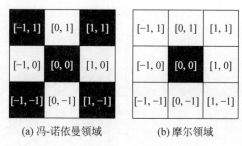

(a) 冯-诺依曼领域　　　　(b) 摩尔领域

图 12.2.2　邻域

一个网格,每个单元在 8 个方向有 8 个邻居,分别是上、下、左、右、上左、上右、下左、下右,与边角接触。一般来说,摩尔邻域给定一个近似平面运动的环境。由于许多 ABM 的建模现象中平面运动更加常见,所以是离散运动的首选建模方式。

这些邻域可以扩展为半径大于 1 的邻域。例如,半径为 2 的摩尔邻域将有 24 个邻居,而半径为 2 的冯-诺伊曼邻域将有 8 个邻居。记住摩尔邻域和冯-诺依曼邻域之间区别的一个简单方法是,摩尔邻域比冯-诺依曼邻域有"更多"的邻域。我们将在本章后面的交互部分讨论邻域如何影响交互。

3. 六角格

六角格比正方形格子多一些优势。在正方形格子中,一个单元格的中心离一些相邻的单元格(对角线相邻的单元格)的中心比其他此类单元格的中心要远。然而,在六角格中,一个单元的中心与所有相邻单元的距离是相同的。此外,六边形是铺设平面时边缘最多的多边形。对于某些现实应用,它们是最好的多边形。中心之间的等距离和边数量的差异,意味着六边形格子比正方形格子更接近于连续的平面。但是,由于正方形格子更接近笛卡尔坐标系,所以正方形格子是一种更简单的工作结构。即使六边形格子更有优势,许多 ABM 和 ABM 扩展仍然采用正方形格子。任何现代 ABM 环境都可以在正方形格子环境中模拟出六边形格子。例如,我们可以在 NetLogo 代码实例、Hex Cells 实例和 Hex Turtles 实例(见图 12.2.3 和图 12.2.4)中看到一个六边形晶格环境。在 Hex Cells 例子中,世界上的每个瓦片都有一组 6 个邻居,位于每个瓦片上的智能体具有六边形的形状。换句话说,世界仍然是矩形的,但我们为每个瓦片定义了一组新的邻居。在六角海龟的例子中,海龟有一个箭头形状,沿着被 60° 均匀分割的方向开始,当它们移动时,它们只沿着这些相同的 60° 移动。

4. 连续空间

在连续空间中,没有空间中离散区域的概念。相反,空间中的智能体位于空间中的点上。这些点可以小到数字表示程度。在连续空间中,智能体可以经过它们的起点和终点之间的任何点,在空间中顺利移动。而在离散空间中,智能体直接从一个单元的中心移动到另一个单元的中心。因为计算机是一种离散性空间计算,所以不可能精确地表示一个连续的空间,我们只能在一个非常精细的分辨率水平上构造连续空间。换句话说,所有使

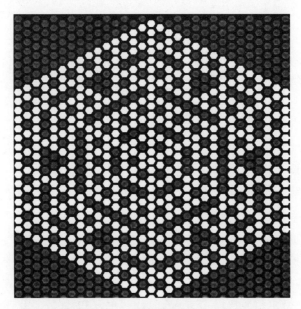

图 12.2.3　六角格模型（Hex Cells）

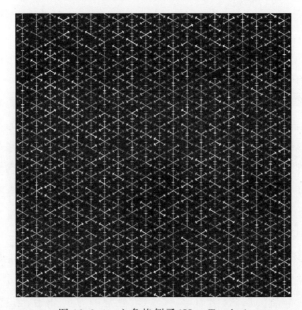

图 12.2.4　六角格例子（Hex Turtles）

用连续空间的 ABM 实际上都是在使用一个非常精细的离散空间，而刻度通常足够精细，足以满足大多数研究。

　　在 NetLogo 中，默认空间是一个连续空间，上面有一个离散的格子。因此，智能体可以在空间中顺利移动，但它们也可以确定它们所处的单元，并与格子互动。为了使其发挥作用，离散空间和连续空间之间必须有一个映射。在 NetLogo 中，每个瓦片的中心设置为该瓦片的整数坐标，从而实现这种映射。每个瓦片围绕这个中心延伸 0.5 个单位。例如，一个坐标为（−1，−5）的瓦片中心有以下这些坐标：包括从（−1.5，−5.5）到（−0.5，

−5.5)，再到(−0.5，−4.5)和(−1.5，−4.5)的每一个点。但是这并不完全正确，因为沿边缘的点只能属于一个瓦片：例如，在(0，−5)的瓦片包括从(−0.5，−5.5)到(−0.5，−4.5)边缘的点，包括角上的点；在(1，−4)的瓦片包括从(−0.5，−4.5)到(−1.5，−4.5)边缘的点，包括角落的点。换句话说，一个瓦片包含其底部和左侧的边缘，但不包含其顶部和右侧的边缘。

NetLogo 不要求提前指定是使用连续空间还是离散空间。模型开发者可以编写代码，利用任何一种空间形式。NetLogo 的许多样本模型实际上同时使用了离散的矩形格子和连续格子。例如，基础交通模型表示汽车存在于空间中的各点，但使用 patch-ahead(即矩形格子)来确定汽车是否应该加速或减速。

> **❶注意**
>
> 一个拓扑结构(topology)是一类具有相同连接结构的环境。例如，一张纸代表了一个有边界的平面的拓扑结构。无论那张纸有多大，它仍然有固定的矩形边界。环形是一个甜甜圈的拓扑结构。现在把一个开口端连接到另一端，我们会得到一个甜甜圈形(环形)的拓扑结构。连接特性使拓扑结构变得有趣，这些特性促使 Agent 的运动得以实现。当有界平面拓扑(a bounded plane topolopy)上的 Agent 来到平面的边缘时，没有其他地方可去。对比而言，环形拓扑结构上的 Agent 则不会遇到世界的边缘。

5. 边界条件

在处理空间环境时，还有一个因素是如何处理边界。这对于六角和方格来说是一个很重要的问题，对于连续空间也是如此。如果一个智能体到达了世界最左边的一个边界，并想向左走得更远，会发生什么？这个问题有三种标准方法，被称为环境的拓扑结构：

1) 它重新出现在格子的最右边(环形拓扑，toroidal topology)。

2) 它不能再往左走(有界拓扑，bounded topology)。

3) 它可以永远往左走(无限平面拓扑，infinite plane topology)。

环形拓扑是一个所有边都以规则的方式连接到另一条边的拓扑。在一个矩形网格中，世界的左边与右边相连，而世界的顶部则与底部相连。因此，当智能体在一个方向上离开世界时，它们会重新出现在另一个方向上。这也被称为环绕，智能体从世界的一侧环绕到了另一侧。一般来说，使用环形拓扑结构意味着建模者可以忽略边界条件，这通常会使模型开发更容易。如果世界是非环形的，那么建模者就必须制订特殊的规则来处理当智能体遇到世界中的边界时该怎么做。在一个空间模型中，这种冲突是智能体是否应该转过身来，只是向后退一步的问题。事实上，ABM 最常用的环境是一个正方形的环形格子。

有界拓扑结构不允许智能体移动到世界的边缘之外。这种拓扑结构是一些更现实环境的代表。例如，如果我们进行农业实践建模，农民能够一直驾驶拖拉机向东行驶，然后最终回到田地的西侧是不现实的，使用环形环境可能会影响耕地所需的燃料量。因此，根据模型要解决的问题,有界拓扑结构可能是一个更好的选择。也可以让世界的某些界限是有界的,而其他界限是包裹的。例如,在交通基本模型中,汽车只从左向右行驶,世界的顶部和底部是有界的(在该模型中汽车不允许上下移动),而左边和右边是环绕的,实际上是一个圆柱形拓扑结构,这使世界看起来就像一块无限长的路。在 NetLogo 中,你可以在模型设置对话中指定每个边界(南北或东西)是有界的还是包裹的。

> **❶注意**
>
> 读者可以尝试探索着找到一个以六角形网格建模优于以方形网格建模的模型,也可以找一个相反的模型。在这两种网格中建立一个现象的模型,并展示结果。找出一种现象,三种拓扑结构(有界、环形和无限)中的每一种都能发挥最佳效果。从这三种现象中选择一种,并在所有三种拓扑结构中实现它。对比一下这三种不同拓扑结构中模型的效果。

最后,无限平面拓扑是一个没有界限的拓扑。换句话说,智能体可以永远在任何方向上不断移动。在实践中,这是由一个较小的世界开始的,这样,每当智能体移动到世界的边缘之外,世界就会被扩大。有时,如果智能体真的需要在一个很大的世界中移动,无限平面就会很有用。虽然一些 ABM 工具包提供了对无限平面拓扑结构的内置支持,但 NetLogo 没有。然而,可以通过给每只海龟一对独立的 x 和 y 坐标来解决这个限制。然后,当智能体移出世界的一侧时,我们可以隐藏智能体,并持续更新额外的坐标,直到智能体移回视图上。在官网模型库中搜索模型名字 Random Walk 360,在大多数情况下,环形或有界拓扑结构将是更合适和更简单的选择。

12.2.2　网络环境(Network-Based Environments)

在现实世界中,特别是在社会科学下,智能体之间的互动并不是由自然地理来定义的。例如,谣言不会以现实的地理方式为路径在个人之间传播。如果我们给北京的一个朋友打电话,告诉她一个谣言,这个谣言就会传播到北京,而不是通过我们和北京之间的人员之间的物理交互来传播。因此,在许多情况下,通过网络来表现个人的交流方式会更加适合(见图 12.2.5)。我们想要使用网络环境,可以通过模型中智能体为个人进行建模,在每个智能体之间画一个链接来模拟我们和北京朋友之间的电话沟通。链接是由连接的两端定义的,这两端经常被称为节点。网络科学领域常常使用这些术语(Barabasi,2002；Newman,2010；Watts&Strogatz,1998)。但是,数学图论研究使用不同的术语来指代这些基本相同的对象,即图(网络)由顶点(节点)组成,这些顶点由边(链接)连接。然而,我们将在本文中使用网络/节点/链接的词汇。需要注意的是,在社会科学中,网络相关的专业术语往往和网络科学接轨。

在 NetLogo 中,链接是一种智能体类型。和瓦片一样,链接既可以是描述信息和环境的被动渠道,也可以是具有自我属性和自主行动的完整智能体。前面描述的格子环境可以被视为网络环境的特殊情况,瓦片是连接到其格子邻居的节点。事实上,格子图也可

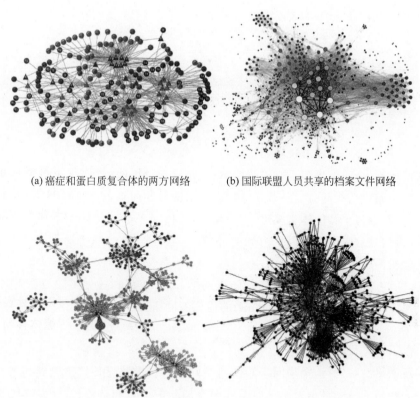

(a) 癌症和蛋白质复合体的两方网络　　　　(b) 国际联盟人员共享的档案文件网络

(c) 西北大学麦考密克学院的研究人员之间的合作　　(d) 亚洲和中东城市之间的飞行

图 12.2.5　网络传播

以被称为格子网络,其特性是网络中的每个位置看起来都与网络中的其他位置完全一样。然而,由于 ABM 环境存在概念和效率的限制,通常不把格子环境建模为网络。此外,作为默认的拓扑结构,我们可以使用离散或连续的空间代表瓦片,但只能用离散的空间表示网络。研究者发现,网络环境在研究各种各样的现象时非常有效,比如疾病或谣言的传播、社会群体的形成、组织的结构,甚至蛋白质的结构。

　　在 ABM 中,有几种网络拓扑结构是常用的。除了前面描述的常规网络,最常见的三种网络拓扑结构是随机网络、无标度网络和小世界网络。在随机网络中,每个人都是随机地与其他个体相连。这些网络是通过在系统中的智能体之间随机添加链接而创建的。例如,我们创立一个模型,模型中的智能体在一个大房间里移动,并根据智能体社会号码的后两位数字,将房间里的每个智能体连接到另一个智能体。有些人可能会创建一个随机网络。数学家 Erdos 和 Renyi(1959 年)开创了随机网络的研究,并描述了生成随机网络的算法。我们展示了一种创建随机网络的简单方法。参见代码 12.2.1,这个代码也在 NetLogo 模型库的随机网络模型(The Random Network model)中。

　　代码 12.2.1　随机放置

```
to setup
ca
crt 100 [
```

```
    setxy random - xcor random - ycor
]
end


to wire1
ask turtles [
  create - link - with one - of other turtles
]
end
```

在这段代码中，我们创建了一组智能体，并将它们随机地放在界面中。然后我们要求每只智能体与随机选择的另一只智能体建立一个链接。如果想让智能体有一个以上的链接，我们可以要求每个智能体重复这个过程。这段代码产生了一个网络，其中每个节点至少有一个链接，这意味着没有孤立的节点（没有链接的节点）。随机网络模型显示了其他几种创建随机网络的方法。

图 12.2.6(a)为随机网络模型中的随机网络。图 12.2.6(b)、图 12.2.6(c)分别为来自优先链模型(Preferential Attachment)的无标度网络。

1. 无标度网络（Scale-free networks）

无标度网络的特性是，全局网络的任何子网络都具有与全局网络相同的特性。创建这种类型的网络的一个常见方法是向系统中添加新的节点和链接，这样具有大量链接的现存节点，就更有可能创造新的链接(Barabasi, 2002)。这种技术有时被称为优先链接(preferential attachment)，因为有更多连接的节点会被优先链接到。这种网络创建方法倾向于产生具有许多辐射性链接中心的网络。由于与自行车轮子相似，这种网络结构有时也被称为辐条枢纽(hub-and-spoke)。许多现实世界的网络，如互联网、电网和航空公司航线，都有类似于无标度网络的特性。

要创建一个无标度网络，我们首先要创建几个节点并将它们连接起来。参见代码12.2.2，这个代码也呈现在 NetLogo 模型库的优先连接简单模型(the Preferential Attachment Simple model)中。

代码 12.2.2　创建圆形节点并链接

```
to setup
ca
set - default - shape turtles "circle"
crt 2 [ fd 5 ]
ask turtle 0 [ create - link - with turtle 1 ]
end
```

这段 setup 子代码清除了世界上的东西，然后将海龟的默认形状改为圆形，使它们看起来更像抽象的节点。之后，它创建了两个节点并在它们之间画了一条链接。

在代码 12.2.3 中，go 子代码能够系统地添加节点，一次一个，并使用现有的链接来选择一个端点。添加新节点的代码如下（节点数量受到 num-nodes 的限制）。

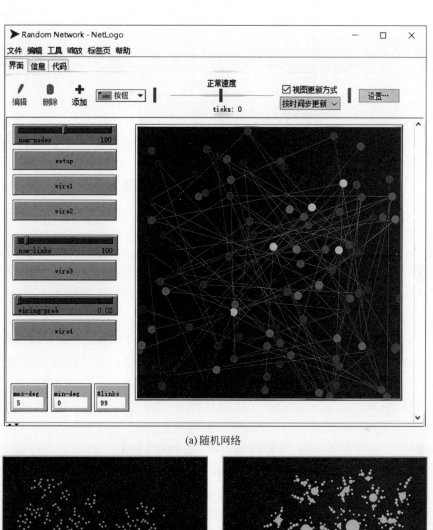

(a) 随机网络

(b) 无标度网络案例1

(c) 无标度网络案例2

图 12.2.6　随机网络模型

代码 12.2.3　添加新节点

```
to go
if count turtles > num - nodes [stop]
let partner one - of [both - ends] of one - of links
crt 1 [ fd 5 create - link - with partner ]
tick
end
```

这段子代码确定了一个链接到新节点的伙伴节点。通过给网络中的每个节点提供与它的链接数相等的概率来确定伙伴节点，然后执行随机概率操作，哪个节点概率比较大，哪个节点就是伙伴节点。这段代码来自 NetLogo 模型库中网络部分的优先链接模型，该模型是基于巴拉巴西（Barabasi-Albert，1999）网络模型所构造的。

2. 小世界网络

小世界网络是由密集的高度互联的节点群组成的，这些节点之间有一些长距离链接。由于这些长距离链接，信息在网络中的任何两个随机节点之间传播都不需要太多链接。小世界网络有时是从常规网络创建的，比如之前描述的二维格子，然后随机地重构一些连接，在随机的智能体之间创造大的间隔（Watts & Strogatz，1998）。谣言传播的例子适合用小世界网络建模，因为大部分谣言会在本地的地理环境中传播（即附近物理位置的朋友），但也会有偶尔的长程关联（如远方的朋友）。关于创建一个小世界网络的例子，见 NetLogo 模型库中网络部分的小世界模型（Wilensky，2005a）。

描述网络特征的方法也比较多。常用的两个方法是平均路径长度（average path length）和聚类系数（clustering coefficient）。平均路径长度：是网络中所有节点之间成对距离的平均值。换句话说，我们测量网络中每一对节点之间的距离，然后对结果取平均数，平均路径长度代表了网络中节点之间的距离。网络的聚类系数是指一个节点的近邻也是该节点其他邻居的邻居的平均比例。换句话说，它是衡量我的朋友中彼此也是朋友的那一部分。在平均聚类系数高的网络中，任何两个相邻的节点往往都有许多共同的邻居，而在平均聚类系数低的网络中，周围的邻居群体之间一般很少有重叠。

3. 随机网络

随机网络的平均路径长度和聚类系数都很低，说明从任何特定的节点到任何其他节点都不需要很长时间，因为这些节点都与其他节点有一些联系，而且它们的联系没有规律。完全规则的网络，如基于格子的环境，具有较高的平均路径长度和相对较高的聚类系数。在规则网络中，信息传播需要很长时间，但邻居之间的联系非常紧密。尽管小世界网络有较高的聚类系数，但平均路径长度很低。邻居往往是紧密聚集的，但由于有少数长距离链接，信息仍然可以在网络中快速流动。无标度网络也倾向于有较低的平均路径长度，因为那些有许多邻居的节点可作为通信枢纽。

NetLogo 还包括一个特殊的扩展，即网络扩展，用于创建、分析和处理网络。这个扩展能够将网络理论方法完全整合到 ABM 中。

12.2.3 特殊环境(Special Environments)

1. 2D 世界(2D Worlds)

我们展示了两种基础环境,二维(2D)空间环境和网络环境,都是"交互拓扑"的实例。"交互拓扑"描述了智能体在模型中通信和交互的路径。除了到目前为止已经介绍的两种交互拓扑,还有其他几种标准拓扑。两个最有趣的拓扑结构涉及三维世界和地理信息系统(GIS)。三维世界允许智能体在传统 ABM 中的两个维度以及第三维度中移动;GIS 格式使现实世界的地理数据层能够导入 ABM。

2. 3D 世界(3D Worlds)

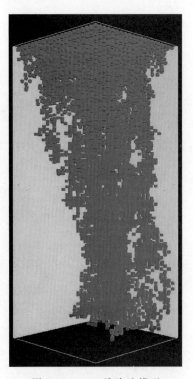

传统的 ABM 用二维矩形网格的正方形瓦片中构建世界。然而,许多现实系统是在三维空间运行的。在很多情况下,可以将模型简化为二维空间,因为我们所研究的系统只在二维空间中运动。例如,人类不能飞行,额外的维度对模型的结果没有太大意义。但是,有时模型中的第三维可能很重要。一般来说,三维环境使模型开发者能够探索与第三维不可分割的复杂系统,有时还能增加模型的表面物理真实性。NetLogo 有一个版本叫 NetLogo 3D(它是 NetLogo 文件夹中一个单独的应用程序),允许建模者在三维空间中探索 ABM。在 NetLogo 3D 模型库中,有许多经典 ABM 的实现是为这个环境开发的(Wilensky,2000)。例如,我们在之前讨论的渗流模型就有一个三维版本(见图 12.2.7)。ABM 的一些元素在三维环境中保持不变,但其他元素发生了变化。例如,我们仍然可以在三维中使用正方形格子来构造环境,但需要将其扩展到第三维度,即立

图 12.2.7 三维渗流模型

方格子。使用三维世界与使用二维世界没有太大的区别。但确实需要额外的数据和命令。例如,智能体多了一个 z 坐标,需要新的命令来操纵这个新的维度。

在三维空间中,智能体的方向不能再仅仅由其前后左右来描述,我们必须使用俯仰和滚动。如果你把智能体看成是一架飞机,那么智能体的俯仰就是飞机的机头离水平面有多远。例如,如果飞机的机头笔直向上,那么俯仰角就是 90°(见图 12.2.8)。用飞机的比喻来说,智能体的滚动是指机翼离水平面有多远。例如,如果机翼是向上和向下的,那么智能体的滚动就是 90°(见图 12.2.9)。

在三维系统中,方向有一个新的名字,那就是偏航。无论是在 2D 还是 3D NetLogo 中,我们仍然使用 heading,以保持一致。为了了解编写 3D 模型和 2D 模型的区别,需要检查每个模型中的代码。2D Percolation 中的渗流程序的代码 12.2.4 如下:

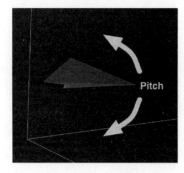

图 12.2.8 俯仰

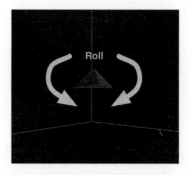

图 12.2.9 旋转

代码 12.2.4　2D-percolate 代码

```
to percolate
ask current – row with [pcolor = red] [
ask patches at – points [[ – 1 – 1] [1 – 1]]
  [ if (pcolor = brown) and (random – float 100 < porosity)
    [ set pcolor red ] ]
  set pcolor black
  set total – oil total – oil + 1
]
set current – row patch – set [patch – at 0 – 1] of current – row
end
```

注意，在二维世界中，代码让每个瓦片看的是该瓦片下面、左边和右边的瓦片。这在三维世界中会有所改变。在三维渗流模型（Wilensky & Rand, 2006）中，percolate 看起来像代码 12.2.5 这样：

代码 12.2.5　3D-percolate 代码

```
to percolate
ask current – row with [pcolor = red] [
ask patches at – points [[ – 1 – 1 – 1] [1 – 1 – 1] [1 1 – 1] [ – 1 1 – 1]]
  [ if (pcolor = black) and (random – float 100 < porosity)
    [ set pcolor red ] ]
    set pcolor brown
    set total – oil total – oil + 1
]
set current – row patch – set [patch – at 0 0 – 1] current – row
end
```

三维渗流模型与二维渗流模型的唯一区别是，不是一次渗流一行瓦片，而是渗流一个方形的瓦片。因此，每个瓦片必须要求它下面的四个瓦片（呈"十"字形）进行渗流，而不是像二维版本那样只有两个瓦片。这种设定增加了模型的真实性。由于现实的渗流现象都是在三个维度上渗流的，如石油通过岩石，所以使用三维模型来渗流是合理的。然而，在某些情况下，复杂系统的二维模型也许会是一个更好的建模方式，甚至比三维更好。最后，模型是否需要包括第三维，主要由模型开发者所要研究的问题来决定。如果第三维度对于解决问题是必要的,那么我们就应该设计三维模型;如果第三个维度不是必须的,那么使用二维世界展示模型更方便模型开发。这个问题其实并不好回答。例如,如果一个研究者对研究山坡上的土地利用和土地变化感兴趣,最初可能会认为三维表示是必要的,因为山的高度变化很大,因此有高度以及宽度和长度。但是,如果只关注山表面覆盖维度,那么就没有必要涉及该区域的三维数据。我们可以把海拔的变化作为一个瓦片变量来建模。在模型库中,地球科学章节的大峡谷模型(Grand Canyon model)正是这样构建的。在 NetLogo 中,三维视图是一个单独的窗口,并提供操作视角的控制,如"轨道、缩放、移动",这使我们可以更好地观察模型,如图 12.2.10 所示,一群鸟在墙上移动。

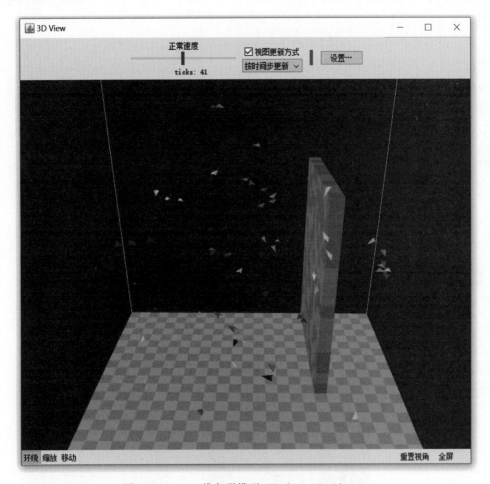

图 12.2.10　三维鸟群模型,Flocking 3D Alternate

3. 地理信息系统(GIS)

GIS 是记录与世界上物理位置有关的大数据环境。GIS 广泛应用于环境科学、城市规划、公园规划、交通设计和其他研究领域,有助于导入数据规划大面积土地。利用 GIS,我们可以按某一特定主题或现象在物理世界中的位置来索引信息。此外,GIS 研究人员还开发了分析工具，能够快速检查这些数据的模式及其空间分布，如 QGis 或者 ArcGis。因此，GIS 工具和技术可以更深入地探索一个复杂系统的模式。在 GIS 地形上移动的智能体可能被限制在该地形上互动。因此，GIS 可以作为一个互动的拓扑结构。GIS 系统不只应用于严格精准的地理数据，如海拔、土地使用和地表植被覆盖率。当我们拥有关于某一特定主题或现象的大量数据时，我们就可以利用地理信息系统对这些数据进行编码。例如，我们可以将街区的"社会—生态—原子"状态嵌入与该街区相关的位置中。GIS 可以为 ABM 操作提供一个环境。由于 ABM 包含一个复杂系统的过程模型，因此支持 GIS 匹配。通过检查 ABM 和操作 GIS 数据，我们可以建立更详尽细致的复杂系统模型。因此，利用 GIS 能够为复杂的现象构建更加真实和精细的模型。

为了说明这一点，我们可以查看 NetLogo 模型库中的大峡谷模型（见图 12.2.11）。这个模型显示了大峡谷中雨水的排泄方式。我们使用大峡谷的数字高程图（由 GIS 地形高程数据集创建），使用户能够在真实环境（大峡谷）中直观地看到一个复杂过程（水的排放）的简单模型。

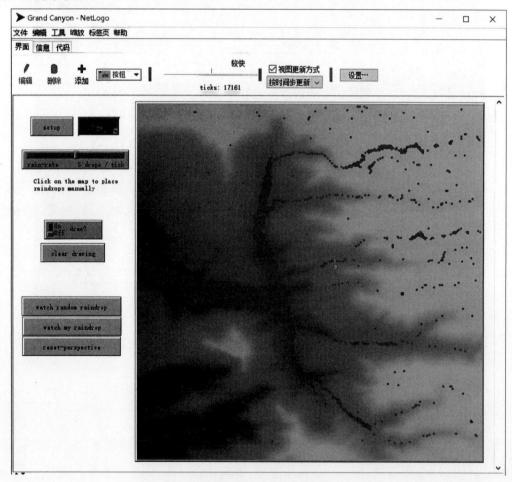

图 12.2.11 大峡谷模型

　　GIS 数据是如何被纳入这个模型的？第一步是检查 GIS 工具箱中的数据。这些数据是从国家海拔数据集中收集的。然后将其从原来的 ESRI 网格文件格式转换为 ASCII 网格文件。ESRI 是一个大型的 GIS 软件生产商，许多数据集都是以这种格式出现的。ESRI 有很多产品，我们可以随意使用一种来检查 ESRI 数据，例如 ArcGIS。改变文件格式后，数据文件被重新调整为位于 0～999 的范围内，同时文件的标题被删除，使数据更容易被 NetLogo 识别。最终，一个文件被存储为一个大的列表，其中有 90601 个条目。这个列表代表 301 行，每行包含 301 个海拔值。第一行看起来像这样：

819 820 822 828 830 832 834 835 836 837 839 841 842 844 845 846 847 848 849 848 847
844 840 833 829 826 825 825 826 827 828 830 832 835 838 841 841 842 842 843 844 845
847 849 850 850 852 855 858 862 864 866 865 864 864 870 873 876 878 880 880 880 880
879 878 877 877 879 879 881 884 887 888 888 887 883 881 880 879 873 870 866 864 860
860 861 860 856 853 852 853 852 851 850 848 845 843 841 840 836 834 833 833 834 835
835 836 838 838 839 840 843 845 847 848 853 856 859 863 871 874 876 879 884 887 890
894 902 905 908 910 912 912 912 912 911 908 906 906 901 897 897 900 904 909 913 918
919 919 916 914 915 915 914 912 913 911 907 904 899 899 903 906 911 913 915 917 922
923 921 918 907 903 904 908 910 911 911 910 909 912 915 918 918 918 920 921 919 918
918 919 921 922 924 924 926 929 931 932 935 938 940 942 944 945 946 947 947 945 942
943 949 950 952 953 956 957 958 959 960 960 960 959 957 956 955 955 956 956 957 957
959 960 961 962 963 964 964 963 963 963 962 960 954 951 949 948 950 954 959 963 965
966 966 967 968 969 970 971 972 973 974 974 975 975 975 975 975 975 974 975 976 976
977 978 979 980 981 981 981 981 981 981 981 982 982 983 985 987 988 989 991 992 993

　　这个数据文件被保存为"大峡谷数据.txt"。NetLogo 模型是以 301×301 个瓦片的世界创建的，见代码 12.2.6。

　　代码 12.2.6　打开数据的代码

```
to startup
  file-open "Grand Canyon data.txt"
  let patch-elevations file-read
  file-close
  set color-max max patch-elevations + 200
  let min-elevation min patch-elevations
  set color-min min-elevation - ((color-max - min-elevation) / 10)
  (foreach sort patches patch-elevations [ [the-patch the-elevation] ->
    ask the-patch [ set elevation the-elevation ]
  ])
  set-default-shape turtles "circle"
  setup
end
```

　　第一行的作用是打开文件。然后，创建一个临时变量 patch-elevations，将文件中的数据存储为一个大的列表，之后关闭该文件。之后，我们通过确定高度的最小值和最大值来决定如何给世界着色。最后，我们给世界上的每一个瓦片分配一个高度，相当于从文件中读入的相应的数据点。

在后面的代码 12.2.7 中,这些数据用来给瓦片着色。

代码 12.2.7 瓦片着色

```
ask patches
  [ set pcolor scale-color brown elevation color-min color-max ]
```

scale-color 告诉智能体在一个数值的基础上选择一个适当的颜色。在这种情况下,我们要求瓦片根据其海拔高度,将其颜色设置为某种棕色。这意味着海拔较低的地块将被染成深棕色,而海拔较高的地块将被染成浅棕色。这是一种将最小量的 GIS 数据纳入多智能体模型的方法,该模型将与几乎所有多智能体模型的工具包一起使用。我们还可以修改这些数据,并将结果导入地理信息系统。

12.3 交互(Interactions)

现在我们已经讨论了智能体和它们所处的环境,我们将看看智能体和环境如何互动。在 ABM 中存在五类基本的交互:智能体—自己、环境—自己、智能体—智能体、环境—环境,以及智能体—环境。我们依次讨论这五种情况,以及一些常见的交互。

12.3.1 智能体—自己交互(Agent-Self)

智能体不一定必须要与其他智能体或环境进行交互。事实上,很多智能体的互动是在智能体内部完成的。例如,我们在智能体部分讨论的大多数高级认知的例子都涉及智能体与自身的互动。智能体考虑其当前状态,并决定下一步的动作。我们介绍过一个经典的智能体—自我互动类型的模型,就是物种繁衍(详见第 9 章狼吃羊模型)。物种产生是 ABM 中的一个典型事件,一个智能体创造了另一个智能体。大多数时候我们倾向于在物理扩散和生物范式中讨论物种繁衍,但类似的互动类型也存在于其他领域,从社会科学(例如,一个组织可以创造另一个组织)到化学(例如,两个原子的结合可以创造一个新分子)。代码 12.3.1 中给出狼吃羊模型中的物种繁衍代码。

代码 12.3.1 能量

```
to reproduce
  if energy > 200 [
    set energy energy - 100
    hatch 1 [ set energy 100 ]
  ]
end
```

正如我们所看到的,智能体审视自身状态,并根据自身状态决定是否诞生一个新的智能体。然后,降低智能体的能量并创造新的智能体。这是让智能体繁殖的典型方式:它们考虑是否有足够的资源来“生”一个后代。如果有,就“孵化”(hatch)一个后代。

虽然我们上面的例子是一只海龟创造另一只海龟,但也有可能让一个瓦片生成一个海龟(在 NetLogo,这是用 sprout 命令完成的)。注意,环境(瓦片)可以创造一个新的海龟,但不能为一个新的环境区域创造新的瓦片。这是因为瓦片是事先设定的,具有唯一性,无法减少或者增加。

当然,有生必有死,有繁衍就有死亡。狼吃羊模型也设置了死亡程序,见代码 12.3.2。这也是 NetLogo 中的一种智能体—自我互动,没有直接导致另一个智能体死亡的"kill"命令,而是要求智能体自杀(die)。注意:还有 clear-turtles 命令,这将导致所有智能体死亡。

代码 12.3.2　死亡

```
to check - if - dead
if energy < 0 [
    die
]
end
```

这是一种相当典型的让智能体死亡的方式:如果一个智能体没有足够的资源继续生活下去,它们就会把自己从模拟中移除。在基础交通模型中,我们有另一种智能体与自身的互动模式,即智能体决定它们应该以什么速度行驶,见代码 12.3.3。

代码 12.3.3　汽车互动

```
ask turtles [
let car - ahead one - of turtles - on patch - ahead 1
ifelse car - ahead != nobody
[ slow - down - car car - ahead ]
[ speed - up - car ]
if speed < speed - min [ set speed speed - min ]
if speed > speed - limit [ set speed speed - limit ]
fd speed ]
```

如果我们忽略这段代码的开头部分(汽车感知前方的汽车)和结尾部分(汽车实际移动的地方),这中间的所有动作(汽车改变速度的地方)都是智能体—自我的互动,因为汽车看了它当前的速度,然后改变这个速度。这是另一种典型的智能体—自我互动,即智能体考虑它所拥有的资源,然后决定如何使用它们。

12.3.2　环境—自己交互

环境—自己交互的作用是指环境中的一些区域改变或自我改变。可以根据计算的结果而改变其内部状态变量。例如,在第 9 章中,草重新生长就是环境—自己互动的典型例子,见代码 12.3.4。

代码 12.3.4　草重生

```
to regrow - grass
ask patches [
    set grass - amount grass - amount + grass - regrowth - rate
    if grass > 10 [
    set grass 10
    ]
```

```
    recolor - grass
  ]
end
```

每个瓦片被要求检查它自己的状态，并增加草的数量，但如果草量太多，那么它就会被设置为最大值。最后，瓦片根据它所包含的草的数量为自己着色。

12.3.3　智能体—智能体交互（Agent-Agent Interactions）

两个或多个智能体之间的互动通常是多智能体模型中最常见的情况。我们在狼羊捕食模型中展示了智能体—智能体交互的典型例子，即狼吃掉了羊，见代码 12.3.5。

代码 12.3.5　狼吃羊

```
to eat - sheep
if any? sheep - here [
let target one - of sheep - here
ask target [
die
]
set energy energy + energy - gain - from - sheep
]
end
```

在这种情况下，一个智能体正在夺取另一个智能体资源并吞食该智能体，即狼吃羊。然而，也可以在这个模型中加入竞争或逃跑，即狼有机会吃羊，羊有机会逃跑。竞争是智能体—智能体互动的另一个例子。基础交通模型展示了另一种典型的智能体—智能体交互：智能体对其他智能体的感应。在 go 循环的开始阶段，见代码 12.3.6。

代码 12.3.6　汽车互动

```
ask turtles [
   let car - ahead one - of turtles - on patch - ahead 1
ifelse car - ahead != nobody
   [ slow - down car - ahead]
   … …
```

我们可以看到，当前的汽车正在感知它前面是否有汽车。如果有，它就会改变它的速度，以反映它前面的汽车的速度。当创造一个多智能体模型或与多个智能体交互时，我们很容易将智能体拟人化。也就是说，我们可能会假设被建模的事物会有自然产生的知识、属性或行为。我们需要提醒自己，设计智能体是非常简单的，难的是如何使智能体感知它们周围的世界，以及如何设计对该信息作出反应的规则。除了感知其他智能体，智能体还可以感知环境。

智能体—智能体交互的最后一个例子是交流。这种类型的互动允许智能体获得他们可能无法直接获得的信息。例如，在交通模型中，当前的汽车要求它前面的汽车报告它的速度。智能体—智能体通信的一个更经典的例子是 NetLogo 模型库中代码示例部分的通信 T-T 示例模型（Communication-T-T Network Model），见代码 12.3.7。在这个模型中,一只海龟拥有一个信息,然后用这个程序把信息传达给其他海龟。

代码 12.3.7　通信 T-T 示例

```
to communicate
if any? other turtles - here with [message?]
[ set message? true ]
end
```

海龟们通过选择另一只本地海龟进行交流,见代码 12.3.8。如果另一只海龟有信息,当前的海龟会复制该信息。如果海龟通过网络连接在一起,我们就可以改变这个程序,使海龟与它们所连接的其他海龟进行交流,而不仅仅是与本地海龟交流。这段代码也在 NetLogo 模型库的通信-T-T 网络示例模型中。

代码 12.3.8　海龟链接交互

```
to communicate
   if any? link - neighbors with [message?]
     [ set message? true ]
end
```

海龟与海龟通过链接进行交互。在这种情况下,链接更多的是作为环境的一部分,而不是作为完整的智能体。在模型中,通过链接发生的交互并不只有信息的交流,许多种类的智能体互动都可以通过链接进行交互。

12.3.4　环境—环境交互

多智能体模型最不常用的互动类型是不同的环境和环境的不同部分之间的交互。然而,环境之间交互也有一些常见的用途,如扩散。在第 7 章讨论的蚁群算法中,蚂蚁在环境中放置了一种信息素,然后通过环境与环境的交互作用扩散到整个世界。这种相互作用包含在 go 主代码中,见代码 12.3.9。

代码 12.3.9　环境—环境交互

```
diffuse chemical (diffusion - rate / 100)
ask patches
[ set chemical chemical * (100 - evaporation - rate) / 100
recolor - patch ]
```

这段代码的第一部分是环境—环境交互——diffuse 命令将信息素从每个瓦片自动扩散到周围的瓦片上。这段代码的第二部分实际上是一个环境与自身相互作用的例子。每个瓦片随着时间的推移都会失去一些信息素,瓦片颜色的改变反映了信息素在这段时间内的变化情况。

12.3.5　智能体—环境交互

当智能体操纵或检查其存在的世界的一部分时,或者当环境以某种方式改变或观察智能体时,就会发生智能体与环境的相互作用。蚁群算法模型展示了蚂蚁检查环境以寻找食物和感知信息素时发生的这种交互，见代码 12.3.10。

代码 12.3.10　智能体—环境交互

```
to look - for - food
  if food > 0
    [ set color orange + 1
    set food food - 1
    rt 180
    stop ]
  if (chemical > = 0.05) and (chemical < 2)
    [ uphill - chemical ]
end
```

在蚁群算法模型中，瓦片包含食物和信息素，所以这段代码的第一部分是检查当前瓦片中是否有食物。如果有食物，蚂蚁就会拿起食物，转身回到巢穴，然后程序就停止了。否则，蚂蚁会检查是否有信息素，然后沿着有化学品的方向走。在某种程度上，移动只是一种智能体—自我交互，因为它只改变了当前智能体的状态。但是，由于环境中任何特定区域也算是一种智能体（瓦片），所以移动也是智能体—环境交互的一种形式。根据世界的拓扑结构，智能体的运动将对环境产生不同的影响。我们设定过两种类型的运动，请注意它们的区别。上述代码是其中一种，下面的代码是另外一种。在蚂蚁模型中，蚂蚁通过"wiggling"（扭动）来移动，这段代码我们在狼吃羊模型中也遇到过，见代码 12.3.11。

代码 12.3.11　智能体—环境交互

```
to wiggle
  rt random 40
  lt random 40
  if not can - move? 1 [ rt 180 ]
end
```

注意，在这个过程的最后一行，蚂蚁会检查它是否到达了世界的边缘。也可以在环境互动中，让智能体离开世界的一个边缘，但又回到另一个边缘上。在基础交通模型中，拓扑结构是水平环绕的。因此，汽车连续地在一条直线上移动。或者，这个路径可以被视为一个环形，汽车在一个圆形轨道上行驶。

我们在这里回顾了五种基本的不同类型的交互：智能体—自己、环境—自己、智能体—智能体、环境—环境，以及智能体—环境。虽然这些类型的互动还有许多其他不同的例子，我们只在这里介绍了最常见的一些应用实例。

12.4　观察者/使用者界面（Observer/User Interface）

我们已经讨论了智能体、环境以及智能体和环境之间发生的交互。接下来我们介绍一下控制模型运行的不同层次。

观察者（Observer）是一个高级智能体，负责确保模型按照模型作者开发的步骤进行。观察者向智能体和环境发布命令，告诉它们操作它们的数据或采取某些行动。模型开发者对 ABM 的大部分控制都是通过观察者进行设定的。然而,观察者是一个特殊的智能体。它没有很多属性,尽管它可以像其他智能体或瓦片一样访问全局变量。那些与观察者建模世界的视角有关的属性,可以看作观察者特有的属性。例如,在 NetLogo 中,可以使用 follow、watch 或 ride 命令,将视图集中在某个特定的智能体上,或将高光聚焦在某个智能体上(见图 12.4.1)。图例为了在书中展示得更清晰,特别做了加亮处理。

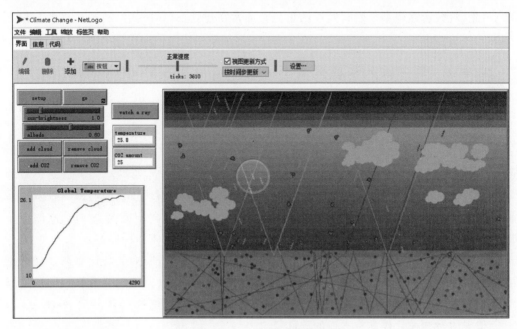

图 12.4.1　气候变化模型

模型中有一只正在被观察的海龟,它周围的透明光环表明了这只海龟正在被监控。通过点击视图控制条右上角的 3D 按钮,可以从 3D 角度观察 2D NetLogo 世界。在 NetLogo 三维模型中,也可以使用 face、facexyz 和 setxyz 命令,或使用三维控制操纵观察者的位置。观察者可以从一个特定的世界视角来观察海龟,而不是通常的上帝视角。除此之外,观察者的基本行为是要求智能体执行动作、控制数据和属性。观察者按钮会告诉观察者要做什么。例如,我们可以创建一个 setup 按钮并在其中放置以下代码。

```
create - turtles 100 [ setxy random - xcor random - ycor ]
```

只有观察者可以运行这个代码。我们不能使用 create-turtles 代码要求海龟创建海龟(尽管我们可以使用 hatch 达到同样的效果)。如果我们随后希望海龟执行一些操作,我们可以创建一个海龟按钮(通过在编辑按钮对话框的下拉框中选择乌龟),使用以下代码 12.4.1。

代码 12.4.1　观察者代码

```
fd random 5 rt random 90
```

我们也可以创建一个观察者按钮来做同样的事情,但是如果我们把完全相同的代码放进去,系统会报错,即只有海龟可以执行 fd。所以我们必须告诉观察者要求海龟做什么，见代码 12.4.2。

代码 12.4.2　报错代码

```
ask turtles [
  fd random 5 rt random 90
]
```

因此，观察者在模型是宏观监控的角色。通常在建立模型时，我们通过观察者与模型互动。

12.4.1　用户输入和模型输出（User Input and Model Output）

当我们在前几章构建模型时，我们已经用到了许多使用模型接口的标准方法。我们在本节再回顾一下其中的一些方法。

模型需要一个控制界面或一个参数组，用户可以为模型设置不同的参数和设定。最常见的控制机制是一个按钮，它在模型内执行一个或多个命令；如果是一个持续执行的按钮，它将一直执行这些命令，直到用户再次按下按钮。模型内执行行动的第二种方式是通过命令中心（与智能体监视器内的小型命令中心一起）。命令中心是 NetLogo 的一个非常有用的功能，用户通过各种类型的交互测试命令控制智能体和环境。

通常情况下，模型用户控制其他界面的主要方式是数据驱动，而非动作驱动。在数据驱动的界面控制中，我们可以区分输入控制和输出控制。输入控件包括滑块、开关、选择器和输入框。输出控件包括显示器、绘图、输出区和注释。虽然这些名字是 NetLogo 特有的，但大多数建模软件都有类似的控件。

在 NetLogo 的界面中，按钮是蓝灰色的，输入控制是绿色的，输出控制是卡其色的。滑块使模型用户能够从数值范围中选择一个特定的值。例如，滑块的范围可以从 0 到 50（增量为 0.1）或 1 到 1000（增量为 1）。在代码标签中，我们可以访问或者调用滑块的值，此时的滑块相当于一个全局变量。开关可以打开或者关闭模型中的各种元素。在代码标签中，开关也被当作全局变量来访问，但开关是布尔变量。选择器可以从建模者创建的预定下拉菜单中选择一个选项。同样，这些变量在代码选项卡中作为全局变量被访问，但它们是以字符串作为值变量。最后，输入框是更自由的形式，允许用户输入模型可以使用的文本。

至于输出控件，监视器显示全局变量或计算的值，每秒更新数次。它们没有历史记录，但显示系统的当前状态。图形提供了传统的二维图像，使用户能够观察输出变量随时间的变化。输出框使建模者能够创建自由形式的基于文本的输出来发送给用户。最后，建模者可以使用注释功能在界面标签上放置文本信息，为模型用户提供如何使用模型的指导。除非手动编辑，否则注释中的文本是不变的。

除了这些与 ABM 对接的直接操作方法，还有通过读取文件来操控模型的方法。例如，我们可以编写代码从一个文件中读入数据，这种方法可让用户修改该文件以改变模型的输入。同样，除了 NetLogo 内置的传统输出方法外，建模者也可以将数据输出到一个文件。这个方法记录了模型运行的历史轨迹，往往比较有效，这些数据即使在 NetLogo

关闭后也不会消失。此外,使用 Excel 和 R 等工具或分析包,也可以对这个文件数据进行汇总统计。

12.4.2　可视化(**Visualization**)

可视化是模型设计的一部分,涉及如何以可视化的方式呈现模型中包含的数据。创造具有认知效率和美感的可视化图像可以使模型作者和用户更容易理解模型。尽管已经有很多人在研究如何在静态图像中呈现数据(Bertin,1967;Tufte,1983,1996),但如何在实时动态情况下呈现数据的研究还是很少。目前,人们已经尝试将当前的静态准则应用到动态可视化中(Kornhauser,Rand & Wilensky,2007)。一般来说,在设计 ABM 的可视化时,有三个准则应该被记住:简化(simplify)、阐释(explain)和强调(emphasize)。

1. 视觉简化

尽可能简化图像,以便从可视化图形中消除任何不能提供可用信息的东西(或与当前解释的要点无关的东西)。这可以防止模型用户被不必要的"杂乱信息"(graph clutter)所干扰(Tufte,1983)。

2. 元素阐释

如果可视化图像的某个方面不是很明显,那么应该有一些便捷的方法来解释该可视化图像所说明的内容,比如图例或描述。如果没有对正在发生的事情进行清晰和直接的描述,模型用户可能会误解模型作者试图描绘的东西。如果一个模型是有用的,那么任何观看该模型的人都必须能够轻松地理解它在说什么。

3. 强调要点

模型可视化本身就是一个模型可能呈现给模型用户的所有数据的简化。因此,一个模型的可视化应该强调模型作者想要探索的要点和互动,并反过来传达给终端用户。通过强调可视化的某些信息,可以引起读者对这些关键结果的注意。

模型的可视化经常被忽视,但是一个好的可视化可以使模型更容易被理解,并且可以为模型用户提供一种直观的吸引力,从而使他们更有可能喜欢使用这个模型。那么,好的可视化究竟是如何实现的呢? 本节将提出一些浅见,抛砖引玉。

可视化的起点是形状和颜色。每个智能体都有一个形状和颜色,通过选择适当的形状和颜色,我们可以突出一些智能体,而把其他智能体放在后面。例如,为了简化图像,如果我们的模型中所有的智能体都是同质的,那么我们可以让所有的智能体都是相同的颜色,就像蚂蚁模型一样。为了更好地突出某些个体,我们可能会改变它们的形状,以阐释它们的一些属性。如图 12.4.2 所示,在基于 Hammond 和 Axelrod 模型的民族中心主义模型(the Ethnocentrism model)中,采用相同策略的智能体人具有相同的形状。

最后,为了强调某个个体,除了使用颜色,我们也可以使用其他工具。例如,在基础交通模型中,我们可以设定一辆既是红色又有光晕的汽车,以突出该车。如果这辆车是蓝色

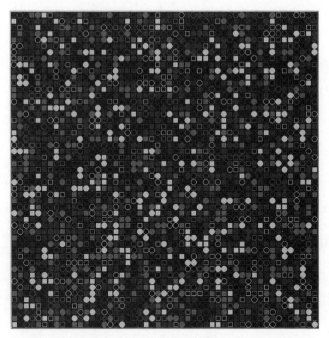

图 12.4.2　民族中心主义模型(Ethnocentrism model)

的,没有光晕,就很难从其他的车中分辨出来,因此也就很难弄清楚一辆车在做什么。在设计模型的用户界面时,细节越多,我们就对多模型越了解。

4. 批量操作 VS 交互操作(**Batch vs. Interactive**)

当我们打开一个空白的 NetLogo 模型时,它开始有一个命令中心,上面写着"观察者"。这个空白窗口允许我们以互动的方式操作 NetLogo。如果我们打开一个新的模型,必须使用 setup 和 go 键来操作模型。此外,对于大多数模型,即使它们正在运行,我们也可以操纵滑块和设置,看这些新参数如何影响模型的性能。用户可以在模型运行时进行交互,而这种突发的控制被称为交互操作。在设计模型时,考虑模型用户如何与我们的模型互动是很重要的。例如,我们可以在模型运行时操纵模型的所有参数吗？或者我们想操纵参数的一个子集吗？在后一种情况下,向读者表明子集的作用非常重要。例如,在 NetLogo 中,通常情况下,我们把在模型运行前初始化的控件(并在模型运行中保持不变)放在 setup 按钮的上方,把在模型运行时可以操作的控件则放在 setup 按钮的下面。无论使用何种解决方案,我们在开发模型时应考虑这些细节。

与交互式运行相反,另一种运行模型的方式叫作批量操作(batch running)。在批量操作中,用户不是直接控制模型,而是写一个脚本来多次运行模型,通常使用不同的伪随机数发生器的种子和不同的参数集。建模者对模型进行实验,收集不同条件下同一模型的多次运行结果。NetLogo 提供两种方法来进行批量运行。

1) 行为空间(Behavior Space)。

2) NetLogo 的控制 API。

行为空间是一个互动工具,允许模型用户为模型指定初始条件和参数扫描。行为空间既可以从 NetLogo 用户界面运行,也可以在没有任何图形的模式下运行(例如,从命令行界面)。NetLogo 的控制 API 是一种与 NetLogo 互动的方法,包括编写 Java 代码(或其他与 JVM 兼容的语言)来控制 NetLogo 模型。控制性 API 既可以控制 NetLogo 图形用户界面,也可以在命令行运行。关于命令行运行和 NetLogo 控制 API 的更多细节,请参阅 NetLogo 文档。在为模型设计用户界面时,重要的是要记住,一些用户希望能够通过批量运行与模型进行交互。这意味着在建立模型时,我们应该使模型每次运行都能清除所有东西,不依赖任何过去的信息。

12.5　时间排列(Schedule)

时间排列是对模型运行顺序的描述。所有的建模软件或多或少都涉及模型运行的时间排列。在 NetLogo 中,时间排列是模型中发生事件的顺序,它取决于用户按下按钮的顺序,以及这些按钮运行的代码/程序。我们首先讨论几乎所有多智能体模型都采用的常见的 setup / go 命令,然后继续讨论关于 ABM 中一些微妙的设计问题。

12.5.1　setup 和 go

首先,通常有一个初始化程序来创建智能体,设置环境和用户界面。在 NetLogo 中,这个程序通常称为 setup。只要用户按下 NetLogo 模型上的 setup 按钮,它就会执行。setup 程序通常从清除所有与上一次模型运行相关的智能体和数据开始,然后检查用户如何操作由用户界面控制的各种变量,创建新的智能体的命令来操作模型的新运行。例如,在基础交通模型中,setup 程序看起来如代码 12.5.1。

代码 12.5.1　基础交通 setup

```
to setup
  clear-all
  ask patches [ setup-road ]
  setup-cars
  watch sample-car
end
```

正如 ABM 的典型模型一样,这个程序调用了一堆其他程序。代码 12.5.2 从清除世界(ca)开始,然后要求瓦片程序 setup-road 设定道路,为模型创建环境。之后,模型使用 setup-cars 创建汽车,检查 number-of-cars 滑块的值,并使用它来决定将创建多少辆汽车。在 setup 过程中,调用 watch 告诉观察者要突出一个特定的汽车。

代码 12.5.2　基础交通 go

```
to go
ask turtles [
let car-ahead one-of turtles-on patch-ahead 1
ifelse car-ahead != nobody
[ slow-down-car car-ahead]
[ speed-up-car ]
```

```
if speed < speed - min [ set speed speed - min ]
if speed > speed - limit [ set speed speed - limit ]
fd speed
]
tick
end
```

时间排列的另一个主要部分是主循环部分，在 NetLogo 中称为 go 过程。go 过程描述了在模型的一个刻度的时间单位（tick）内发生的事情。一般情况下，该操作涉及要求智能体执行何种命令。如果有必要，环境会发生改变，用户界面会更新以反映所发生的事情。在基础交通模型中，go 程序看起来像这样。

在这个过程中，智能体改变它们的速度和移动，然后推进 tick 计数器。在这个模型中，环境保持不变，但是道路可能会出现坑洼和维修，这将导致在 go 程序中调用另一个程序。但是，为了得到时间排列的完整描述，还需要检查在 setup 和 go 中调用的程序。

在考虑 ABM 的时间排列时必须考虑两个问题。ABM 是否使用同步更新（所有智能体在同一时间更新）或异步更新（一些智能体在其他智能体之前更新）。与此相关，我们必须确定该模型是按顺序操作（智能体轮流行动）、平行操作（智能体在同一时间操作）还是模拟并发（介于顺序和并发之间）。我们将依次研究这些问题。

12.5.2　同步更新和异步更新（Synchronous VS Asynchronous）

如果一个模型使用异步更新排列，那么当一个智能体状态改变时，其他智能体会立即看到该状态。在同步更新计划中，对一个智能体所做的改变直到下一个时间刻度才会被其他智能体看到，也就是说，所有智能体同时更新。这两种更新形式在多智能体模型中都是常用的。相对之下，异步更新更现实，因为异步更像现实世界，智能体都是独立行动和更新，而不是互相等待。基础交通模型、狼吃羊模型、蚁群算法模型、隔离模型和病毒模型都使用异步更新。然而，同步更新更易管理和调试，因此被普遍使用。在 NetLogo 模型库中，火灾模型、民族中心主义模型和元胞自动机是同步更新的典型模型。

在不同的更新形式下，模型的行为区别也非常大。例如，在同步更新中，智能体采取行动的顺序并不重要，因为它们只受其他智能体在最后一个 tick 结束时的状态影响，而不是智能体的最新状态。然而，在异步更新中，知道智能体以何种顺序和方式采取行动是很重要的。下面我们会重点讨论其原因。

12.5.3　顺序行动与并行行动（Sequential VS Parallel Actions）

在异步更新的领域中，智能体可以顺序行动或平行行动。顺序行动一次只涉及一个智能体，而并行行动是所有智能体的独立行动。在 NetLogo（4.0 及以后的版本）中，顺序行动是智能体的标准行为。换句话说，当你要求智能体做某事时，一个智能体完成你所要求的全部行动，然后再把控制权交给下一个智能体。在某些方面，这不是一个非常现实的行动模型。因为在现实中，智能体在同一时间不断行动、思考和影响其他智能体，它们不会轮流等待对方。尽管如此，从模型实现者的角度来看，顺序行动更容易设计，因为并行行动的互动更难理解。此外,为了让智能体真正地并行行动,我们所运载的电脑必须是具备多线程处理器的,这样每个智能体的行动由一个单独的处理器来执行。现在的电脑基本上都是支持多线程处理工作。

如果使用单线程处理或者多线程算力较差的硬件,其实有一个中间方案,即使用一个处理器模拟并发多智能体行动。支持模拟并发的仿真建模工具很少。尽管 NetLogo 支持模拟并发,但是效果也有限。模拟并发的一个方法是,通过使用"turtle forever"按钮。例如,在 NetLogo 模型库中生物部分的白蚁模型是一个可供参考的经典模型(Wilensky,1997c),每个智能体完全独立于其他智能体行动,观察者根本不参与。在这种情况下,所有的智能体都在执行代码 12.5.3。

代码 12.5.3 二次搜索

```
to go
  search - for - chip
  find - new - pile
  put - down - chip
end
```

在这个例子中,一些白蚁可能正在进行第二次搜索,即使其他一些白蚁还没有完成put-down-chip 命令。虽然这种差别很微妙,但在某些情况下却很重要,它提供了一种实现模拟并行行动的方法。

12.6 总 结

现在,我们已经回顾了 ABM 的所有组成部分,对多智能体仿真建模有了一个深入的了解。在我们创建 ABM 模型时,有三个部分是必须牢记的:代码、文档和界面。

1. 代码

我们在之前的章节中已经讨论和使用过很多的代码了。代码告诉智能体该做什么,并告诉模型如何执行。

2. 文档

文档描述了代码的构造逻辑,将模型置于现实世界的背景中。在 NetLogo 中,代码被放在 NetLogo 的"代码"选项卡中,用户可以控制模型,从而生成其结果。我们已经在前几章中详细讨论了代码,所以我们在这里就不多讨论了,只是要强调在代码中也要放置文档的重要性。在我们所开发的代码例子和模型中,我们在代码旁边加了一些注释(NetLogo 使用分号注释字符),这样做是为了帮助阅读代码的人了解代码的作用。事实上,在学习编程和使用编程语言中,代码注释都是一个非常重要的事,希望大家可以养成一个勤于写代码注释的好习惯。代码注释也可以帮助建模者本人。通常情况下,建模者会重复使用代码,或者在我们写完代码多年后被问到关于代码的问题。如果我们没有很好地记录我们的代码,就会花更多的时间来弄清楚代码的作用。归根结底,代码注释是为长期使用而付出的短期成本。

在 NetLogo 中，文档被放在信息标签中。这是对我们已经放在代码注释中的文档的补充。这个文档应该解释清楚模型的整体目的和结构。在 NetLogo 中，这种文档通常分为八个部分（见"信息选项卡"的文本框）。模型作者也可以添加新的部分。这八部分的格式是 NetLogo 特有的。提供涵盖模型相同基本方面的文档意义重大，比如，如何利用该模型的用户指南、结果（需要注意的事情和需要尝试的事情）、该模型未来的改进（扩展该模型）、该模型采用的特殊技术（NetLogo 功能）、启发该模型的相关工作以及关于该模型的其他信息（相关模型和参考文献）等。还有几种记录模型的格式。一种流行的格式是 ODD 格式，由 Grimm 等人（2006）开发，其目的是成为描述仿真模型的标准协议。文档应将模型与它应该描述的真实世界表征联系起来，因为没有附带文档的模型都是不完整的。

3. 界面

在 NetLogo 中，用户界面在界面选项卡里面。它是完整模型的最后一部分。用户界面使用户能够为特定的模型运行设置参数，并观察模型的运行。另外，正如我们在前面说过的，一个好的可视化效果可以帮助建模者增加对模型的认知和了解，而这些认知可能是在纯粹的数字输出结果中无法获得的。事实上，在许多情况下，建模者从观察运行中了解到的信息比在模型运行结束的原始数据更多。

我们所描述的其他元素是建模的核心，即智能体、环境、交互、接口/观察者和时间序列。模型代码用于控制这些元素、文档中描述了不同元素的作用、用户界面对模拟结果可视化，这三个部分共同构成了完整模型的必要包装。

在 ABM 模型中，以下五类元素属于概念层面上的内容。当创建自己的模型时，我们会发现需要对许多元素进行具象化处理。但不管何种具象化处理的内容，都属于这五个类别：智能体可以有许多不同的属性和行为，而且模型也可以有不同的智能体，但它们是仿真模型的基本组成部分，没有智能体，就没有 ABM；环境是智能体居住的地方，因此，合适的环境设定对仿真模型非常重要；交互是模型的动态演化方式，对仿真模型的运行至关重要；观察者/界面是让我们知道如何控制模型以及如何从模型中提取数据，没有观察者和界面，模型也没法使用；时间排列告诉模型什么时候做什么，在建立模型时必须考虑时间排列的重要性。这五个部分共同构成了一个仿真模型。代码是对模型的形式化描述，文档将模型与现实世界的系统联系起来，而用户界面使用户能够控制模型的输入、输出和操作。

这些元素和内容也是设计 ABM 的起点。例如，我们想在交通模型的基础上扩展出一个完整的城市交通系统模型，我们可能会从了解模型的基本智能体是什么开始。有些读者可能想对火车、汽车、公共汽车、渡轮、骑自行车的人、甚至行人进行建模，那么这也是一个起点。在这之后，我们可以开始考虑环境。一般情况下，火车是在铁路网上移动，但行人和骑自行车的人在地理上受到的限制较少。我们对智能体的决定会影响我们对环境的决定，反之亦然。在这之后，我们必须考虑智能体和环境如何互动：我们是要让铁路局创建新的运输系统呢,还是直接把当前的运输网络设置为固定环境?或者是需要设置智能体之间的速度交互呢?我们是只模拟上班途中的通勤者,还是模拟休闲旅行的人呢?观察者和用户界面如何设定所有的这些互动呢?是设定智能体的运动可视化,还是简单计算通勤的平均时间?代码之间的运行顺序要遵循何种逻辑?谁能决定他们要去哪里?通勤者可以根据他们以前的交通路线来改变他们的决策吗?对这些基本的元素进行审慎思考之后,我们才能开始构建讨论的框架。读完本章内容之后,我们已经学会了如何使用简单的基于智能体的模型,如何去扩展 ABM,并建立自己的仿真模型,同时也熟悉了基于智能体模型的基本元素。在下一章,我们将开始学习如何分析一个模型。

CHAPTER 13
第13章

模型的分析

在此之前,我们已经研究和修改了 ABM,并开始学习如何从头开始建立一个新的模型,且分析了模型的行为。在本章中,我们将学习分析我们正在研究模型的结果。

ABM 可以产生哪些类型的结果呢?有许多检查和分析数据的方法,只选择其中一种技术可能会有局限性。因此,了解各种工具和技术的优点与缺点是很重要的。在建立 ABM 模型之前,我们需要考虑我们的分析方法是有用的,以使我们能做出有效的输出。

13.1　疾病传播模型分析

如果某人得了传染病,可能会传染给其他人。与他接触的人,如他的朋友、同事,甚至是陌生人,都可能感染传染病。如果传染病病毒感染了某人,这个人可能会在康复之前将疾病传播给另外 5 个人,导致共有 6 个人被感染。反过来,这 5 个人又可能把传染病传给另外 5 个人,导致现在共有 31 人被感染。在这 31 人中每个人都有可能把传染病传播给其他的 5 人。因此,疾病的感染率往往是以指数上升的。

然而,由于疾病的感染呈现指数增长,在短时间内就会达到可感染人数的极限。例如,设想上述 156 人都为同一家 200 人的公司工作。剩下的 125 人不可能每个人都感染 5 个新的人,被感染的人数会逐渐减少,因为已经没有人可以感染了。在这个简单的模型中我们假设每个人感染的人数相同,但在现实环境中显然不是如此。当一个人在自己的工作范围内移动时,可能碰巧在一天内遇到较少的人;而另一个人可能碰巧遇到了很多人。在现实中,这种情况都是不可控的。另外,在最初的描述中,我们假定一个人感染了第一批的 5 个人,另一个人感染了第二批 5 个人,没有考虑这些人会不会有重叠。但是在现实中,这些人可能会有大量的重叠。因此,在工作场所中的疾病传播并不像我们最初描述的那样简单。假设我们对疾病传播模型感兴趣,并且我们想建立一个类似于疾病传播的 ABM。我们应该如何去做呢?

首先,我们需要一些智能体来跟踪他们是否感染了传染病。此外,这些智能体需要一个空间位置和移动的能力。最后,我们需要通过我们的编程创立初始化模型,在初始化模型中感染一组个体来模拟疾病传播的场景。我们将在本章讨论 NetLogo 模型中的疾病

传播行为(见图 13.1.1)。个体在设定好的工作环境上随机移动,只要接触到其他个体就
会将疾病传播给其他人。

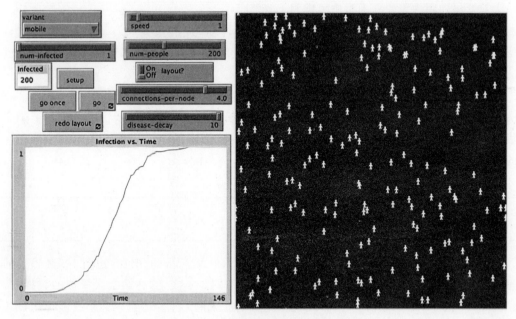

图 13.1.1　疾病传播(Spread of Disease)

　　虽然这个模型非常简单,但模型行为很复杂。例如,如果增加模型中的人口数量会发
生什么? 疾病是在整个人口中传播得更快,还是因为人多而需要更长的时间?

　　让我们在人口规模为 50、100、150 和 200 时运行模型,并检查结果。结果如表 13.1.1
所示。

表 13.1.1　运 行 模 型

人口密度	50	100	150	200
100%感染耗时	419	188	169	127

　　保持世界的大小不变,当人的数量增加时,人口密度也在增加。我们发现,随着人口
密度的增加,完全感染的时间会急剧减少。这个结果是合乎逻辑的。在开始时,当第一个
人被感染时,如果周围人很少,这个人就没有人可以感染,因此感染率是慢慢增加而非急
剧增加的。此外,在模型运行的最后,当只有一个或两个未受感染的智能体时,如果人口
数量多,他们将更有可能碰到有感染的人。

　　在疾病的传播模型中,我们讨论了疾病如何从一个人传播到另一个人。然而,我们不
一定要把这个模型限制在疾病传播上。除了疾病,思想和谣言也可以从一个人传播到另
一个人。这方面的一个典型例子是语言变化。不同类型的语言会发生不同类型的变化,
一个常见的语言变化案例是将新词引入一种语言(Labov,2001)。我们将语言变化引入
疾病传播模型。假设当任何两个人接触时,他们互相交谈。如果其中一个说话者使用了
一个新词,就为另一个说话者提供了在未来接触中使用该词的能力。通过这种方式,我们

可以看到在语言中引入一个新词是如何在人群中传播的，这与感染的方式很相似（Enfield，2003）。目前的疾病传播模型和语言变化之间的一个区别是，在语言变化中，有一个对变化的阻力需要在模型中考虑到。

在本节的介绍中，我们可以探索如何改变疾病传播模型，使其成为一个不一样的语言变化模型。也可以查阅 NetLogo 模型库中社会科学部分的语言变化模型（The Language Change）。

如果我们把疾病传播模型的数据（见图 13.1.1）给普通人看，大多数人应该不会相信。一般人都会认为达到 100% 感染的时间应该随着人口的增加而线性增长。为了确定稳健性，我们可以检查代码，确定代码与描述是否相符。之后，运行模型并再次收集相同的数据（迭代）。第二次运行模型的数据结果见表 13.1.2。

表 13.1.2 迭 代 数 据

人口密度	50	100	150	200
100%感染耗时	305	263	118	126

第二次模拟的结果证实了第一次模拟的结果，即随着人口的增加，达到 100% 感染的时间会增长。但是，与最初收集的结果也有很大不同。事实上，在第二次模拟的数据中，150 和 200 的 100% 感染时间增加了，似乎与我们原来的结果相矛盾。如果我们再运行几次模型，可能再次得到不同的结果。我们需要一些方法来确定数据中是否存在明确稳健的趋势。数据不一致是因为大多数 ABM 模型在算法中采用了随机性，即代码使用了随机数发生器。智能体在环境上移动并非沿着既定的路线，而是在每个时间步骤中多次调用随机数发生器的结果，随机数发生器决定了特定智能体的行动。此外，在每个时间步骤里（ticks），群体中的每个智能体至少发生一次随机决定。显然，只运行一组数据不足以明确模型结果的趋势。那么，假设我们为一组人口密度收集多次数据——如表 13.1.3 所示的 10 个不同的模型运行，虽然这些运行中的大多数看起来更像我们的第一次运行结果，而不是第二次的结果，但可能很难看到明确的趋势，也很难对结果进行整体分析。因此，为了描述这些行为模式，我们有必要使用一些统计方法，见表 13.1.4。

表 13.1.3 多次统计数据

人口密度\轮数	1	2	3	4	5	6	7	8	9	10
50	419	365	305	318	323	337	432	380	430	359
100	188	263	256	205	206	205	201	181	202	231
150	169	118	163	146	143	167	137	121	140	140
200	127	126	113	111	133	129	109	101	105	133

表 13.1.4 统计均值、标准差

人口密度	均值（Mean）	标准差（Std. Dev.）
50	366.8	47.39386
100	213.8	27.40154
150	144.4	17.6522
200	118.7	12.12939

这些结果似乎证实了最初的假设,即随着人口密度的增加,平均感染时间下降。在 ABM 中,统计分析是确认或拒绝假设的一种常见方法。当最初检查 ABM 时,我们可能从结果界面观察模型结果的变化。但随着模型的深入发展,我们需要提出关于 ABM 的输入如何产生各种输出的假设。这里需要我们熟悉基本的统计方法对这个数据进行进一步的统计分析,并描述时间随着人口密度增加而减少的速度。我们还可以进行统计测试,以证明人口密度的变化会导致实现 100% 感染的时间不同。对统计分析的详细讨论超出了本教科书的范围,但对于统计分析的更深入介绍,请参见统计学入门课本。

ABM 创造了大量的数据,疾病传播模型只是一个小例子。如果我们能总结这些数据,我们就能以一种有效的方式检查这些输出。例如,微软的 Excel、开源的 R 包、Python、Mathematica 和 Matlab,都有协助分析大量数据集的软件包和函数集,它们可以简单便捷地从 ABM 中获取数据并将其导入软件中。大多数 ABM 工具支持将数据导入 CSV 文件。前面的所有工具都可以导入 CSV 文件数据,然后我们可以在这些工具箱中进行必要的统计分析。此外,大多数仿真建模软件能提供一些基本功能来进行简单的统计分析。例如,在 NetLogo 中有 Mean 和 Standard-Deviation 基元。因此,在模型运行时,ABM 本身可以产生汇总统计。

最后,一些 ABM 工具包提供了在模型运行时连接到统计软件包的功能。例如,在 NetLogo 中,可以使用 Mathematica Link(Bakshy & Wilensky,2007)从 Mathematica 中控制 NetLogo,也可以在 Mathe-matica 中检索模型的任何结果。同样,我们也可以使用 NetLogo 的 R 扩展,用 R 统计包进行分析。

13.1.1　ABM 多次迭代

如前所述,当我们试图从 ABM 中收集统计结果时,我们应该多次运行模型,并在不同点收集不同的结果。大多数 ABM 工具包都会提供一种方法来自动收集这些数据。例如,在 NetLogo 中有一个叫作行为空间的工具。这些功能对模型检验非常重要。然而,即使不存在这些功能,ABM 工具包通常是全功能的编程语言,允许使用者编写自己的工具来创建实验,产生相应的分析数据集。事实上,在前面描述的分析中,就是我们为生成数据所做的事情。我们简单地写了代码 13.1.1。

代码 13.1.1　生成数据

```
repeat 10 [
  set num – people 50
  setup
    while [count turtles with [ not infected? ] > 0 ]
[ go ]
  print ticks3
]
```

通过修改 num-people 的值,我们能够生成不同的数据。如果想探索更多变量,或对一个变量进行更多设置,重复这种操作可能会非常枯燥和麻烦。因此,大多数仿真建模软件都有一个批量实验工具。这些工具将自动按照不同设置多次运行模型，并以一些易于使用的格式收集结果，如前面提到的 CSV 文件。如果我们想使用 NetLogo 的行为空间运行之前描述的相同实验，我们将首先启动行为空间，点击创建一个新的实验，设置行为空间实验。然后，我们可以选择参数条目和参数范围，让行为空间进行不同参数的遍历，以便再重新创建相同的实验。

在我们创造好行为空间之后，我们回到实验选择对话。在这里，我们可以运行实验，选择以表格的格式导出文件，并指定文件保存路径。如果在运行实验后，我们想看一下结果，我们可以启动 Excel 或其他统计软件包，加载 CSV 文件。除了我们感兴趣的实际数据外，行为空间还会显示所有其他参数，例如，每一次时间步的结果。手动多次运行模型是重复实验的常见方法，但为了更好地了解结果，批量实验工具会更方便。行为空间工具是 NetLogo 的批处理实验工具。大多数 ABM 工具包都有类似的收集和扫描多次运行参数的方法。

13.1.2 绘图展示

汇总统计数据为验证模型结果提供了数据基础。当我们认为达到 100% 感染的时间随着人口的增加而减少时，我们是正确的，但并没有准确地说明整个情况。表格的数据并没有为我们提供数据分布的总体描述。此外，观察数据本身也很困难，因为我们很难像看表 13.1.3 那样，看着一连串的数字迅速总结出任何有意义的规律。如果我们能以一种能让人快速了解整个数据集的方式来展示数据，效果则为更佳。

如果我们将整套数据以图像化的形式展示出来，数据规律便清晰易懂。例如，我们可以从表 13.1.2 中获取数据，并创建一个人口与密度达到 100% 感染率的时间统计图，如图 13.1.2 所示。

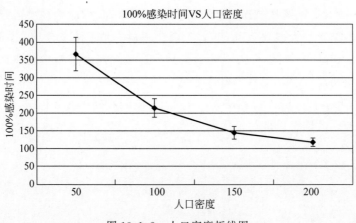

图 13.1.2 人口密度折线图

在 NetLogo 中，我们可以快速创建简单的图形，能够满足简单的数据分析。对于复杂的数据集，设计一个有用的、即时性的能提供信息的图形比较有难度，但很多优秀的研究做到了这点(Tufte,1983；Bertin,1983)。良好的可视化可以让其他人一目了然地看到数据的分布，以及数据如何随人口密度而变化。我们以一个图片为例进行说明。

图 13.1.2 绘制了每个数据的平均值以及每个标准差的误差值。图表不仅有助于在模型运行后清晰地刻画数据,而且在模型运行期间也可以展示运行效果。许多仿真建模软件都有在模型运行过程中持续更新图表的功能,从而使我们能够看到模型在不同时间点的变化。这对于理解模型动态和时间演变非常有效。例如,在疾病传播模型中就有一张实时更新图,说明了受感染智能体的比例的时间变化。图 13.1.3 是一个时间序列的例子,是随时间收集的数据。时间序列分析在 ABM 中非常

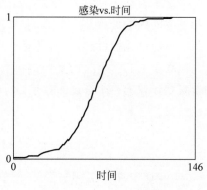

图 13.1.3　传染与时间

重要,因为 ABM 产生的许多数据是时间性的。分析时间序列的一种方法是确定数据在运行过程中是否有特定的阶段。例如,在前面的结果中,有三个非常不同的行为阶段。在开始时,受感染的智能体数量增长非常缓慢。在大约 50 个时间步之后,受感染的智能体数量增长非常快。最后,在大约 100 个时间步之后,受感染的智能体数量缓慢增加。通常,我们需要将这三个阶段的数据与模型中的行为进行比较,才能得出有用的结论。在第一阶段,只有少数受感染的智能体在传播疾病,所以传播速度非常慢。在第二阶段,受感染的智能体的数量增长很快,是因为有很多受感染的智能体和很多可以被感染的智能体。在最后阶段,没有那么多可以被感染的智能体,所以感染的数量大大减缓。

这是我们使用时间序列来理解模型行为的一个例子。不仅可以帮助我们观测模型的一般趋势,而且可以找到模型分析的路径。例如,一个模型往往会是以下两种路径中的之一:

- 疾病以 S 形曲线在整个人口中传播。
- 疾病传播得很慢,然后迅速传播到所有成员。

传播路径中的区别将显示在一个重叠的特征运行图中。观察一组特征运行可以让我们了解到整个系统的特征行为。

13.1.3　ABM 网络分析

正如前文所说,如果想研究物理上的近距离互动,我们需要让智能体移动和交互。但许多类型的交互并不在物理空间中,而是在社会网络中出现。我们所探讨的疾病传播模型依靠智能体之间的移动接触来感染疾病。的确有一些疾病通过个体之间的接触来传播,但有些疾病的传播更多依赖于个人的社会网络。事实上,一些疾病(如性疾病)根本不是通过陌生人之间的偶然接触传播的,而是只通过特定层次的社会网络传播。疾病传播模型的设计也是为了探索这种可能性。在疾病传播模型中,界面中的选择器允许我们选择不同的疾病传播方式。当选择器被设置为 Network 时,智能体就不是在平面上移动了,而是通过网络进行链接。因此,疾病也是在网络上传播。

在这个模型中创建的网络是一种特殊类型的网络，即随机图。在网络模型中，智能体在物理空间中的位置并不重要，重要的是谁与谁相连。我们可以改变一个重要网络属性，即每节点的链接数（即节点的度分布），然后观察模型的变化。节点的度分布决定了每个人与网络中的其他个人的平均链接数量。我们首先将选择器设置为 Network，将每节点的链接数设置为一个合理的数字，如 4.0。然后我们可以运行模型，看到如图 13.1.4 所示的结果。

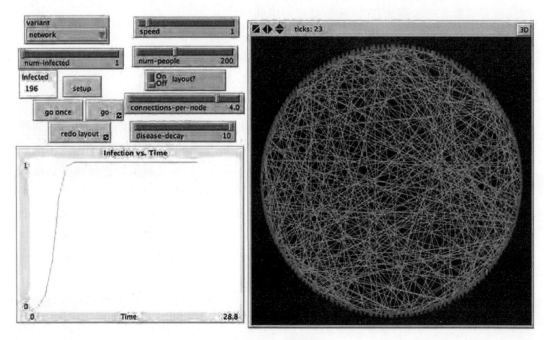

图 13.1.4　随机图

> **！注意**
>
> 　　时间序列分析本身就是一个比较热门的研究领域，这个领域的基本问题是如何描述一个具有时间性数据集的特征。时间序列分析的主要目标是预测该序列中的下一组数据点是什么，其中一种方法是将时间序列数据解码为短期和长期的组成部分。通过区分这两种成分，就有可能预测时间序列的长期行为。这种技术进一步发展为长短期记忆神经网络（Long Short-Term Memory，LSTM）。时间序列分析对许多学科领域都很有用，如生态学、进化论、政治学和社会学。时间序列分析也适用于股票市场分析。如果能够预测一只股票的长期行为，就有可能从该股票中赚钱。

我们现在需要做个实验来探索每节点的链接数如何影响疾病传播。如果研究过这个模型就会注意到，疾病往往不会传播到所有的个体。例如，在之前的模型中，疾病只感染了 200 个个体中的 197 个。当我们来回调整滑块时，会发现在 1.0 附近似乎有一个临界点。如果每节点的链接数小于 1.0，那么疾病就不会感染很多个体；但如果大于 1.0，那么它就会感染更大比例的人口。

我们可以创建一个新实验,深度探索该问题。我们无法保证所有人口都会被感染,所以我们需要为实验创建一个新的终止标准。我们可以看一下在某一特定时间步骤中被感染的智能体数量,让模型运行一段时间,使疾病充分传播。我们可以在行为空间中设置一个终止时间,以便中止模型的运行。这里我们将这个时间限制设置为50。我们创建了一个行为空间实验,以0.5的增量将每节点的链接数从0.5增加到4.0。从结果来看,当每个节点的链接数超过1.0时,被感染的平均人数会大幅增长。这实际上是随机网络的一个属性,当平均度(每节点的链接数)超过1.0时,网络中就会形成连接节点的一个子集。如果感染发生在这个子集内,那么该疾病将感染较多的人口。这个结果与经典流行病学模型中的结论完全对应。

在这些经典模型中,如果感染率超过1.0,即超过疾病的恢复率,那么人口中就会发生大规模的流行病。如果低于1.0小于疾病的恢复率,最终疾病就会消亡。我们可以把网络模型中的链接看作个体在携带疾病期间的传播路径。鉴于此,网络的平均度就等于感染率与恢复率的比率。换句话说,如果每个个体在某个时候会感染至少一个个体,模型就会产生大规模的疾病传播,即模型中的所有个体都会被感染。

平均度(节点链接数)只是复杂网络的一个属性。复杂网络还有很多其他属性,如平均路径长度(Characteristic Path Length)。平均路径长度是对网络中任何两个节点之间平均距离的衡量。所有成对节点的距离求均值就是平均距离(Mean Distance),即"平均路径长度"。平均距离表示两节点间最有可能发生交互的距离,决定网络的有效"尺寸"。这一属性会影响疾病的传播,因为如果一个复杂网络的平均路径长度很高,那么病菌需要很长时间才能到达每个人的身边;如果网络的平均路径长度值很低,感染就会很快。

另一个广泛使用的属性是网络的聚类系数(Clustering Coefficient)。"聚类系数"是衡量网络有多紧密的一个属性。节点A和节点B相连,节点B和节点C相连,节点A又和节点C相连,这是网络的聚集性。"聚类系数"(Clustering Coefficient)即"簇系数",是衡量节点集聚程度的参数。单个节点的簇系数是它所有相邻节点之间连边的数量占最大可能连边数量的比例。网络的簇系数C是所有节点簇系数的平均值。显然,一般情况下,$C \leq 1$。当且仅当网络为完全连接的规则网络(任一节点都连接到其他全部节点)时,$C=1$。也就是说,聚类系数是用来衡量一个智能体与多少节点有联系,以及这些节点有多少相互联系(或者你的朋友有多少朋友也是你的朋友)的单位。这些衡量标准只是社会网络分析(SNA)领域内创建的各种指标和分析工具中的两个例子。SNA和ABM可以紧密相连。ABM提供了一个现象过程模型,而SNA提供了一个互动模式模型。将这两个工具结合起来,能够更好地对存在于复杂系统中的特定模式和过程进行建模。我们可以分析每一个与网络相关的属性对疾病传播的影响,我们也可以创建报告者(Reporter)来测量这些属性,还可以导出当前网络数据,并将其导入标准的网络分析软件,如UCINet、Gephi,或者Pajek,以便进一步统计分析。

> **!注意**
>
> 我们讨论了疾病传播模型,也提到了该模型与语言变化模型的共同点,所以我们可以把疾病传播模型改造为创新扩散模型。一个 Agent 既可以成为"感染者",也可以采用一种创新方式(被创新方式感染),如一个新的音频设备、一个新的商业流程或一个让人喜欢的新电影(Rogers,2003)。然后,这个 Agent 通过口口相传将这种创新传播给他们的朋友和同事。疾病传播模型特别适用于创新扩散过程建模,因为创新通常在社会网络中传播,而不一定在物理空间中传播(Valente,1995)。创新扩散中经常讨论的一个话题是影响者(大 V)的作用,也就是说,在社会网络中有一些人比其他人更具有影响力(Watts,1999)。

13.1.4　ABM 环境数据

观察了如此多的模型之后,我们会发现,移动的智能体更适用于我们感兴趣的疾病(如普通感冒)。然而,移动的模型还是存在局限性。除了感冒病菌在智能体之间的传播,还可能会存在智能体对环境和环境对智能体的传播。例如,如果某人得了重感冒,用手擦了擦鼻子,然后打开了一扇门,那么,之后从这扇门进来的其他人可能会感染感冒病菌。当然,病菌在体外存活的时间并不长,所以这些环境里的感染病菌可能会随着时间的推移而减少。如果在建模中考虑到这一点会更符合事实。事实上,我们可以通过疾病传播模型研究这种情况。这个模型中有一个环境互动功能,如果打开环境互动功能(在变量选择器中选择"环境"),那么任何受感染的智能体下面的瓦片将变成黄色,在有限的时间内(disease-decay),这个瓦片会感染任何踩到它的其他智能体。

> **!注意**
>
> 社会网络分析(SNA)是一个新兴的研究领域。SNA 的基本前提是,在社会系统中,互动结构与互动类型同样重要。换句话说,这不仅仅是个体如何互动的问题,也是与谁互动的问题。"六度空间"就是这一领域研究的重要发现。大多数人只通过一些中间媒介进行联系,这些媒介最多不会超过六个,被称为"六度假说"。这个假说是基于 Stanley Milgram 的一个实验。在这个实验中,人们发现来自低地区的人平均需要六封信才能联系到纽约市的人。最近,在 Duncan Watts(2003)的《六度》一书中,这一假设被正式确定为"小世界网络"概念,该书是在他与 Strogatz(1998)的工作基础上编写的。关于社会网络分析的一系列经典论文,见 Newman、Watts and Strogatz(2006)。关于介绍社会网络分析的教科书,见 Newman(2010)。

我们也可以研究一下疾病衰减是如何影响到100%感染时间的。我们可以继续使用之前类似的检验方式进行模型分析。这个实验与原始实验非常相似,但我们不是改变

num-people(我们将其固定为 200),而是将 disease-decay 的速率从 0 改变为时间间隔 10。我们创建了一个行为空间来进行这个实验,并将结果导入 Excel,在表 13.1.5 中给出直观的数据。

表 13.1.5　感　染　数　据

DISEASE-DECAY	均值(Mean)	标准差(Std. Dev.)
0	126.4	12.28549
1	71	4.988877
2	62	7.363574
3	51	4.242641
4	51.2	2.780887
5	49.4	2.716207
6	49.9	2.643651
7	46.5	2.758824
8	48.5	3.341656
9	47.4	3.062316
10	47.3	2.213594

我们可以看到,随着环境的衰减、参数(disease-decay)的增加(即疾病在环境中停留的时间延长),达到 100%感染的时间就会减少。在原始模型中或当 disease-decay 设置为 0 时,唯一能感染智能体的是其他智能体,但当 disease-decay 为正时,那么瓦片和智能体就可以同时感染其他智能体。随着 disease-decay 的增加,可以感染其他智能体的瓦片数量也会增加,这意味着环境中的病菌更多,导致疾病的进一步传播。disease-decay 的影响可能与人口密度密切相关。因为模型中的个体不多,那么一个长的 disease-decay 比一个短的 disease-decay 也不会增加多少感染率。这也可以用行为空间进行研究。

我们将其设置为同时改变 DISEASE-DECAY 和 num-people,并报告所有人完全感染的次数。为了确保不会得到异常情况,我们对十次运行的数据进行平均。我们要看的是 num-people 的四个值和 DISEASE-DECAY 的 11 个值,模型共迭代 440 次。通过多次的迭代,我们将会得到想要的数据。最终的结果表明,只有当这两个值非常小的时候,模型结果才会对其敏感。当我们减少每个变量时,数值的结果出现了峰值,表明了这一点。如果 num-people 很小,DISEASE-DECAY 也很小,此时我们改变这两个变量中的任何一个,都会发现将完全感染的时间发生了巨大的变化。

ABM 的一个优势在于,除了可以展示疾病传播的动态,还可以展示感染的模式。黄色的瓦片表示疾病仍然存在的地方,以及它可能感染其他智能体的方式。如果我们试图控制一种疾病,也许会有用。这个疾病模型展示了长条状的被感染环境,即个体在环境中移动所留下的病菌。由于这些疾病并未集中在某个地区,那么隔离某个地区以防止疾病传播的办法就没有什么意义。此时,对于这种传播模式的疾病,我们必须追踪每个被感染的个体,并治愈个体的疾病,才能达到消灭病毒传播的效果。此外,如果疾病从一个点扩散出去,假设我们知道一个地区暴发了疾病,则可以通过疫苗接种在疾病周围建立一个免疫圈去控制疾病传播。例如,慢慢地向圈的中心移动,沿途治愈个人。这可能是控制天花的一个成功方法(Kretzschmar,2004)。

这些量化方式试图获取相同结果。例如,我们可以拿着一张黄色疾病路径的地图,测量环境中所谓的黄色路径的边缘密度(McGarigal & Marks,1995)。如果边缘密度很低,那么类似状态的瓦片是高度聚集的,与不同状态瓦片的共享边缘很少。当研究疾病的传播时,这表明我们应该使用一个环形的干预措施。如果边缘密度很高,类似于前面的互动模型,那么不同位置是相互联系的。当研究疾病的传播时,可以根据不同的互动模型使用针对性的干预措施。密度只是诸多已经存在的环境指标之一。

地理信息系统(GIS)也是专门研究环境互动模式的一个方向。当这些模式在地理上相关时,GIS 提供了丰富的环境数据。这与 SNA 在网络相关环境中提供的模式相似。GIS 与 ABM 可以较好地结合,创建不同的研究模型。不同的仿真软件提供了不同的功能,更容易建立与地理相关的模型。然而,有时候将 ABM 中的数据导入 ArcGis 或 QGis 之类的 GIS 工具进行处理可能更好(Edelson,2004),因为这些工具是专门为处理地理信息数据而开发的,所以我们要按照实际情况选择工具。

可以通过多种方式实现 GIS 和 NetLogo 的集成。例如,我们可以传递文本文件到软件支持的耦合应用编程接口上(API)(Brown 等,2005)。我们之前提到了一个耦合 GIS 和 ABM 的模型——大峡谷模型(Wilensky,2006)。这个模型读取了在标准 GIS 软件包中创建的海拔维度数据,使用海拔维度数据来预测雨水如何流过大峡谷的地形。

> **❶注意**
>
> 地理信息系统(GIS)的中心思想是,世界上的大多数数据都可以通过空间位置进行索引。此外,以空间方式载入这些数据,可以使用户更好地理解复杂的现象。本章所述的疾病传播郊区蔓延环境的影响(Brown 等,2008)、交通网络中的通勤者流动等模型,均可应用 GIS。由于 GIS 已经建立了强大的数据空间模型,因此将 GIS 与 ABM 相结合是非常有用的。ABM 拥有强大的数据转换过程模型,将 GIS 和 ABM 结合在一起,可以提供丰富的复杂空间分析模式。

13.2 ABM 分析总结

ABM 与分析方程模型或者其他类型的计算模型都不相同。ABM 往往与大量输入和输出相关。ABM 使模型用户从多方面去控制智能体,所以往往需要预先指定大量参数,即输入。例如,在一个城市地区的通勤模型中,每个智能体或通勤者都可能有诸如年龄、财富、孩子和种族等特征,更不用说诸如个人对等待时间和审美质量的偏好等非人口学参数。

在输出方面,由于我们正在对系统的微观行为进行建模,不仅有可能产生数据的宏观模式,而且还有可能产生微观的个体互动模式。例如,在前面提到的通勤者模型中,我们既可以观察所有个体的平均通勤时间,也可以按任何其他特征进行细分。我们还可以沿着正交维度检查数据。例如,我们可以研究走某条高速公路上班的人的通勤时间。

　　大量可能的输入和输出使研究人员能精确控制和测量他们的模型。然而,如果想遍历所有可能就会导致数据爆炸。如果通勤模型有 1000 个智能体(通勤者),每个人都有 5 个特征(例如,财富、环保、孩子、年龄、工作地点),每个特征只取两个值(例如,高/低、是/否、老/幼、南/北),那么就有 210 个或 1024 个可能的不同类型的个体和 10241000 个可能的参数。这就是我们之前提出的 ABM 设计原则的原因,当建立一个 ABM 的模型时,开始时要尽可能简单,只有在需要改善模型时才增加复杂性。

　　我们刚才给出的例子实际上是一个相对较小的参数空间。因为在现实中,大多数智能体特征将是连续变量而不是二分变量,这样,数据又会大大增加。大多数模型不仅有智能体参数,还有环境和全局参数。尽管它的规模相对较小,但相乘起来数据会大很多,无法穷尽研究。尤其是我们想研究每次运行的一组结果时,所花费的时间会更多。例如,在通勤者模型中,假设我们想研究 5 个不同的方案,即所有个人的平均通勤时间和前面描述的 5 个子类型个人的通勤时间,这将花费 5 倍的算力和时间。本质上,我们的模型将从 10241000 个可能输入降低到 5 个实值输出的映射。然而,即使是这样,我们其实没有遍历所有的可能数据。因为在研究 ABM 时,我们所需要研究的不仅仅是某个特定输出的最终值,还有模型的动态模式,就像我们研究的时间序列。因此,我们真正感兴趣的不只是 5 个输出,而是 5 个输出在许多时间步骤中的动态。如果在通勤者模型中假设我们观察的是一年工作日的结果,那么我们想要的是 $5 \times 20 \times 12 = 1200$(个)实际输出。

　　因此,在 ABM 中,大量的输入为模型提供了精确控制,大量的输出也提供了海量数据,但因此也带来了一些问题。第一,大量的输入意味着有更多的模型参数需要验证。我们需要仔细检查每个参数,或者根据现实世界的数据进行测试,进行充分的探索,以确定在一套合理的选择中所有模型的参数是稳健且有效的。第二,大量的输出使模型创作者很容易迷失在模型产生的海量数据中。通常情况下,模型作者需要查看输入和输出数据之间的因果关系,然后才能找到一个有意义的行为模式。但庞大的数据使人难以厘清模型的行为模式。

　　总结一下,我们在本章中谈到了 ABM 数据的 4 种格式,分别是统计、可视化图形、网络、空间。统计结果是标准的模型输出:平均值、标准偏差、中位数和其他分析变量值的方法。可视化图形结果是统计结果的产物,将统计结果转化为读者更容易理解的图形。复杂网络分析是分析数据的另一种特殊方式,包括聚类分析和路径长度检验。最后,空间结果解决了对一维、二维或更高维度空间中的变量分析,解决了关于空间中的数据模式的问题。

## 第14章

总结与展望

最后一部分我们来总结一下本书的内容。在前面的章节中,我们学习了 NetLogo 的基础模型和应用,比如元胞自动机、聚会模型等,在后面的章节中,我们学习到了三个较为实际的模型,比如狼吃羊、种族隔离和合作行为模型,这三个模型,相对前面的模型就稍微复杂,也更具有现实意义。

为什么我们需要学习 NetLogo 相关的知识呢? 有四个非常重要的原因:

1)可以帮助我们充分发挥社会学的想象力。

2)帮助我们做思维清晰的学人(检查因果)。

3)帮助我们了解和使用数据。

4)可以更好地制订策略和执行决定。

NetLogo 可以应用于很多领域,如经济学、生物学、物理学、化学、医学和社会学等,而 NetLogo 在人文科学中有其独有的优势。NetLogo 简单易用,作为模拟自然和社会现象的编程语言和建模平台,它可以在建模中控制成千上万的个体,能够很好地模拟微观个体行为和宏观模式的涌现,以及二者之间的联系。作为人文学科的研究者,大部分学生和学者对于编程都不是非常擅长,如果让我们去学计算机的专业语言,比如说 C、C++、JAVA,可能是非常复杂、非常困难的。但是 NetLogo 以其简单易用性和高度的仿真效果为人文社科学者提供了一个非常简洁易用的平台,可以最快速度、最低的门槛进行系统仿真。

此外,传统的社会研究往往采取第一范式和第二范式,即定性研究和定量研究的方法,对社会现象和经济现象进行研究。这些范式都存在一定的局限,而 NetLogo 可以提供第三范式,即实验研究的方式,对社会现象进行验证和研究,能够提供更多的视角。

NetLogo 另外的一个优势就是专业契合,作为一种有效的研究手段,可以利用模型实现复杂系统中发生的动态过程,以更高的预期精度再现日益广泛和复杂的社会现象,和社会学、经济学等人文科学的契合度更高。举个例子,在前面的章节探讨了谢林模型(种族隔离模型)。种族隔离除了谢林模型之外,还有其他的应用模型和方法。埃里克·费舍尔的种族隔离鸿沟地图,就是一个非常经典的社会学研究。图 14.1.1 是基本的种族隔离模型图形演示。对这个模型进行扩展,可以用通过不同颜色代表白种人、黑种人、黄种人,或者可以用 NetLogo 模拟地区的种族隔离现象,从而进行相关的分析。

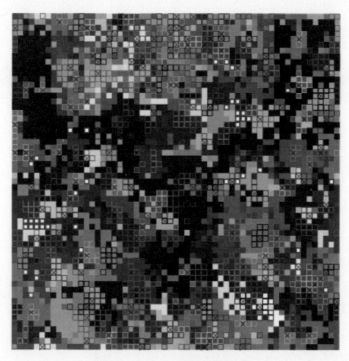

图 14.1.1　扩展种族隔离模型

　　每当做出一个新的模型时,总会有这样一个问题,可以用这个模型做预测吗？出于某种原因,当准备创建模型时就可以将预测作为你的目标。当然,预测是一个可行目标,尤其是人们接受以平稳分布为规律的统计预测时,比如预测财富的多少或流行病的大小。除预测外还可以达到以下几个目的,比如说社会现象的解释、数据收集、动态类比、发现新问题、养成科学的思维、在合理的范围预测结果、阐明某个问题或者某个现象核心不确定性、提供实时的危机抉择、提供可行的建议、挑战主流理论的稳定性、揭示主流观念与现有数据的差异、培训从业人员、进行政策对话、将复杂现象简单化或将简单现象复杂化,这些都是可以用 NetLogo 模型做到的。希望大家能够利用 NetLogo 的平台优势,研究自己感兴趣的课题,早日做出自己的研究！